中央财政支持地方高校改革发展专项

辽宁省大型科学仪器设备共享服务平台项目（2016LD0112）

无机元素原子光谱分析样品预处理技术

吴瑶庆　孟昭荣　著

中国纺织出版社有限公司 ｜ 国家一级出版社
全国百佳图书出版单位

内 容 提 要

本书主要介绍无机元素原子光谱分析的样品预处理技术。

书中就样品的采集保存、常规处理、酸化消解、干灰化法消解、微波消解、分离富集技术、各类样品元素及元素总量的原子光谱分析中样品预处理、原子光谱分析中各种无机元素和元素形态的样品预处理的前沿理论进行了系统梳理，结合作者多年的科研、教学与生产实践经验，概括出无机元素原子光谱分析样品预处理的有效方法，并对目前元素原子光谱分析样品预处理新技术等问题进行了归纳总结和展望。

本书适合原子光谱分析样品预处理技术及相关专业的人员阅读。

图书在版编目（CIP）数据

无机元素原子光谱分析样品预处理技术/吴瑶庆，孟昭荣著．--北京：中国纺织出版社有限公司，2019.10

ISBN 978-7-5180-6627-8

Ⅰ.①无… Ⅱ.①吴… ②孟… Ⅲ.①无机化学—原子光谱—光谱分析 Ⅳ.①O61 ②O657.31

中国版本图书馆 CIP 数据核字（2019）第 190291 号

策划编辑：孔会云　责任编辑：陈怡晓
责任校对：王花妮　责任印制：何　建

中国纺织出版社有限公司出版发行
地址：北京市朝阳区百子湾东里 A407 号楼　邮政编码：100124
销售电话：010—67004422　传真：010—87155801
http://www.c-textilep.com
中国纺织出版社天猫旗舰店
官方微博 http://weibo.com/2119887771
北京玺诚印务有限公司印刷　各地新华书店经销
2019 年 10 月第 1 版第 1 次印刷
开本：710×1000　1/16　印张：18.75
字数：308 千字　定价：88.00 元

凡购本书，如有缺页、倒页、脱页，由本社图书营销中心调换

前　言

　　随着社会发展和科技的进步，现代分析手段也越来越向低污染、高效率、高精密度、高准确性、高自动化方向发展。无机元素原子光谱分析测试涉及各行各业，各学科的发展大都离不开分析测试。尤其是人们对所赖以生存的环境提出了更高的要求和对健康等自身的生活品质越来越重视，除了人们主观的体验以外，还需要先进的科学技术给予更加直观、更加明了、更加客观的证明。原子光谱分析测试的样品来自多方面，组成和结构也各不相同，其复杂程度不言而喻。由于无机元素样品分析的复杂性，要求样品在分析测试前必须进行预处理。现代分析技术的高速发展和学科间的交叉，许多新的预处理方法和分离技术相继出现，为无机元素样品分析选择预处理方法创造了良好的条件。对一项分析任务而言，分析方法一旦确立，就要采用相应的样品处理方法，使处理后的样品不含或少含干扰组分。预处理方法的合适与否，不仅关系到处理成本，也关系到样品预处理的速度和质量，从而决定了分析测试的效率、准确度和可靠性。

　　样品预处理是指样品的制备和对样品中待测组分进行提取、净化、浓缩的过程。样品预处理的目的是消除基质的干扰、保护仪器、提高分析的准确度、精密度、选择性和灵敏度。复杂样品的预处理是现代分析方法中最薄弱的环节，无机元素分析测试的效率主要基于样品的预处理。样品预处理越来越成为现代分析方法发展的制约因素。制备有代表性的分析测试样品是样品预处理的一个重要环节，直接影响检测结果的准确性、可靠性和有效性。样品制备过程中，要防止待测组分发生变化、污染和损失，否则会导致检测结果的错误和无效。对于农产品、食品、生物医药和环境等样品，由于基质复杂、目标化合物检测限量日趋严格，如铅（Pb）限量为 $0.01\mu g/mL$，某些残留危害物在食品、农产品和环境中存在的浓度极低，含量在 ng/kg 数量级。对于某些复杂基质的样品，需要同时检测多种无机元素，而各目标元素及化合物的性质（如极性、沸点、热稳定性等差异极大），需要选择适宜的样品预处理方法和技术，使所检测目标元素的回收率达到标准方法的要求。在选择样品预处理的方法时，尽量不使用价格昂贵的专用设备；试剂和吸附剂纯度高，最好不需要再纯化处理，价格适中；预处理所用的有机溶剂少或者不用；预处理不强调将试样基质全部分离，但基质剩余的部分在分析测试过程中不影响目标元素的定量，基质剩余部分尽量不污染光学系统和检测器，即使污染也能通过简单的清洗去除等。总之，随着现代光电技术和计算机技术的高速发展，无机元素样品原子光谱分析预处理技术与之结合，将向着绿色、高效、自动化和智能化方向发展，最终实现无样品预处理直接检测的终极目标。

为了更好地帮助从事原子光谱分析工作者解决元素原子光谱分析工作中遇到的问题，在中央财政支持地方高校改革发展专项、辽宁省科技厅大型仪器平台和丹东市科技局的支持下，作者及辽东学院农产品质量安全检测技术研发团队结合20余年的无机元素原子光谱分析预处理实践体会和近35年来各类样品的无机元素光谱分析经验，对建立样品无机元素的光谱分析一般程序、无机元素样品预处理的基本方法和常用的分离技术、各种无机样品和有机样品无机元素及元素形态分析的预处理方法选择及适用范围进行了系统的研究，从无机物到有机物、从传统方法到新技术、从理论探讨到实际应用相结合等角度，进行了系统的梳理总结，并以简明的文字和图表阐释了无机元素原子光谱分析检测中各类样品预处理与富集分离技术，结合各种原子光谱测试手段和各类分析对象，较详细地讨论了各种情况下样品的无机元素预处理特点、损失、玷污以及分析操作的有关问题，以满足广大无机元素原子光谱分析工作者对无机元素原子光谱分析的样品预处理技术升级的迫切需要。

全书对无机元素原子光谱分析样品预处理和分离方法作了比较系统的总结和论述，共分十三个部分，主要内容依据预处理的样品特点分为物理预处理与分离法和化学预处理与分离法两大类。物理预处理与分离法是依据被分析对象所具有的某物理性质的差异所建立的预处理与分离方法。化学分离法则是依据被预处理与分离对象所具有的某化学或物理化学性质的差异所建立的预处理与分离方法。本书在撰写过程中除了使用作者自己的数据和文献之外，还参考了国内外专家学者的论文和著作。

由于作者及团队的能力和知识所限，无机元素原子光谱分析样品预处理技术的研究和实践过程中尚存一定的局限性，加之本书涉及的知识范围广泛，难免存在错误和不足之处，仅供原子光谱分析工作者参考试用，书中的观点和论述难免疏漏，敬请读者不吝指正。

本书撰写过程中，得到了辽东学院化学工程学院路艳华教授的鼓励、支持和帮助，在此表示衷心感谢。

吴瑶庆

2019.7.20

目 录

第一章 绪论 ……………………………………………………………… 1

第一节 无机元素原子光谱分析样品预处理的意义 ……………… 2

一、无机元素原子光谱分析样品预处理的普遍性 ……………… 3

二、无机元素原子光谱分析样品预处理的重要性 ……………… 6

第二节 无机元素原子光谱分析样品预处理的基本方法 ………… 7

一、无机元素原子光谱分析样品预处理总的原则 ……………… 8

二、无机元素原子光谱分析样品预处理的目的 ………………… 9

三、无机元素原子光谱分析样品预处理的特点 ………………… 10

四、无机元素原子光谱分析样品预处理方法的选择、评价依据和准则 …… 16

第三节 无机元素原子光谱分析样品预处理的常用设备 ………… 16

一、无机元素原子光谱分析样品预处理的常见容器 …………… 16

二、无机元素原子光谱分析样品预处理的主要装置 …………… 18

第四节 无机元素原子光谱分析样品预处理的前期准备 ………… 19

一、器皿的选择 …………………………………………………… 19

二、实验室常用洗液的配制及使用 ……………………………… 19

三、水及试剂的选用 ……………………………………………… 21

四、器皿的清洗 …………………………………………………… 21

第二章 样品的采集和保存 ……………………………………………… 24

第一节 概述 ……………………………………………………… 24

一、样品的分类 …………………………………………………… 24

二、样品采集的基本原则 ………………………………………… 25

三、样品采集的主要条件 ………………………………………… 25

四、样品采集的一般方法 ………………………………………… 26

五、样品采集的基本步骤（图2-4） ……………………………… 27

第二节 样品的采集 ……………………………………………… 28

一、样品采集的前期准备 …………………………………………… 28

二、样品采集的主要方法 …………………………………………… 29

三、样品采集后的处理 ……………………………………………… 34

第三节　样品的常规处理方法（物理处理） …………………………… 35

一、粒状样品的粉碎与缩分方法 …………………………………… 35

二、样品的过筛方法 ………………………………………………… 36

三、样品的干燥方法 ………………………………………………… 37

四、样品的溶解方法 ………………………………………………… 37

五、样品的稀释方法 ………………………………………………… 38

六、样品的稀释注意事项 …………………………………………… 38

第四节　样品的保存与运输 ……………………………………………… 38

一、样品保存的目的、原则和条件 ………………………………… 39

二、样品存放容器的要求、选择和洗涤方法 ……………………… 39

三、样品常用的保存方法 …………………………………………… 40

四、运输样品的基本要求 …………………………………………… 41

第五节　样品的管理 ……………………………………………………… 41

一、现场采样记录 …………………………………………………… 41

二、样品的标识 ……………………………………………………… 41

三、样品的标识系统及意义 ………………………………………… 41

第三章　酸化消解法样品预处理技术 ………………………………… 43

第一节　概述 ……………………………………………………………… 43

一、酸化消解常用的方法 …………………………………………… 43

二、酸化消解法的适用范围 ………………………………………… 43

三、酸化消解法的特点 ……………………………………………… 44

四、酸化消解法常用试剂 …………………………………………… 44

第二节　酸化消解法混合酸体系 ………………………………………… 45

一、酸性溶剂体系 …………………………………………………… 45

二、酸性试剂与氧化剂的复合体系 ………………………………… 47

第三节　常压酸化消解法 ………………………………………………… 49

一、常压酸化消解法及应用 ………………………………………… 49

二、常压酸化消解法影响因素 ·················· 56

三、常压酸化消解法的操作要点 ·················· 56

四、常压消解法的注意事项 ·················· 57

第四节 高压酸化消解法 ·················· 57

一、高压酸化消解法及应用 ·················· 57

二、高压酸化消解法影响因素 ·················· 58

三、高压酸化消解法的操作要点 ·················· 58

四、高压酸化消解法的注意事项 ·················· 59

五、酸化消解法的样品损失 ·················· 59

第四章 干灰化法样品预处理技术 ·················· 61

第一节 概述 ·················· 61

一、干灰化法常用方法 ·················· 61

二、干灰化法适用范围 ·················· 61

三、干灰化法特点 ·················· 61

四、干灰化法常用助灰化剂 ·················· 62

五、干灰化法操作要点 ·················· 63

第二节 常压高温干灰化法 ·················· 63

一、概述 ·················· 63

二、常压高温干灰化法影响因素 ·················· 63

三、溶解灰化残渣酸的选择 ·················· 64

四、常压高温干灰化法操作要点 ·················· 65

五、常压高温干灰化法注意事项 ·················· 65

六、常压高温干灰化法特点 ·················· 65

七、常压高温干灰化法应用实例 ·················· 66

八、熔融分解法 ·················· 68

第三节 高压釜分解法 ·················· 72

一、概述 ·················· 72

二、高压釜分解法特点 ·················· 72

三、高压釜分解法常用酸 ·················· 72

四、高压釜分解样品影响因素 ·················· 72

五、分解玻璃和陶瓷试样的操作步骤 ………………………………… 73

第四节　低温干灰化法 ………………………………………………… 73

一、概述 ………………………………………………………………… 73

二、低温干灰化法的特点 ……………………………………………… 74

三、低温干灰化法应用 ………………………………………………… 74

四、密闭体系燃烧法 …………………………………………………… 75

五、酵母发酵分解法 …………………………………………………… 77

第五章　微波消解技术及应用 ………………………………………… 78

第一节　概述 …………………………………………………………… 78

一、微波消解样品原理 ………………………………………………… 78

二、微波消解样品的特点 ……………………………………………… 79

三、各种材料与微波作用及设备 ……………………………………… 82

四、影响微波消解的因素 ……………………………………………… 83

五、微波消解方法 ……………………………………………………… 85

第二节　高压微波消解法 ……………………………………………… 86

一、密闭（高压）微波消解特点 ……………………………………… 87

二、密闭（高压）微波消解过程 ……………………………………… 88

三、微波消解仪使用注意事项 ………………………………………… 89

第三节　微波消解技术在原子光谱分析中的应用 …………………… 90

一、微波消解在食品和农产品领域的应用 …………………………… 90

二、微波消解在环境领域的应用 ……………………………………… 92

三、微波消解在生物医药领域的应用 ………………………………… 93

四、微波消解在石油化工领域的应用 ………………………………… 93

五、微波消解在地质、冶金领域的应用 ……………………………… 93

第四节　微波消解法应用实例 ………………………………………… 94

一、食品中金属元素微波消解预处理应用实例 ……………………… 94

二、样品中金属元素微波消解预处理应用实例（表5-3） …………… 95

三、地质样品微波消解实例 …………………………………………… 96

四、欧美国家微波消解预处理标准及分析方法 ……………………… 97

第六章　样品预处理中的分离和富集技术 ················· 99

第一节　概述 ················· 99

第二节　液相萃取技术 ················· 100

　一、液—液萃取技术 ················· 100

　二、液膜萃取技术 ················· 103

　三、亚临界水萃取技术 ················· 104

　四、超临界流体萃取技术 ················· 104

　五、微波辅助萃取技术 ················· 106

　六、超声波辅助萃取（UAE）技术 ················· 106

　七、加速溶剂萃取（ASE）—固体、半固体样品预处理技术 ········· 107

　八、固化悬浮有机液滴微萃取（SFO—LPME）技术 ········· 108

第三节　沉淀及共沉淀富集分离 ················· 110

　一、无机共沉淀剂的富集分离 ················· 110

　二、有机类沉淀或共沉淀剂富集分离 ················· 112

　三、采用离线或在线操作的沉淀及共沉淀分离富集 ················· 113

　四、共沉淀分离及其他分离 ················· 114

第四节　固相萃取技术 ················· 115

　一、离心和沉淀 ················· 115

　二、离子交换 ················· 115

第五节　室温离子液体萃取剂分离富集 ················· 117

　一、离子液体萃取剂的理化特性 ················· 117

　二、离子液体萃取剂用于分离富集金属离子 ················· 118

　三、离子液体萃取剂分离富集在原子光谱中的应用 ················· 121

第六节　其他分离富集方法 ················· 126

　一、吸附法 ················· 126

　二、流动注射预富集法 ················· 126

　三、衍生化及色谱法 ················· 127

第七章　无机元素形态原子光谱分析中样品预处理技术 ········· 134

第一节　概述 ················· 134

　一、元素形态及部分元素常见形态 ················· 134

二、元素形态分析 ·· 135

三、元素形态分析的意义及必要性 ······················· 136

四、元素形态分析的技术特点 ······························· 139

第二节　元素形态分析中预处理技术 ······················· 141

一、元素形态分析样品预处理所需仪器 ·················· 141

二、元素形态分析样品预处理技术 ························· 141

三、几种元素形态分析的样品预处理 ····················· 144

第八章　元素形态原子光谱分析中的定量手段 ············· 150

第一节　概述 ··· 150

一、元素形态在原子光谱分析中的作用 ·················· 150

二、元素形态原子光谱分析的计算法 ····················· 150

三、元素形态原子光谱分析的实验方法 ·················· 151

第二节　几种元素形态的原子光谱分析 ··················· 159

一、汞元素的形态分析 ··· 159

二、砷元素的形态分析 ··· 161

三、铬元素的形态分析 ··· 163

四、硒元素的形态分析 ··· 164

五、铅元素的形态分析 ··· 166

六、锡元素的形态分析 ··· 167

七、锗元素的形态分析 ··· 168

八、铝元素的形态分析 ··· 170

第九章　几种样品中金属元素形态原子光谱分析 ············ 173

第一节　概述 ··· 173

一、金属元素形态原子光谱分析的意义 ·················· 173

二、金属元素形态原子光谱分析的必要性 ··············· 174

第二节　环境样品中重金属元素形态原子光谱分析 ······ 175

一、天然水中重金属元素形态原子光谱分析 ············ 175

二、底泥和土壤中重金属元素形态原子光谱分析 ······· 179

三、大气中汞元素形态原子光谱分析 ····················· 180

　第三节　农产品和食品中重金属元素形态原子光谱分析 …………………… 181

　　一、农产品和食品中砷元素的形态分析 …………………………………… 181

　　二、农产品和食品中汞和铬元素形态分析 ………………………………… 183

　第四节　生物样品中汞元素形态原子光谱分析 ………………………………… 184

　　一、鱼类样品中甲基汞分析 ………………………………………………… 184

　　二、生物制品中汞元素形态的分析 ………………………………………… 185

　第五节　玩具中铬元素形态原子光谱分析简述 ……………………………… 186

第十章　各类样品中不同元素原子光谱分析预处理技术 …………… 192

　第一节　农产品样品的预处理 ……………………………………………… 192

　　一、土壤及沉积物样品预处理方法 ………………………………………… 192

　　二、肥料及植物样品预处理 ………………………………………………… 203

　　三、食品类样品中重金属测定的预处理（GB 5009. 12—2017） ………… 209

　　四、饮品、油脂类及药物样品中重金属测定的预处理 …………………… 209

　第二节　环境样品的预处理 …………………………………………………… 210

　　一、环境水样的预处理 ……………………………………………………… 210

　　二、固体样品的预处理 ……………………………………………………… 212

　　三、大气样品的预处理 ……………………………………………………… 213

　第三节　生物样品及临床样品的预处理 …………………………………… 214

　　一、尿、血、粪、浓汁植物浆汁及其他液体的预处理 ………………… 215

　　二、毛、发样品的预处理 …………………………………………………… 215

　　三、爪及指甲样品的预处理 ………………………………………………… 215

　第四节　地质矿物样品的预处理 …………………………………………… 215

　　一、酸化消解法预处理地质矿物样品 …………………………………… 216

　　二、碱熔融分解法处理地质矿物样品 …………………………………… 216

　第五节　冶金和化工样品的预处理 ………………………………………… 217

　　一、无机和有机化工制品 …………………………………………………… 217

　　二、轻化工样品的预处理 …………………………………………………… 219

　第六节　煤和石油产品的样品预处理 ……………………………………… 220

　　一、煤的样品预处理 ………………………………………………………… 220

　　二、石油产品（原油和燃油）的样品预处理 …………………………… 220

第七节　建筑材料样品的预处理 …………………………………………… 221

一、水泥样品的预处理 …………………………………………………… 221

二、玻璃和陶瓷样品的预处理 …………………………………………… 222

三、涂料样品的预处理 …………………………………………………… 222

第十一章　样品中元素总量原子光谱分析的预处理技术 ……………… 227

第一节　概述 …………………………………………………………………… 227

一、样品中重金属总量的分析意义 ……………………………………… 227

二、样品中重金属总量的预处理方法 …………………………………… 227

第二节　环境样品重金属总量测定的预处理 ………………………………… 227

一、水样重金属总量的预处理 …………………………………………… 227

二、土壤和底泥样品重金属总量的预处理 ……………………………… 229

第三节　生物、食品、饲料和肥料重金属元素总量测定的预处理 ……… 232

一、动物样品重金属元素总量测定的样品预处理 ……………………… 232

二、植物样品中重金属元素总量测定的样品预处理 …………………… 234

三、食品、饲料和肥料中重金属元素总量测定的样品预处理 ………… 235

第四节　涂料和纺织品重金属元素总量测定的预处理 …………………… 238

一、涂料重金属元素总量测定的样品预处理应用实例 ………………… 238

二、纺织品中总铅和总镉含量 …………………………………………… 239

第五节　其他样品中元素总量的样品预处理 ………………………………… 240

一、矿石和地质样品中重金属元素总量测定的预处理 ………………… 240

二、冶金样品中重金属总量测定的预处理 ……………………………… 240

第六节　欧洲 ROHS 指令样品测定方法 ……………………………………… 241

一、测试塑胶中总 Cd 含量 ……………………………………………… 241

二、聚合性等材料重金属元素总量的预处理 …………………………… 241

三、沉积物、淤泥和土壤的酸化消解法 ………………………………… 242

四、密闭容器在样品重金属元素总量预处理中的应用优点 ………… 242

第十二章　无机元素原子光谱分析样品预处理方法进展 ……………… 244

第一节　概述 …………………………………………………………………… 244

一、无机元素原子光谱分析样品预处理现状 …………………………… 244

二、无机元素原子光谱分析样品预处理展望 ·············· 245

第二节 非完全消解法 ·································· 246

一、非完全消解法的原理 ························· 246

二、非完全消解法的特点 ························· 246

三、非完全消解法消解溶剂选择及干扰消除 ·········· 246

四、非完全消解的操作方法 ······················· 247

五、浓 HNO_3—H_2O_2—OP 消解体系的应用实例 ········ 247

第三节 炭化—酸溶法及应用 ······················ 249

一、炭化—酸溶法原理 ························· 249

二、炭化—酸溶法特点 ························· 249

三、炭化—酸溶法消解溶剂选择 ················· 249

四、炭化—酸溶操作方法 ························· 250

五、炭化—酸溶法消解应用实例 ················· 250

第四节 富集及浊点萃取 ···························· 250

一、在线富集 ·································· 250

二、纳米材料富集 ······························· 251

三、浊点萃取 ·································· 251

第五节 悬浮液进样技术及应用 ···················· 253

一、悬浮液进样技术 ···························· 253

二、悬浮液进样技术操作步骤 ···················· 254

三、悬浮液进样技术应用实例 ···················· 254

第六节 浸提法和连续稀释校正技术 ················ 255

一、浸提法 ···································· 255

二、连续稀释校正技术 ························· 256

第七节 超声波提取法和激光烧蚀技术 ·············· 257

一、超声波提取法 ······························· 257

二、激光烧蚀技术 ······························· 259

第八节 碱消解法、湿式回流法和催化消解法 ········ 259

一、碱消解法 ·································· 259

二、湿式回流消解法 ···························· 260

三、催化消解法 ································ 260

第九节　紫外光解法和酶水解法 ······················· 261

一、紫外光解法（UV） ······························· 261

二、酶水解法 ·· 262

第十三章　样品预处理的其他问题 ·············· 265

第一节　不同预处理方法的比较 ······················· 265

一、干灰化法与酸化消解的比较 ······················· 265

二、微波消解与干灰化法、酸化消解的比较 ··············· 265

三、炭化灰化、微波消解、活性炭炭化灰化及燃烧炭化灰化比较 ··· 266

四、几种消解方法的特点 ····························· 266

第二节　样品处理的损失与干扰 ······················· 269

一、样品处理的损失 ································· 269

二、样品处理的干扰及消除 ··························· 272

三、空白值 ·· 273

第三节　样品处理的玷污 ···························· 273

一、工作环境的玷污 ································· 273

二、试剂的玷污 ···································· 275

第四节　几种易损失元素样品预处理实例 ················· 275

一、砷和汞元素 ···································· 275

二、铅、镉和铬元素 ································· 277

三、硒元素及硒元素形态 ····························· 278

四、锡元素及锡元素形态 ····························· 279

五、锑元素及锑元素形态 ····························· 280

六、锗元素及锗元素形态 ····························· 281

七、钾、钠和钙元素测定的样品预处理 ················· 282

八、贵金属元素 ···································· 283

第一章　绪论

无机元素分析是以原子光谱分析为主要分析手段，原子光谱技术作为现代分析检测技术中的一个重要组成部分，是人们分析检测样品中的无机元素最常用的方法之一，在分析领域占据举足轻重的地位，而其发展也反映了分析技术的不断改革与创新。原子光谱法具有灵敏、快速、选择性高、操作方便等优点，被广泛应用于化工、石油、医药、冶金、地质、食品、农产品、生化及环境监测等领域，能测定几乎所有的金属及某些非金属元素。为了使测量结果具有代表性，必须保证样品均匀分布在溶液中。所以许多样品必须经过预处理才能测定，而不同的样品有不同的预处理方法，同一样品也有多种预处理方法，选择不同方法的依据就是方便、快捷，同时还要尽量减少试剂的用量，减少有效成分的流失。因此，样品预处理是原子光谱法测定的关键步骤之一，寻找简便有效的样品处理技术，一直是分析工作者研究的重要课题。

样品预处理使待测样品中金属离子形成可溶性盐转入溶液中供测试分析用，这个过程就是分析样品（试液）的制备，即预处理。它是元素光谱分析不可缺少的关键环节，也是整个分析过程中最费时、费力的环节，对分析结果的准确性具有直接影响。任何损失和玷污往往成为分析结果的主要误差源。追求无样品处理的直接分析是仪器分析发展的终极理想目标。

原子光谱具有多个分支领域，包括原子发射光谱（ICP—OES、ICP—MS），原子吸收光谱（AAS、GFAAS），原子荧光光谱（AFS）等原子光谱技术。应用原子光谱分析样品中无机元素的时间基本在 $20 \sim 30 \mathrm{min}$，样品微量元素检测可达 $10^{-9} \sim 10^{-13} \mathrm{g}$，但是在进行实际样品元素分析时，实验前的样品预处理却存在不少问题，其分析误差的主要来源往往不在仪器本身，而在于样品（特别是固体样品）的预处理过程。有资料表明：有 $70\% \sim 90\%$ 的分析误差产生于样品的预处理上，有的样品预处理需大量的溶剂，处理时间很长（几小时乃至几十小时）占整个实验时间的 $60\% \sim 70\%$，操作繁复非常容易造成二次污染、损失和环境污染，从而给分析检测带来较大误差，因此，为得到可靠的测试结果，对样品测试前的预处理提出了较高的要求，样品预处理越来越明显地成为制约原子光谱分析技术发展和应用的重要因素。高效、快速、绿色、操作简便，且不易产生二次污染的样品预处理方法，是元素原子光谱分析和其他分析方法过程中研究的重要课题。

无机元素原子光谱分析中常用的预处理方法是消解法，根据试样的形态可分为无机物的分解和有机物的分解，无机物的分解包括溶解法、熔融法和半熔法，有机物的分解包括溶解法和分解法。本书将主要介绍无机元素光谱分析法中的样品预处理技术发展及现状，以及这些预处理方法在无机元素光谱法分析测定环境水样品、食品样品、农产品、地质样品和土壤样品中的应用。这些样品预处理技术主要包括酸化消解、干法消解、微波消解、低功率聚焦微波技术、在线富集、浊点萃取、纳米材料应用于富集、悬浮液进样、非完全消解、超声波辅助技术。

在要求将固体样品处理成为溶液形式的常规无机元素光谱分析法中，用于质量控制的标准样品种类十分有限，而且价格比较昂贵。许多分析测试实验室在进行实际样品分析时无法进行质量控制，分析结果往往取决于分析工作者的经验，这就对样品的预处理工作提出了更高的要求。近年来，由于生命科学、环境科学和农业科学的发展，无机元素形态分析变得越来越重要，经典或常规的样品预处理方法容易导致待测物形态的改变或破坏，不能满足要求，许多新的样品预处理技术便应运而生，样品的状态包括气态、液态及固态，不同的样品形态及待测元素的赋存形态，要求不同的预处理方法。样品预处理方法的使用频率如图1-1所示。

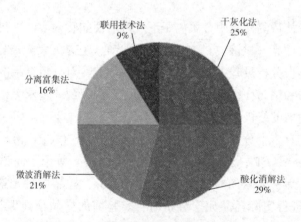

图1-1　样品预处理方法的使用频率

第一节　无机元素原子光谱分析样品预处理的意义

当一种样品（不论是固体、液体还是气体）不能以现存形式进行分析时，就需要做某种处理。当然样品在现场立即检测是理想的，但目前除一些物理数据如温度、色泽、外观参数及液体的 pH 外，往往都需要在专门的实验室进行分析测试，这是由于现实测试手段尚存很大局限性这一根本性特点决定的。虽然在现代一些新的测试手段如热分析、中子活化法、X射线荧光法和某些表面测试方法中，只要能得到均匀的颗粒或粉末就可以进行测试了，这些方法的显著特点是可以直接用固体样品，并不是说不需要进行样品处理。因此不论经典分析测试方法还是新的测试技术，样品预处理都是将分析对象进行测试时的第一步操作，不论采用何种仪器测定，对以后各步影响都很大。

一、无机元素原子光谱分析样品预处理的普遍性[1]

（一）研究对象的特点

所谓研究对象是指当时社会生产力的发展对某一学科提出的要求和任务。样品处理的对象一般属于化学分析测试的总任务，其特点在近年来随着生产力的迅速发展而更新，对样品处理的研究有重大影响和推动。

1. 无机物和有机物

历史上无机物特别是金属一直是化学分析测试的主要对象，21世纪初，许多工业先进的国家在总结20世纪迅速发展的冶金和采矿科学研究的基础上，提出了系统的化学分析测试中的样品预处理研究成果，例如，美国材料检验标准方法中列举了有关材料检验，实际上主要是钢及合金的化学分析测试中样品处理方法，迄今这些仍有参考价值。现代新科学技术的发展主要是非金属材料、生物化学、生命科学和环境科学研究的进展，把过去局限于处理有机制剂、地质矿物的样品范围扩大到处理有机制剂、塑料、半导体材料、生命液体、蛋白质、大气、各种污染物、组织等。目前有机化学分析测试的样品品种明显多于无机物，例如，美国环保局在制定标准分析方法优先考虑的129种污染物中，有机物为114种。在致癌突变物的研究中，各种环烃、芳烃、有机氯、有机磷、有机砷以及其他有机毒物的测试和有关的样品处理也具有十分重要的地位。一般来说，有机样品的处理比无机样品的处理更加复杂，研究有机样品处理方法的迫切性也更加明显，而目前这方面仍是一个薄弱环节。

2. 常量成分和微量成分

目前化学分析测试的例行项目中，常量成分仍很重要，如工矿企业化验室的原材料分析，其样品处理方法大都有标准步骤可循。随着新材料科学、环境科学发展的需要，痕量成分分析测试的重要性越来越突出，对样品处理也提出了新的要求。例如在半导体材料杂质的分析中，样品研磨可能引入的玷污是不能忽略的；对超纯材料样品处理时，分解样品的试剂必须有相应的纯度，溶解操作的黄金清洁应有所保证。许多环境污染物、地方病诱发成分、致癌物、生物钟指示剂等都是在痕量或超痕量水平即起作用，例如，铬元素与人体的葡萄糖耐量有关，人体缺铬可致糖尿病、生长受阻等，在病因分析中需要测出体液中微量铬，在处理这类样品时，不可用铬酸洗液清洗器皿，也不可用不锈钢刀具切割组织。

探空技术和宇航技术的进展使人类能够采集到宇宙尘、陨石以及来自月球的样品，在不久的将来也肯定能采集到火星样品，无疑这些样品都是比较罕见的，不论是其中的主要成分或次要成分的测试，都是在微量、痕量分析的水平处理样品，并且把样品处理的地域范围从地球推广到星际。另外，由于考古学、地质学研究的进步，越来越多的古文物和久远年代的化石被发掘，它们的样品十分珍贵，这样把样品处理的时间从当代推进到远古。在空间和时间上扩大样品处理的同时，也引进了多种处理和保存微量样品的新措施。例如，阿波罗飞船采集的月球土样以及马王堆汉墓古尸的发样不适用常规方法保存，而要放置在真空或冷冻环境下。

3. 元素与物种

早期的经典化学分析测试常以确定一定元素的有关性质及含量为首要任务，相应的样品处理方法多为总体溶解或全消解；而在现代生物化学、药物学、材料学的研究中，已不能只停留在对元素总量的测定，通常都要求确定同一元素的不同价态、不同价态所对应的不同物种的形式及含量，样品处理方法多为分步溶解或分组提取。例如用钙离子选择性电极研究针刺麻醉的作用和胆结石的病理时，不但需要测定钙离子的浓度，还需要测定钙化合物的具体形式，这就要求对样品中的有关成分进行提取。土壤分析中的按试剂提取物评价土地肥力和营养程度以及合金材料的物相分析，都是为确定元素组成进行特定的样品处理。

4. 静态和动态

经典分析化学及目前大多数分析测试的对象主要是静态的，也就是将样品送入实验室处理后得出测定结果。现代科学技术及生产的发展已将现场测试、追踪分析、自动检测等，对运动的（变动和流动）对象进行监测提到日程上，对样品处理提出了相应要求。例如研究水生生物的成长需要对水中的矿物质元素实时进行测定，这样水体的氮、磷元素是动态因素；又如在合金或多晶体系研究中，需要深入了解多元体系的相平衡关系和相变，以便获得比较理想的主晶相和晶界相，这样就需要对熔融和烧结过程中有关成分的变化进行追踪。在这些情况下通常要求样品处理自动化，而这正是一个亟待深入开展的研究领域。

5. 总体和样本的分析

通常分析监测的测试对象是某均一总体，即选取一均匀样品代表所测试的总体，这在生产的原材料和产品质量检验中，过去及今后仍居重要地位，其样品处理方法一般来说已相当成熟，但是在深入的病理、环境、材料制备等问题研究中，需要弄清病毒活性区、污染对象的中毒部位、晶体的缺陷区域，这就需要进行微区探测和表面分析，从而对样品预处理赋予新的内容。例如，为了研制航天飞机的表面防热瓦，改善其脆性和耐温度急剧变差的缺陷，除了考虑材料的适当化学组成外，还需要深入研究防热瓦显微结构和微区成分，因而要求在晶格和原子水平上进行样品处理，这时对样品的清洗、保存均得讲究。

（二）研究的手段和特点

样品处理方式与测试手段的关系也是很密切的。任何学科的研究方法和手段都是指当时生产力的发展所提供的条件，而每个时代的生产力水平是由使用的工具来表征的。样品处理的方法、水平和发展趋势也应当适应特定测试方法和手段的水平和要求，为其所使用的仪器、设备和信息所制约。

1. 化学分析和仪器分析

在分析化学的发展史中，化学法和仪器法的比较曾有过较长期的争论。通常认为化学法是根据化学原理而设计的分析方法；而仪器法则是根据物理原理而设计的，两者目的相同，学科侧重有异，对样品预处理已有成规；在痕量分析中，则借助仪器分析，经历了一个简单的经典的化学法分析、光谱仪分析到自动化、计算机化的过程，针对这些新技术的特点，设计新的样品处理方法是各种仪器分析研究必不可少的内容。例如，在今后原子光谱分析中，不能用易受侵蚀的金属坩埚熔样；X射线荧光分析法的样品要求制备成特定形状等。结合仪器分析不同测试手段的特点进行样品处理，也是目前样品处理研究的重点。

2. 干法分析和酸化分析

（1）酸化分析：酸化分析法指主要在水（也包括在许多有机溶剂）溶液中进行的测试方法，在分析化学中历史悠久，现存的大部分样品处理方法都是适应酸化分析法的要求提出的。由于地球环境中水溶液本身是重要的分析测试对象，生物体和人体中水溶液起巨大作用和水作为一种溶剂有着极强溶解能力这些客观事实，决定了今后酸化分析及其相应的样品预处理技术无疑仍将继续得到发展。

（2）干法分析：传统的干法如吹管分析、火试金分析和经典光谱分析等已应用了很久，随着材料问题、环境问题日益突出，特别是熔融介质化学及大气污染研究的迫切需要，干法分析测试方法及其样品处理的研究将得到进一步开拓。但总的来说，干法样品处理尚待进一步研究和系统化。

3. 单成分分析和多成分分析

多成分分析可以给出更多信息，因而更受欢迎，这类技术对样品处理的要求较单成分分析苛刻。一般来说，单成分分析仪器及操作比较简单，费用及时间均较经济，且限于技术及设备水平，在今后相当长时期内仍是主要的分析测试手段，其样品处理方法的研究仍不可忽视。近年来多成分分析测试手段发展很快，中子活化分析、等离子光谱分析、质谱分析等技术可在短时间内同时分析数十种成分，这对于标准物质制备，金属材料、石油制品、毒理学及环境污染成分的研究可起到单成分分析测试方法无法起的作用，为保证待测成分的完整（不能损失）和真实（不能增加），在样品预处理时要求尽可能保持原有形态，并用惰性试剂（为了价态稳定，不致引起有关成分的互相转化）并进行微量处理（用尽量少的样品和试剂）。

4. 间歇式和连续自动式

有关样品处理方式都与相应的测试手段要求相适应并随之发展，但是随着光电技术的提高和计算机的广泛应用，连续自动化、智能化的测试技术必然会得到很大发展，也要求相应的新的样品处理方式。例如在环境污染分析中，除出现了一些间歇式与连续自动式分析测试手段相结合的过渡形式，如水质污染监测船、大气污染监测车及其他野外现场快速分析设备（如简易的成分便携式污染监测箱和定性及半定量的测试包）外，还有高度自动化、智能化的污染监测中心和观测网络，减少样品处理的工作量，尽可能迅速地对组分的形式和含量做出响应。这对传统的分析测试手段中，样品预处理占整个工作过程时间和工作量的 70%~90% 这一点都是巨大挑战。除了上述样品处理的工作对象和设计的测试手段所体现的普遍性外，从科学上它还与有机化学、无机化学、物理化学、生物化学和材料科学等各领域的基础理论有密切关系，它本身的研究手段和实验条件也得益于熔融盐化学、高压化学以及某些工艺流程的信息。所有这些使样品处理这一分析测试的基本操作关系着当代文明的四大支柱（材料、能源、环境、信息）和面临的四大挑战（人口、粮食、生态、资源），而为无机元素光谱分析测试工作者普遍关注。

二、无机元素原子光谱分析样品预处理的重要性

由于无机元素原子光谱分析的样品种类繁多，其组成、浓度、物理形态和性质差异较大，这些差异均是原子光谱分析测定的影响因素。样品的无机元素原子光谱分析的预处理技术就成为提高分析测定效率、改善和优化原子光谱分析的重要环节。样品的无机元素原子光谱分析预处理的时间占整个分析过程的一半以上，而无机元素样品的原子光谱分析预处理是实验的重现性及准确性最重要的环节，是影响实验结果优劣的最重要因素，有统计表明，70%~90%以上的误差来源于样品预处理。样品处理是整个分析过程中最费力、费时且不可忽视的关键环节。在对样品中元素进行定性、定量检测过程中，由于样品属于复杂基质体系，多含有有机化合物等成分，复杂的基质背景会给被分析目标测定等带来很大的困难，对于原子光谱技术，样品的预处理技术比检测技术本身还重要。

一个完整的原子光谱化学分析过程，包括样品采集、样品处理、分析测定、数据处理和报告结果五大步骤，具体元素原子光谱分析样品各流程所花费的时间如图 1-2 所示。

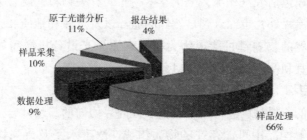

原子光谱分析 11%
报告结果 4%
样品采集 10%
数据处理 9%
样品处理 66%

图 1-2 样品分析中各流程所花费的时间

原子光谱样品预处理，一般必须制成液体样品进样或液体进样时才能达到较高的准确度。为保证检测的准确性，在使组成复杂的样品充分溶解的同时，不仅要避免待测元素中易挥发的单质或化合物形式的损失，还要避免待测元素间的相互干扰。因此，样品预处理过程是一个既耗时，又极易产生误差的步骤。样品预处理的好坏直接影响原子光谱分析测试结果的可靠性，因此，为了提高分析测定效率，改善和优化原子光谱分析样品预处理方法和技术是非常重要和必要的。

第二节 无机元素原子光谱分析样品预处理的基本方法

原子光谱分析样品处理的对象很广泛，包括大气、水、土壤及生物圈的有关物料，既有无机成分也有有机成分。样品处理前提是已经得到了有代表性的、均匀的、尺寸合适的样品。所谓代表性是指样品的组成代表一定范围的测试对象，即它与所采集的整体物料相同；均匀性表示样品各处的物理性质和化学组成相同，这是从宏观着眼的；尺寸合适是指固体颗粒的大小符合已选定测试方法的分解样品要求。这三者属于样品的采集和实验室加工。采样是测试结果精密度和准确度非常重要的甚至是决定性的因素，要想在采样这一步引入的误差越小，则要求样品越有代表性，也越能保证均匀性，因而采样理应被分析测试工作者充分重视，并成为整个分析测试全过程的有机组成环节之一。尽管各行业及各种分析测试的具体要求各不相同，但得到一个适宜和便于检测的测试对象是分析工作者共同的要求。为了满足这个共同的要求，需要确定样品处理的原则和注意事项，作为样品预处理工作的总则。

一、无机元素原子光谱分析样品预处理总的原则

在前面样品处理普遍性的讨论中已提到样品处理的对象很广泛，除金属、能源、新材料外，还包括大气、水、土壤及生物圈的有关物料，既有无机成分也有有机成分，除工艺流程外，也深入到自然界的循环以及生命和地质、天体过程，几乎一切人工的、天然的物料都可能成为无机元素原子光谱分析样品处理的对象。此外，得到一个适宜和便于检测的测试对象作为其工作总则。

（一）评估目标

样品预处理的前提是已经得到了有代表性的、均匀的、尺寸合适的样本，即实验室样品，并了解样品中可能存在的物质组成、浓度水平及待测物的性质及可能浓度。

（二）选择方法

采用方法必须和分析目的保持一致，所采用的处理过程应简单易行，消解方法及样品处理装置的尺寸应与处理样品的量相适应。样品制备过程中尽可能防止和避免待测定组分发生变化或丢失，并要防止和避免待测定组分受到污染，减少引入新的干扰。以使样品的目标元素浓度最佳，费用最省，干扰小，测试准确度高，即将样品转变为适宜的测试对象。它通常包括：将样品转化为与所用测定技术相匹配的形式（一般为溶液）、将基质破坏和简化（矿化、干燥、干灰化）、分离或浓缩等适宜的转化步骤和转化获得物的保存。

（三）控制误差

为了尽量控制和降低各环节的系统误差，同时要考虑以下因素：

1. 原子光谱分析中样品预处理中误差的控制

在原子光谱样品预处理过程中，待测组分的损失是主要影响因素。

（1）试剂使用，如用 HCl 预处理时，会引起砷、锑、锗、硒等氯化物挥发损失。

（2）所用容器的污染。如玻璃器皿可能引入锌、砷，坩埚材料（镍、银、铁制坩埚）本身可能存在杂质组分。

（3）环境污染和容器对待测组分的吸附损失。

（4）处理好的样品溶液应尽快进行分析，操作应尽量简化，步骤越少越好，并注意实验的安全性。

2. 原子光谱分析中样品预处理干扰组分的控制

在原子光谱分析样品预处理中，干扰组分的分离应注意：采用样品预处理方法与干扰组分分离方法应综合考虑，以使分析过程合理、方便和简化，不应损伤使用

的器具、测试仪器的喷雾器、燃烧器等。

二、无机元素原子光谱分析样品预处理的目的

采集的大多数样品组成十分复杂，是不能直接测定的，除了无损分析以外，在分析前，一般均要对它们进行较为复杂的预处理，包括对样品进行分解、提取、净化、浓缩等。大多数环境样品及生物样品均以多相非均一态的形式存在。例如，空气中的飘尘与气溶胶，废水中的悬浮物与乳液，土壤与基质中的水分、微生物及沙砾均与基体的状态不一致或不完全一致。对这样的样品必须经过预处理才能进行分析测定。样品处理应达到如下目的。

（一）将样品转换成为适宜测试的溶液

将各种样品利用各种化学方法将待测元素从固（液）态试样中定量的把被测组分从复杂的样品分离出来，以离子形式转入测试溶液。浓缩被测组分，制成易测定的溶液形式，提高测定的精密度和准确度。

（二）样品处理过程中减少对目标元素测试的干扰

样品处理作为消除干扰的手段或其先行的步骤，对干扰的消除影响很大。然而干扰的产生与所用的测试方法有关。几乎所有的检测方法或多或少对几种分子、原子或粒子或同一元素的不同形态做出响应，对于预期的被检测成分而言，其他同时出现信号的物质就被认为是测试中的干扰。如果在样品处理一步能充分，尽量可能多的排除干扰，不仅对其后续步骤—干扰消除，而且对最后的检测方法的确定也会提供有益的信息。在考虑最大限度消除样品中固有干扰的同时，还要特别注意防止在样品处理中引入新的干扰。新的干扰主要是来自分解用的试剂的杂质、工作环境的灰尘、所用容器的腐蚀物等，也就是所谓玷污。严格地说，任何分析测试过程的任何环节都会存在玷污，从而导致干扰。例如实验室空气中引入的杂质是很客观的（大气飘尘中几乎含有周期表中的所有元素），熔融用坩埚每次处理都会有至少1.0mg杂质进入溶液，而样品处理是分析测试过程最耗时、最耗试剂、加热温度最高的一步，引起玷污最严重，因此选择适宜的样品处理方法，消除共存组分或减少对待测样品中目标元素测定的干扰，一定要在样品处理过程中为干扰最小创造条件，同时还要尽可能简化分析手续，增强仪器性能，除去样品中对分析仪器有害的组分，延长仪器的使用寿命。使分析方法适应性、准确性大幅提高，从而得到更准确、可靠的结果。

（三）样品处理过程中目标元素的浓缩或富集

将一些通常难以获得检测信号的待测元素转化为具有较高响应值的浓度；如果被测元素用选定的方法难以检测还需要进行衍生化处理，使被测元素定量转移成另

一种易于检测的化合物。

（四）样品处理过程中提高对目标元素的回收率

提高目标元素的回收率是样品处理首要目的，回收率是分析方法准确性的标度，这是样品处理应该达到的第一个目的；在分解样品过程中，必须是待测成分不受损失，则应确定损失了多少。损失的定量测定叫作回收率。几乎任何分析测试过程都会有损失，样品处理这一步最多，主要的损失有挥发和吸附等。例如，当用非氧化性酸溶解合金样品时，砷、磷、硫、硅、硒等都可能成为氢化物逸出；蒸发或有气体如二氧化碳、硫化氢放出的反应中，溶液中的其他成分可能被气流夹带飞出；分解样品时所用容器对痕量成分的吸附，不洁的残渣中可能含有待测元素进入溶液。这些损失都会直接影响回收率，在本书第十三章中还要论及。

（五）样品处理过程中保持目标元素最佳浓度

每种检测方法均有其最佳浓度范围，约为其检测限的 3~50 倍，即某些常用测试方法的检测限及最佳浓度范围。应当注意检测限除与检测方法有关外，还取决于被检测成分的浓度下限范围（可达 1000 倍）。

（六）样品处理过程中费用最省

分析测试的费用取决于所用仪器的价格、操作时间和试剂及辅助物料的消耗，而这些又取决于对测试结果精密度和准确度的要求。前面已经提到，样品处理这一步操作有时占整个分析测试过程时间的绝大部分，而时间的节约是费用节约的主要环节，时间的节省还与采用的分析测试方法是否简便有密切关系，因此需要找到更容易、更方便的处理样品方法，这就需要结合实际情况，在结果准确可靠的前提下，测试方法、时耗、物耗和人力消耗之间进行综合平衡，经过预处理后的样品更易保存和运输。样品处理的具体途径应当建立在全局考虑的基础上。

三、无机元素原子光谱分析样品预处理的特点

（一）样品的一般特点

样品处理时，首先要注意从定性和定量两个方面对样品进行考察。

1. 从定性方面考察

首先要注意样品的类型（冶金和化工制品、岩石矿物和地球化学样品、农产品、食品、生物材料以及环境样品等），不同类型的样品，选用的处理方法也有所不同。其次要注意待测成分的形态，成分形态是指元素的不同价态，同一价态的不同络合物、不同异构体、不同构象或不同分子形态和不同官能团等存在形式。根据形态分析的要求，选用适宜的处理方法，以保证待分析物的原始形态不发生变化。

2. 从定量方面考察

首先要注意允许使用的样品处理总量，如一些珍贵样品（月球土壤、远古文物）和罕得样品（尸体器官、司法监测品、能力验证样品），力求一次成功。其次要注意待测成分的含量层次，是主体还是杂质，是痕量级还是超痕量级。这决定了取样量以及所采取的后续步骤，比如分离、富集等。通常样品取量 100mg 级为超微量。对于待测成分的浓度，多用宏量和痕量概念，通常指含量范围 $1\% \sim 99.99\%$ 为主量或大量，$0.1\% \sim 1\%$ 为次量或小量，$(0.1 \sim 100) \times 10^{-6}$ 为痕量，10^{-9} 或更低，如 10^{-12} 为超痕量。此外，还有用总含量的百分比例来表示样品规格的常用术语是几个九。例如，四个九表示 99.99%，杂质的总量为 0.01%，而单个杂质含量在 10^{-6} 级。不同级样品的处理方式差异很大，分析人员应予以高度重视。例如测试纯度相当高的石英中的二氧化硅时，用氢氟酸直接蒸干即可；而测定某合金钢或超纯金属中的痕量硅，则要防止样品处理中硅的损失。

（二）操作过程的特点

1. 要注意安全

例如，用高氯酸处理有机物，务必首先用硝酸氧化以防爆炸；制备浓硫酸的各种混合溶液（如硝酸—硫酸），一定要防止由于大量放热引起的溅失；在高温熔融及高压消解时，操作时的疏忽可能引起某种人身危险。

2. 要防止待测成分失真

样品处理和保存时，由于会发生预料不到的变化、损失和玷污，可能使待测成分甚至整个样品发生质和量的改变。例如，某些低价成分被大气氧化，一些生物样品会在微生物作用下变质（发酵、分解等），至于损失和玷污的可能更是多方面的，在第十三章还要详细讨论。总的来说，样品处理步骤越少越好。

3. 要减少后续步骤的困难

样品处理是分析测试操作过程中的第一步，对以后各步影响很大，特别是紧密衔接的干扰消除，更有直接意义。例如用氧化酸处理锡、锑、锆、钛、铌的溶液时，易水解析出胶体，难以过滤，并吸附杂质，导致更多干扰；又如铝、铬和铁的水合氧化物在长时间加热后，可能钝化，给后续样品制备带来困难。

上述各项都是相互联系的，因此如何选择适宜的样品处理方法，需要弄清分析测试的全过程、分析方法的原理及有关元素和成分的性质。例如在常量分析中，对分解样品用的试剂纯度要求较宽；可是在高纯度样品的杂质分析中，处理样品用的试剂纯度是不可忽视的；在分析固体中的气体时，要用真空熔融法处理样品。测定样品中元素的不同氧化态时，要特别注意样品溶解时价态变化。痕量分析中，粒子或铬元素有关成分在容器表面上的吸附损失应特别注意，因此要考虑对器皿的要求和清洗方法，还要注意某些成分是否会在样品处理时挥发损失。总之，在样品处理时，没有一成不变的通用规则，需要全面考虑各种因素。

（三）元素原子光谱分析的方法及特点

1. 元素原子光谱分析样品的仪器

元素分析的仪器主要是用原子光谱分析仪，原子光谱分析仪包括原子吸收光谱（AAS/FAAS/GFAAS/HGAAS）、电感耦合等离子发射光谱（ICP—OES/MS）、原子荧光光谱和 X 射线荧光光谱（AFS/XRF）仪。原子光谱分析仪分析的样品范围广、元素多，可以对固态、液态及气态样品进行分析。不同的样品形态及待测元素，要求不同的处理方法，应用最广泛也是优先采用的是溶液雾化法。可以对近 80 多种元素进行微、痕量的测定，可测金属元素、稀土元素，而且对很多样品中的非金属元素碳、硫、磷、氯等也可以进行分析测定，如图 1-3 所示。

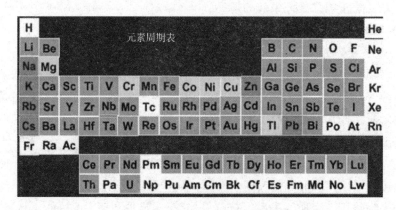

图 1-3　无机元素原子光谱分析检测范围

2. 原子吸收光谱（AAS/FAAS/GFAAS/HGAAS）法的特点

原子吸收光谱（AAS）包括火焰原子吸收光谱（FAAS）、石墨炉原子吸收光谱（GFAAS）、氢化物发生原子吸收光谱（HGAAS）等。火焰原子吸收光谱法（FAAS）可测到 ppb 数量级，石墨炉原子吸收光谱法（GFAAS）可测到 ppt 数量级。氢化物发生原子吸收光谱法（HGAAS）可对 8 种挥发性元素汞、砷、铅、硒、锡、碲、锑和锗等进行微痕量测定。

（1）检出限低和灵敏度高：火焰原子吸收光谱法的检出限可达 ppb 级，石墨炉原子吸收光谱法更高，可达 ppt 级。

（2）测量精度好：火焰原子吸收光谱法测定中等和高含量元素的相对偏差可小于 1%，测量精度已接近于经典化学方法。石墨炉原子吸收光谱法的测量精度一般为 3%~5%。

（3）选择性强，简便、快速：由于采用锐线光源，样品不需要烦琐的分离，可在同一溶液中直接测定多种元素，测定一种元素只需要数分钟，分析操作简便、迅速。

（4）抗干扰能力强：原子吸收线数目少，光谱干扰少，一般不存在共存元素的光谱重叠干扰。

（5）应用范围广：可测60多种元素，既能用于微量分析，又能用于超微量分析。另外，还可用间接方法测定非金属元素和有机化合物。

（6）用样量少：火焰原子吸收光谱法测定的进样量为3~6mL/min，采用微量进样时可少至10~50μL。石墨炉原子吸收光谱法测定的液体进样为10~20μL，固体进样量为毫克量级，需要的样品量极少。

（7）仪器设备相对比较简单，操作简便，易于掌握。

（8）不足之处：原子吸收光谱法的不足之处是：不能多元素同时分析；测定不同元素时必须更换光源；测量难熔元素时不如等离子体发射光谱；对于共振线处于真空紫外区域的卤族元素和硫、铯等不能直接测定；如今商品化的原子吸收仪器设计的测定波长范围只在砷（As）193.7nm至铯（Cs）852.1nm之间，标准工作曲线的线性范围窄（一般在一个数量级范围），测定复杂基体样品中的微量元素时易受主要成分的干扰，在高背景低含量样品测定任务中，精密度下降。

3. 电感耦合等离子发射光谱/质谱（ICP-OES/MS）光谱法的特点

（1）分析速度快，可多元素和常量、微量元素同时进行分析。通常的发射光谱分析法不适用于测定样品中含量高的元素，如果通过方法研究满足准确测定高含量元素的要求，可在相同的激发源，在不改变分析条件的情况下，进行单一或多种元素同时测定，这是原子发射光谱仪最显著的特点。

（2）分析灵敏度高，检出限低。对于溶液中元素可检测的最低浓度，一般检出限能达到ng/L至0.1pg/L水平，即$10^{-9}g/L \sim 10^{-13}g/L$级的检出限，可同时多种元素直接测定。

（3）分析精密度好。对于痕量、微量和常量元素的测定，单次测定的相对标准偏差可达到千分之几到百分之几的水平。

（4）分析含量动态范围宽，工作曲线可达5~6个数量级以及极小的基体效应。

（5）测定范围广，可以测定几乎所有紫外和可见光区的谱线，被测元素的范围大。

4. 原子荧光光谱（AFS）法的特点

典型原子荧光光谱法检测过程是以氢化物/冷蒸气发生方式实现样品的导入，氩—氢扩散火焰原子化器，实现被测元素的原子化，自由原子被空心阴极灯激发后发射的原子荧光以无色散光路被光电倍增管接收，获得原子荧光信号。理论上，AFS 兼具 OES 和 AAS 的优点，同时也克服了两者的不足，对一些元素具有分析灵敏度高、干扰少、线性范围宽、可多元素同时分析等特点，这些优点使得该方法在冶金、地质、石油、农业、生物医学、地球化学、材料科学、环境科学等领域获得了相当广泛的应用。但是，由于 AFS 存在散射光干扰及荧光猝灭严重等固有缺陷，使得该方法对激发光源和原子化器有较高的要求。

（1）有较低的检出限，灵敏度高。特别对镉、锌等元素有相当低的检出限，Cd 可达 0.001ng/mL、Zn 为 0.04ng/mL。现已有 20 多种元素低于原子吸收光谱法的检出限。由于原子荧光的辐射强度与激发光源成比例，采用新的高强度光源可进一步降低其检出限。

（2）干扰较少，谱线比较简单。采用非色散原子荧光分析仪。这种仪器结构简单，价格便宜。

（3）分析校准曲线线性范围宽，可达 3~5 个数量级。除了可以测定易挥发的低熔点金属元素，还可以进行元素的形态分析。

（4）能实现多元素同时测定，由于原子荧光是向空间各个方向发射的，比较容易制作多道仪器，因而能实现多元素同时测定。

（5）适用分析的元素范围有限，有些元素的灵敏度低、线性范围窄，原子荧光转换效率低，因而荧光强度较弱，给信号的接收和检测带来一定困难。散射光对原子荧光分析影响较大，但采用共振荧光线做分析线，可有效降低散射光的影响。

（四）元素光谱分析法中的样品类型

原子光谱仪可以测定全部的金属元素及部分非金属元素，广泛应用于无机样品分析的各个领域，按照分析方法和分析条件的类似性，将样品分成以下几类：冶金原料及产品、地质类（包括矿物、矿石、岩石、土壤等）、生物类（包括血液、骨质、头发、组织和器官等）、农产品和食品类（包括食用油、粮食、饮料、牛奶、肉类等）、环境类（如大气粉尘、沉积物、地面水、工厂排放物、饮用水、海水、动物及植物、废水等）、化学及化工类（如玻璃制品、药品、催化剂、食用化学品、稀土化合物、半导体试剂、电镀液、树脂等）、能源类（如煤炭、煤灰、汽油、石油、煤油、液化气、沥青等）、建材类（如玻璃、陶瓷、水泥等）。

利用间接原子光谱法还可以进行一些非金属元素的测定。如共振吸收线位于短波紫外区的元素，如氟、氯、溴、碘、硫、磷、砷、硒和汞等；用直接原子光谱法测定灵敏度很低的难熔高温元素，如硼、铍、锆、氟、铌、钽、钨、铀、钍和稀土元素等；以及不能直接测定的阴离子和有机化合物。采用原子光谱分析法还可以测定元素形态，主要通过化学法、AFS 法、HVGAAS 法、色谱–AAS/GAAS 联用法和

HPLC/GC—ICP—MS 联用法实现。

（五）样品预处理操作过程的特点

1. 样品预处理容器及装置的要求

所使用的容器及装置要足够洁净，防止待测成分失真，例如样品的变化、损失、玷污等。

2. 样品预处理注意安全

例如，高氯酸容易爆炸，稀释硫酸时不能将水加入到硫酸里。

3. 减少后续步骤的困难

在样品处理过程中，应减少对后续的各步骤带来困难，如用氧化性酸处理锡、锑、锆、钛、铌、钽等溶液时，易水解析出胶体，难于过滤。

4. 对于发射光谱分析的样品预处理

由于从样品的溶解到测定，中间无须进行分离、滴定或显色等步骤，所以对溶解酸的使用限制较少。原则上，只要试样能完全溶解，任何酸都可使用，但也要满足以下条件：

（1）测定元素与溶解的酸不能生成不溶性或挥发性化合物，防止待测元素析出及挥发。

（2）测定时，溶液对雾化器及炬管的腐蚀要少。

（3）对待测元素干扰少。虽然试样一般采用无机酸分解，但不同种类的酸会带来不同的影响。样品溶液中酸的种类和浓度的不同会使溶液黏度、表面张力有所不同，从而引起溶液进入等离子体的速度和粒子分布的变化，导致谱线强度的变化。

5. 对试样溶液的要求

（1）溶液要清澈、无悬浮物、稳定。

（2）溶液的酸、碱度：酸度应在 0.1% 以上。通常不超过 5%，尽可能与标准溶液的酸度保持一致。溶液介质尽可能用盐酸或硝酸溶液。

6. 溶解样品的基本要求

（1）防止空气污染、试剂空白以及容器污染。

（2）待测元素挥发、被容器表面吸附或与容器材料相互作用而损失及样品分解不完全。

（3）使待测元素完全溶入溶液；溶解过程中待测元素不损失；不引入或尽可能少引入影响测定的成分；试样溶剂具有较高的纯度，易于获得；操作简便快速，节省经费等。对于原子光谱仪器分析来说，分析操作的第一步是将原材料或成品的固体试样变成溶液，在这点上试样的分解与其他化学分析方法并无根本差别。但 ICP 法与以往的化学分析法毕竟有所不同，因此在试样预处理时，就有其必须加以特别考虑或简化之处。

四、无机元素原子光谱分析样品预处理方法的选择、评价依据和准则

目前，样品预处理的方法多达数十种，没有一种预处理的方法能适合各种不同样品或不同的被测组分，即使同一被测物，如果样品所处的环境不同，也需要采用不同的预处理方式。一是所选方法应能最有效地除去测定的干扰组分，否则即使方法简单、快速也不宜采用；二是待测组分的回收率要足够高且操作简便、省时；三是尽可能避免使用昂贵的试剂和仪器以保持成本低廉。对于一些新型高效、简便可靠而自动化程度又很高的样品预处理技术，尽管所需仪器的价格较为昂贵，但因其效率和效益显著，必要的投资还是值得的；四是对生态环境和人体健康不产生影响，即所选预处理方法少用或不用污染环境或影响人体健康的试剂。对于必须使用的试剂，一定要设法做到能循环使用，或使其危害降至最低限度。

第三节　无机元素原子光谱分析样品预处理的常用设备

一、无机元素原子光谱分析样品预处理的常见容器

（一）玻璃器皿
主要成分为硅硼酸盐，最高工作温度为 600℃，不抗氢氟酸、浓磷酸及强碱溶液，无渗透性，一般用于溶解、酸化消解。如三角瓶（锥形瓶）、凯氏瓶、烧杯[2]和容量瓶[3-4]等。玻璃烧杯一般作溶解用，三角瓶用作除 HF 以外的酸化消解。

（二）瓷坩埚
瓷的主要成分为 $NaKO：Al_2O_3：SiO_2 = 1：8.7：22$，釉的主要成分为73% SiO_2、9% Al_2O_3、11% CaO、6%（Na_2O+K_2O），最高工作温度为1100℃，不抗氢氟酸、浓磷酸及强碱溶液，有渗透性，对 Al 有损失。瓷坩埚常用于干灰化法，不适用测 Al。

（三）石英坩埚
主要成分为99.8% SiO_2，杂质有 Na_2O、Al_2O_3、Fe_2O_3、MgO、TiO_2，还有 Sb。最高工作温度为1100℃，不抗氢氟酸、浓磷酸及强碱溶液，无渗透性，有良好的化学稳定性和热稳定性。石英坩埚常用于干灰化法或熔融。

（四）金属坩埚的性能及使用（表1-1）
1. 铂坩埚
几乎不与任何常用的酸作用，溶于王水、氯水、溴水，对熔融的碱金属碳酸

盐、硼酸盐、氟化物、硝酸盐和硫酸氢盐有足够稳定性；过氧化钠在铂坩埚中，可在 500℃ 以下熔融，即可酸化消解，亦可进行熔融，切不可用于分解含硫化物的混合物。铂坩埚常用于酸化法、干灰化、熔融等。

2. 镍坩埚

用熔融的碱金属氢氧化物或过氧化钠，分解试样时采用，也适用于强碱溶液，例如，测碘时用镍坩埚，银、铁坩埚的作用与此类似。

表 1-1　金属坩埚的性能及使用

材料名称	最高温度（℃）	使用试剂	渗透性
铂	1500	碱熔融及氢氟酸处理	无
银	700	过氧化钠及碱熔融	无
镍	900	过氧化钠及碱熔融	无
铁	600	过氧化钠	无
铑	1700	碱熔融及氢氟酸处理	无
铱	2200	碱熔融及氢氟酸处理	无
金	950	蒸发酸或碱	无
锆	600	过氧化钠	无

（五）刚玉坩埚

主要成分是氧化铝，最高工作温度可达 1200℃，对熔融的酸和碱有很高的稳定性，但却迅速被硫酸氢盐熔融物所腐蚀，脆性大，因壁厚而使重量增加。

（六）石墨坩埚

主要成分是石墨，最高工作温度可达 1200℃，适用于各种碱熔融，升温速度快，缺点是反应可能产生 CO 气体，故其应用受到限制。

（七）聚乙烯塑料器皿

不耐有机溶剂、浓硝酸和浓硫酸，高于 80℃ 开始软化变形，对诸如溴、氨、硫化氢、水蒸气和硝酸等气体有明显的多孔性，长期储存在聚乙烯塑料瓶中的水溶液势必体积减少而浓度增加（每年相差约 1%），一般用来盛装溶液，不用于加热消解样品。聚四氟乙烯器皿常用于酸化消解，耐氢氟酸。

（八）聚丙烯塑料器皿

不耐有机溶剂、浓硝酸、浓硫酸和氢氧化钠溶液，高于 130℃ 开始软化变形，有可透性。

（九）聚四氟乙烯塑料器皿

俗称"塑料王"，与氟和液态碱金属以外的几乎所有无机和有机试剂均不起反应，最高工作温度 250℃，耐高压（可做微波消解器的内罐）；缺点是加工生产困难，导热性小，可透性，静电吸附。

二、无机元素原子光谱分析样品预处理的主要装置

(一) 平板电炉

电阻丝加热，明火，陶瓷面板。加热温度可达 400℃。升温快，降温也快。既可酸化消解，也可对样品进行炭化处理。热辐射大，存在安全隐患。

(二) 电热板

表面带特氟隆保护的电热板，最高表面温度 250℃，升温速度较平板电炉慢，降温也较慢。热辐射小，使用安全，保持表面干净，酸溅上时应及时清理，适用于酸化消解。电热板主要用于定量分析煮沸溶液，陈化沉淀、蒸发、干涸等。是化学分析的常用电热设备之一。

(三) 马弗炉

加热温度较高，最高用温度可以达 950~1200℃，用于不需要控制气氛，只需加热坩埚里的物料的情况，干灰化法及熔融分解用，但在灰化有机物前必须进行炭化完全方可放入马弗炉，保持炉腔干净，不要超过温度允许范围使用。

(四) 高温消解炉

可用于农产品、食品、环境样品、化学药品等样品的消解。

(五) 滴定液定量快速灌注机[5]

该装置可以连续定量滴加消解液，进而实现样品预处理所使用的溶液的精准、量化消解样品，广泛用于酸化消解。

(六) 陶瓷多孔消解仪

样品消解温度高，可进行回流消解，热辐射小，注意酸的溅出。

(七) 石墨多孔消解仪

用带有一定数量加热孔的石墨块作为加热模块，可实现立体环绕加热，有快速、高效、节能、方便、安全等优点，克服了传统的平板加热消解仪的种种缺陷。可进行程序升温，远程控制，消解头发样品只需 15min。

(八) 分析样品预处理装置[6-10]

该装置是一种组合装置，根据不同的样品类型选择不同类型的附件，不同类型的消解罐，可以根据需要实现常压和高压消解，在消解过程中可实现超声波辅助功能、智能控温、搅拌，在 APP 上远程操作，并辅以废气吸收及无污染排放功能。

第四节 无机元素原子光谱分析样品预处理的前期准备

一、器皿的选择

对于微量元素分析来说，所用器皿的质量以及洁净与否对分析结果影响至关重要，容器的洁净是获得准确测定结果的保证。因此在选择用于保存及消解样品的器皿时，要考虑到其材料表面吸附性和器具表面的杂质等因素可能对样品带来的污染。一般来说，实验室分析测定所用仪器大部分为玻璃制品，但是由于一般软质玻璃有较强的吸附力，会将待测溶液中的某些离子吸附掉而丢失，因此试剂瓶及容器最好避免使用软质玻璃而使用硬质玻璃。另外目前微量元素分析常用的还有塑料、陶瓷、石英、玛瑙等材料制成的器皿，可根据测定元素的种类以及测定条件来选择适用的器皿。

二、实验室常用洗液的配制及使用

在分析工作中，洗涤玻璃仪器不仅是一项必须做的实验前的准备工作，也是一项技术性的工作。仪器洗涤是否符合要求，对检验结果的准确和精密度均有影响。不同的分析工作有不同的仪器洗净要求，一般定量化学分析所用的洗液配制及洗涤要求如下。

（一）铬酸洗液

1. 配制方法

称取 5g 重铬酸钾粉末，置于 250mL 烧杯中，加 5mL 水使其溶解，然后慢慢加入 100mL 浓硫酸，溶液温度将达 80℃，待其冷却后贮存于磨口玻璃瓶内。

2. 洗涤范围及注意事项

（1）铬酸洗液主要用于洗除被有机物质和油污玷污的玻璃器皿，是强氧化性洗液，不适用于对铬的微量分析的洗涤。具有强腐蚀性，防止烧伤皮肤、衣物；用毕回收，可反复使用。若洗液变成墨绿色则失效，可加入浓硫酸将 Cr^{3+} 氧化后继续使用。

（2）不能将水或溶液加入 H_2SO_4 中，配制时要边倒边用玻璃棒搅拌，并注意不要溅出，混合均匀，待冷却后，装入洗液瓶备用。防止洗液溅到身上，以防"烧"破衣服和损伤皮肤。洗液倒入要洗的仪器中，应使仪器周壁全浸洗后稍停一会再倒回洗液瓶。

（二）碱性乙醇洗液

1. 配制方法

溶解 120g 氢氧化钠固体于 120mL 水中，用 95% 乙醇稀释至 1L。

2. 洗涤范围

当铬酸洗液洗涤无效时，用于清洗各种油污。

3. 存放条件

由于碱对玻璃的腐蚀，玻璃磨口不能长期在该洗液中浸泡，必须存放于胶塞瓶中，防止挥发、防火。注意，失效洗涤时间不宜过长，使用时应小心慎重。

（三）碱性洗液

1. 配制方法

用 4g 高锰酸钾固体溶于少量水中，再加入 100mL 10% 氢氧化钠溶液。碳酸钠液（Na_2CO_3，即纯碱），碳酸氢钠（Na_2HCO_3，小苏打），磷酸钠（Na_3PO_4，磷酸三钠）液，磷酸氢二钠（Na_2HPO_4）液等。

2. 使用范围及注意事项

主要除去有机物质，用碱性高锰酸钾浸泡后器壁上会析出一层二氧化锰，需用盐酸或盐酸加过氧化氢除去。碱性洗液用于洗涤有油污物的仪器，用此洗液是采用长时间（24h 以上）浸泡法，或者轻微浸煮法。从碱洗液中捞取仪器时，要戴乳胶手套，以免烧伤皮肤。

（四）洗涤剂

常用的洁净剂是肥皂，肥皂液（特制商品），洗衣粉，去污粉，洗液等。用洗液洗涤仪器，是利用洗液本身与污物起化学反应的作用，将污物去除，因此需要浸泡一定时间充分作用。

（五）其他常用洗液及洗涤范围

1. 工业浓盐酸

可洗去水垢或某些无机盐沉淀。

2. 5% 草酸溶液

用数滴硫酸酸化，可洗去高锰酸钾的痕迹。

3. 5%~10% 磷酸钠溶液

可洗涤油污物。

4. 30% 硝酸溶液

浸泡烧杯、三角烧杯、容量瓶。

5. 5%~10% 乙二胺四乙酸二钠（EDTA-Na_2）溶液

加热煮沸可洗脱玻璃仪器内壁的白色沉淀物。

6. 20% HNO₃溶液和 2% KMnO₄溶液

对苯并（α）芘有破坏作用，被苯并（α）芘污染的玻璃仪器可用2% HNO₃浸泡 24h，取出后用自来水冲去残存酸液，再进行洗涤。被苯并（α）芘污染的乳胶手套及微量注射器等可用2% KMnO₄溶液浸泡 2h 后，再进行洗涤。

三、水及试剂的选用

(一) 水的纯度要求

测定微量元素含量所用水的纯度对分析测定结果有很大影响，不纯净的水会污染待测样品影响测定结果。一般来说，使用去离子水即可满足要求，使用超纯水（电阻为 18.2MΩ）或经石英蒸馏器蒸馏的新鲜双蒸水则更好。

(二) 试剂要求

保证试剂优级纯、电子纯、光谱纯标准物质，分析特殊的检测元素，如微量 Na、Si、B 等。

(三) 试剂选择与保存

在原子光谱分析中，酸试剂以硝酸、高氯酸和盐酸最为常用。其中浓硝酸和高氯酸为强氧化剂，常被用于样品的消解；稀盐酸则常被用于无机物样品的溶解。因为无机酸中一般都含有少量金属离子存在，因此应选择纯度较高的试剂。一般来说，各种酸试剂应使用优级纯制剂。另外，用以配制标准溶液的标准物质应选用基准试剂。总之，以选用的试剂不污染待测元素为准则。在实践中，如果在仪器灵敏度范围内检测不出待测元素吸收信号就可以使用。贮备液应为浓溶液（通常浓度为 100~1000μg/mL 的贮备液在一年内使用其结果不受影响）。标准曲线工作液，因为较稀，应当天使用，久放则其曲线斜率会有改变。

四、器皿的清洗

(一) 常规洗涤器皿的步骤与要求

1. 洗涤程序

器皿先用洗液浸泡洗涤剂刷洗，再用自来水冲洗干净，30%硝酸浸泡 48h，然后用超纯水冲洗数次，或用 5%的盐酸或者硝酸（难溶物质可选王水）浸泡，过夜，超声波震荡洗涤。最后再用超纯水浸泡 24h 烘干备用，有试验证明经以上程序处理过的容器，无锌、铜、铁和镁等元素存在。

2. 作痕量金属分析的玻璃仪器清洗要求

使用 1：1~1：9 的 HNO₃溶液浸泡，然后进行常法洗涤。

3. 进行原子荧光分析时的清洗要求

玻璃仪器应避免使用洗衣粉洗涤（因洗衣粉中含有荧光增白剂，会给分析结果带来误差）。每次实验完毕后所用过的玻璃器皿需要洗净干燥备用。用于不同实验对干燥有不同的要求，一般定量分析用的烧杯、锥形瓶等仪器细净即可使用，而用于食品分析的仪器很多要求是干燥的，有的要求无水痕，有的要求无水。应根据不同要求进行干燥仪器。

（二）晾干或风干

一是不急等用的仪器，可在蒸馏水冲洗后在无尘处倒置控去水分，然后自然干燥。可用安有木钉的架子、带有透气孔的玻璃柜放置仪器或者电热干燥器；二是洗净的仪器空干水分，放在烘箱内烘干，烘箱温度为 105～110℃烘 1h 左右。也可放在红外灯干燥箱中烘干。此法适用于一般仪器。称量瓶等在烘干后要放在干燥器中冷却和保存。带实心玻璃塞的及厚壁仪器烘干时要注意慢慢升温并且温度不可过高，以免破裂。量器不可放于烘箱中烘干。三是对于急于干燥的仪器或不适于放入烘箱的较大的仪器可用吹干的办法。通常用少量、乙醇、丙酮（或最后再用乙醚）倒入已控去水分的仪器中摇洗，然后用电吹风机吹，开始用冷风吹 1～2min，当大部分溶剂挥发后吹入热风至完全干燥，再用冷风吹去残余蒸汽，不使其又冷凝在容器内。

（三）标准溶液的制备与匹配

1. 标准溶液配制

（1）用储备标准溶液配制标准溶液系列时，应补加酸，使溶液维持一定的酸度，尽可能使其酸度与样品溶液一致。配制多元素混合标准溶液时，应注意元素之间可能发生的化学反应。

（2）标准溶液浓度一般在 $\mu g/mL$ 级，通常用硝酸或盐酸介质，当溶液的酸度在 1%以上时，可持续使用较长时间。

（3）标准溶液系列应有足够多的标准点，通常要有 4 个均匀分布的标准点，加上空白点是 5 个点。至少要有 4 个点。

2. 标准样品制备与样品制备匹配

不正确的配制方法，将导致系统偏差的产生。

（1）介质和酸度不合适，会产生沉淀和浑浊，易堵塞雾化器，并引起进样量的波动。

（2）元素分组不当，会引起元素间谱线互相干扰。

（3）试剂和溶剂纯度不够，会引起空白值增加，检测限变差和误差增大。

（4）标准储备溶液一般用光谱纯试剂制备，购买标准液一般为 1000$\mu g/mL$；多标储备液，一般为 100μg/mL；标液的稳定性有限使用酸性介质低含量溶液（μg/mL）要求新鲜制备同时制备校正空白。

参 考 文 献

[1]高军林，柳滢春.化学分析技术[M].北京：化学工业出版社，2011.

[2]宫胜臣，杜春霖，吴瑶庆.一种烧杯移取夹：中国，0197259.3[P].2018-5-4.

[3]吴瑶庆，杜春林，孟昭荣.容量瓶固定洗涤干燥器及使用方法：中国，10812493.3[P].2016-2-24.

[4]吴瑶庆，孟昭荣，杜春霖.可调式具塞密封容器连接带：中国，107944812[P].2017-03-15.

[5]杜春霖，吴瑶庆.滴定液定量快速灌注机：中国，103349781[P].2015-12-02.

[6]吴瑶庆，杜春霖，孟昭荣.一种样品分析预处理装置：中国，206427141[P].2018-03-13.

[7]吴瑶庆，杜春霖，孟昭荣.一种便携式样品分析前处理器及使用方法：中国，104149381[P].

[8]吴瑶庆，杜春霖，孟昭荣.一种便携式样品预处理废气处理装置：中国，206421639[P].2018-01-09.

[9]吴瑶庆，杜春霖，孟昭荣.一种样品分析预处理单元排风装置：中国，206421643[P].2018-01-02.

[10]许天钧，陈启凡，刘飞，宫胜臣，吴瑶庆.一种气相色谱仪防硫化装置：中国，203565318[P].2018-11-13.

第二章　样品的采集和保存

第一节　概　　述

定量分析工作多数是通过对全部样品中的一部分有代表性物质的测定，来推断被分析对象总体的性质。分析对象的全体称为总体，它是一类属性完全相同的物质，构成总体的每一个单位称为个体。从总体中抽取部分个体，作为总体代表性物质进行分析测定，这部分个体的集合体称为样品。从总体中抽取样品的操作过程称为采样。

样品采集通常简称采样，采样是定量分析中的第一步，是一种科学的研究方法。所谓采样是指从整批被检样品中抽取一部分有代表性的样品，供定量分析用。样品的代表性是指在具有代表性的时间、地点，并按规定的采样要求采集有效样品，所采集样品能反映样品总体的真实状况。

一、样品的分类

样品可按物理状态、基体的化学性质和来源或生产行业分类。如冶金和化工类、岩石矿物和地球化学类、生物材料和环境样品。

（一）原始样品

从一批待检样品的各个部分按一定的规程采集少量的小样，混合在一起组成能代表该批的样品。

（二）平均样品

将原始样品混合均匀，按四分法平均分出一部分作为全部检验用的平均样品。

（三）试验样品

由平均样品中分出用于全部项目检验用的样品。

（四）复检样品

对检验结果有怀疑、有争议或有分歧时所用的样品。

（五）保留样品

对某些样品需封存保留一段时间的样品，以备再次验证。

二、样品采集的基本原则

据分析对象、分析任务、待测组分的性质和分析要求，在建立正确的总体和样品概念的基础上，对样品进行采集，使采集的样品应具有代表性、典型性、适时性、程序性，应按照不同样品类型进行采集[1]。一是采集的样品要均匀，有代表性，能反映整体样品的质量状况；二是采样过程中要设法保持原有的理化指标，防止成分逸散或带入杂质；三是执行操作规范，方法不得随意，遵守共同的采样方法；四是强调真实性，避免样品发生变化；五是把握典型性，如污染、中毒、掺假等。

三、样品采集的主要条件

(一) 组成均匀的样品

一是大批试样（总体）中所有组成部分都有同等的被采集的概率；二是根据给定的准确度，采取有次序的或随机的取样，使取样费用尽可能低；三是将 n 个单元的试样彻底混合后，再分成若干份，每份分析一次。

随机抽取的 10 个样品，分析方案一和三分别如图 2-1 和图 2-2 所示。

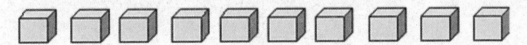

图 2-1　分析方案一

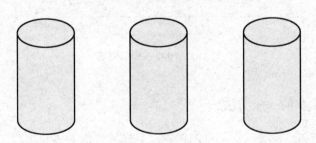

图 2-2　分析方案三

方案一，测定十次；方案二，混合后取 1/10 分析一次；方案三，混合后各测一次。

方案一和方案三中所得结果的精密度相当，但后者的测定次数仅是前者的3/10。

（二）组成很不均匀的样品

固体样品可按堆型和面积大小采用分区设点或按高度分层采样。分区设点，每区面积≤50mm²，设中心、四角五个点；两区界线上的两个点为两区共有点，两个区设8个点，三个区设11个点，依次类推。如果分层采样，要先上后下逐层采样，各样点数量一样，感官检查后，如性状基本一致，可混合成一个样品；如不一致，分装。对于矿石、煤炭、土壤等，大小、硬度、组成均有较大差异，堆积时，大小分布不均，按图2-3中结点取样。对于大量个体包装，统计取样。平均试样采集量Q（kg）与试样的均匀度、粒度、易破碎度有关，可按采样公式估算：

$$Q = K \cdot d^2$$

式中：d——试样中最大颗粒的直径，mm；

K——表征物料特性的缩分系数，均匀铁矿石：$K = 0.02 \sim 0.3$；不均匀铁矿石：$K = 0.5 \sim 2.0$；煤炭：$K = 0.3 \sim 0.5$。

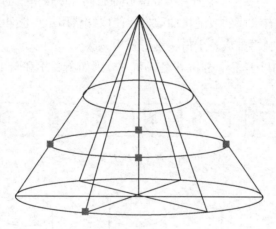

图2-3　组成不均匀样品

四、样品采集的一般方法

由于样品形态、种类、均匀度的差异，采样方法也不同。

（一）随机抽样

总体中每份样品被抽取的概率都相同。如食品、农产品，分析食品、农产品中某种元素含量是否符合国家标准。

（二）系统抽样

适用于样品随空间、时间变化规律已知的样品采样，如分析生产流程对食品、农产品成分的破坏或污染情况。

（三）指定代表性样品

适用于掺伪食品、农产品，变质食品、农产品的检验，应选取可疑部分采样。

（四）样品组成比较均匀

气体、液体及某些固体样品。

五、样品采集的基本步骤（图 2-4）

（1）收集粗样（原始试样）。

（2）将每份粗样混合或粉碎、缩分，减少至适合分析所需的数量。

（3）制成符合分析用的试样。

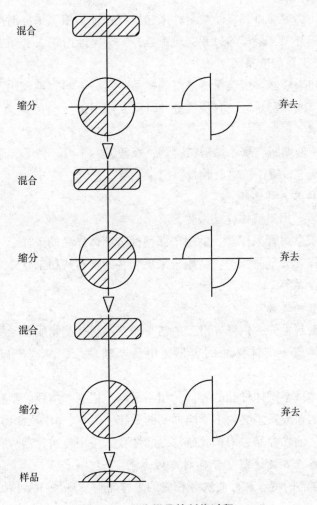

混合

缩分　　　　　　　　　　　　　　弃去

混合

缩分　　　　　　　　　　　　　　弃去

混合

缩分　　　　　　　　　　　　　　弃去

样品

图 2-4　采集样品的制作过程

第二节 样品的采集

一、样品采集的前期准备

(一) 制订采样计划

一是充分了解采集任务的目的、要求和样品的采集规律和样品的种类；二是熟悉采样方法、盛放液体样品容器的洗涤和该样品的保存方法；三是对于不易保存的样品，还应了解有关现场预处理技术。

(二) 采样计划内容

采样地点、测定项目和样品数量，采样质量保证措施，采样时间、温度、气压等，采样人员和分工，采样器材和交通工具，安全保证措施。

(三) 采样工具的准备

样品容器和采样器：应确保所采集的样品各组分不与容器发生反应，大小、形状适宜，能封口或严密封口，容易清洗并可反复使用。

1. 常用工具

钳子、硬质玻璃瓶、聚乙烯塑料容器、螺丝刀、小刀、剪子、罐头或瓶盖开启器、手电筒、蜡笔、镊子、笔、胶带、记录纸等。

2. 专用采样工具的选择

(1) 长柄勺：用于液体样品采集。

(2) 玻璃或金属管采样器：适用于深型桶装液体样品的采样。

(3) 金属探管或金属探子：适用于采集袋装的颗粒或粉末状样品。

(4) 取证设备等。

3. 采样容器的选择

(1) 容器密封性好，内壁光滑，清洁干燥，不含待测物质及干扰物质。

(2) 盛液体或半液体样品的容器，用具塞玻璃瓶、具塞广口玻璃瓶、塑料瓶等。

(3) 盛固体或半固体样品的容器，用不锈钢、铝制、陶瓷、塑料制的容器。

(4) 容器的盖或塞子必须不影响样品的气味、风味、pH 及食物成分。

(5) 酒类、油性样品忌用橡胶瓶塞，酸性食品忌用金属容器。

4. 采样设备及各类试剂（保存剂）的选择

根据采集样品的特点和性质选择相应的采样器材、现场样品预处理设备和各类试剂（保存剂）。

二、样品采集的主要方法

样品是获得检验数据的基础，而采样是分析检测过程的关键环节，如果采样不合理，就不能获得有用的数据，也会导致错误结论，给工作带来损失[1]。

（一）气体的采样方法

大气分布不均匀，可布点取样、直接取样或浓缩取样。如在进行大气监测、作业场所空气中有害成分的监测、室内空气和公共场所空气质量的监测，需要采集空气样品。由于空气污染物的种类及来源不同，它们的物理化学性质及在空气中的存在状态也不同，有的以微滴或固体小颗粒分散在空气中呈气溶胶状态（烟、雾、悬浮颗粒物）。PM2.5粒径小，比表面积大，活性强，易附带有毒、有害物质（如重金属、微生物等），且在大气中的停留时间长、输送距离远，因而对人体健康和大气环境质量的影响更大。在进行大气监测、作业场所空气中有害成分的监测、室内空气和公共场所空气质量的监测时，需要采集空气样品。应根据监测目的和检测项目选择合适的采样点、采样时间、采样频率和采样方法，并预先计算采样量。采样方法应根据被测物在空气中的存在状态和浓度以及检测方法的灵敏度来选择。

1. 直接采集法（集气法）

适用于空气中的被测组分含量较高或分析方法较灵敏的情况。

2. 浓缩采集法（富集法）

适用于空气中的被测组分含量较低或分析方法灵敏度较低的情况。

3. 溶液吸收法

主要用于气态、蒸汽状态物质的采集。空气通过装有吸收液的吸收管时，被测组分由于溶解作用或化学反应进入吸收液中，达到浓缩的目的。吸收液应对被测组分有较大的溶解度，或与其发生化学反应的速度快，吸收效率高，并且对后续分析无干扰。常用的吸收液有水、水溶液及有机溶剂等。

4. 固体吸附剂阻留法

主要用于气态和蒸气物质的采集。空气通过装有固体吸附剂的吸收管时，被测组分被固体吸附剂吸附，然后用溶剂洗脱或通过加热解吸的方法将其分离出来，达到分离富集的目的。

5. 固体吸附法

空气通过装有固体吸附剂的吸收管时待测成分被吸附，然后用溶剂洗脱或通过加热解吸的方法将其分离出来，达到分离富集的目的。吸收物质：气态、蒸汽态物质等常用的吸附剂，如硅胶、活性炭、素陶瓷、分子筛等。

6. 滤纸滤膜阻留法

主要用于采集不易或不能被液体吸收的尘粒状气溶胶，如烟、悬浮颗粒物等。空气通过滤纸或滤膜时，被测组分被阻留在滤膜上，达到浓缩的目的。常用的材料有定量滤纸、超细玻璃纤维和有机化学纤维滤膜。如空气中的锰及其氧化物测定时，用玻璃纤维滤膜阻留，然后用磷酸溶解后进行分析。

7. 冷阱吸收法

也称低温浓缩法，将一个 U 型管浸入液氮（−196℃）中，通过便携常用泵将空气样品收集到冷阱中，选择性地浓缩空气中的某些组分，然后在 40~70℃ 解吸后进行分析。如空气中挥发性有机硫化物分析可采用这种采集方法。

8. 浓缩采集法

采集的样品代表采样期间被测组分在空气中的平均浓度。

9. 气体采样装置

收集器有直接收集型和浓缩富集型，流量计用来计量所通过气体流量，多采用真空泵作为采样动力。

（二）液体的采样方法

在小容器中时，摇匀后取样；在大容器中时，上、中、下分别取样，混合后采取缩减到所需数量的平均样品。流动液体采样，定时、定量从输出口取样，然后混合供检验用；如水的样品采集，水样分为天然水、生活饮用水、生活污水和工业污水等，应根据检测目的、水样的来源和检测项目选择合适的采样点、采样时间、采样频率和采样方法。采样前为确定采样点应调查如下内容。

（1）水源的水文、气候、地质和地貌特征。

（2）水体沿岸城市分布、工业布局、污染源分布、排污情况和城市的给水情况。

（3）水体沿岸资源现状、水资源用途和重点水源保护区等。根据检测目的要求以及水样的来源，确定采样的方法、次数和采样量，采样量应根据各个监测项目的实际情况分别计算，再适当增加 20%~30% 的量；一般理化分析的项目的用水量约 2~3L，如待测的项目很多，需要采集 5~10L。

1. 天然水与生活饮用水的采样方法

自来水或具有抽水设备的井水，应先放水数分钟，使积留在水管中的杂质流出，再收集水样。没有抽水设备的井水，直接用采集瓶收集。江、河、湖、水库等表面水，可在距岸边 1~2m、水面下 20~50cm、距水底 10~15cm 处同时用采集瓶取水。采集较深层的水样，必须用特制的深水采样器。采样后，取一部分水样在现场测定水温、pH、电导率、溶解氧、氧化还原电位，同时测定气温、气压、风向、风速和相对湿度等气象因素，将测定结果记入记录表，并详细记录采样现场情况。

2. 生活污水和工业废水的采样方法

（1）采集生活污水和废水样品时，应同时测定流量，作为确定混合组成比例和排污量计算的依据。生活污水和工业废水根据采样时间不同，选取不同的采样方法。

①瞬间取样：了解废水每天不同时间内污染物含量的动态变化，应每隔一定时间，如1~2h或几分钟采集一次，立即分析。

②间隔式等量取样：适用于废水流量比较恒定的情况。通常在一昼夜内，每隔一定时间采集等量的水样并混匀。

③平均比例取样：如果废水流量变化较大，则需要根据不同流量按比例采集水样，流量大时多采，流量小时少采，然后混合各次水样。

④单独取样：有些污染物，如悬浮物、油类等在废水中的分布极不均匀，而且在放置过程中又易于上浮或下沉，这种情况下就应单独取样，全量分析。

（2）常用的采样容器：有水桶、单层采水瓶、深层采水器、急流采水器、采水泵等，其选择取决于水体情况。存放水样的容器常用聚乙烯瓶或桶、硬质玻璃瓶、不锈钢瓶，采样量主要视检测项目的多少及检测目的而定，一般为2~3L。

（三）食品和农产品[2-3]的采样方法

1. 食品样品采集前注意事项

（1）应根据食品卫生标准规定的检验项目和检验目的，审查该批食品的标签、说明书、卫生检疫证书、生产日期、生产批号等。

（2）了解待检食品的原料、生产、加工、运输、储存等环节以及采样现场的存放条件和包装等情况。

（3）对食品样品进行感官检查，对感官性状不同的食品应分别采样，分别检验。

（4）在采样的同时应详细记录现场情况、采样地点、时间、所采集的样品名称（商标）、样品编号、采样单位和采样人等信息。

2. 食品采样方式

（1）随机抽样：指使总体中每份样品被抽取的概率都相同的抽样方法，适用于不太了解样品及其检验食品合格率等情况下，如分析食品中某种营养素的含量，检验食品是否符合国家卫生标准等。

（2）系统抽样：用于已经掌握了样品随时间和空间的变化规律，并按该规律采样，例如，分析生产流程对食品营养成分的破坏或污染情况。

（3）指定代表性样品：用于有某种特殊检测目的样品的采集，例如掺伪食品、被污染食品、变质食品等的检验。

3. 食品采样方法

（1）液体或半液体样品：如油料、鲜奶、饮料、酒等，应充分混匀后用虹吸管或长形玻璃管分上、中、下层分别采出部分样品，充分混合后装在三个干净的容器中，作为检验、复检和备查样品。

（2）颗粒状样品：如粮食、糖及其他粉末状食品，用双套回转取样管，从每批食品上，中、下三层和五点（周围四点和中心点）分别采集，混合后反复按四分法缩分样品至测定量。

（3）不均匀固体食品：如蔬菜、水果、鱼等，根据检测目的取其有代表的部分（如根、茎、叶、肌肉等）切碎混匀，再用四分法缩分采样。

（4）小包装（瓶、袋、桶）固体食品：如罐头、腐乳等，应按不同批号随机取样，然后再反复缩分。

（5）大包装固体食品：根据公式，采样件数 =（总件数/2）$^{1/2}$，确定应采集的大包装食品件数，在食品堆放的不同部位取出选定的大包装，用采样工具在每一个包装的上、中、下三层和五点（周围四点和中心点）取出样品，将采集的样品充分混匀，缩减到所需的采样量。

（6）含毒食品和掺伪食品：应该尽可能采集含毒或掺伪最多的部位，不能简单混后取样。

（7）食品采样量的确定：根据检验项目、分析方法、待测食品样品的均匀程度等不同，确定采样量。一般食品样品采集 1.5kg，将采集的样品分成三份，分别供检验、复查和备查用。

（四）农产品的采样方法

1. 粮食的采样方法

成批件、按批量的大小，每垛从上、中、下及四角抽样，至少 5 包，每一包由上、中、下三层取出三份检样，把这些样品混合用四分法得平均样品。

2. 鱼、肉、果蔬等的采样方法

脂肪、肌肉、根、茎、叶分别取样，经过捣碎混合成为平均样品。采样工具有液体采样器、在线液体采样器、黏性液体采样器。

3. 动物的体液、排泄物、分泌物及脏器等采样方法

包括血液、尿液、毛发、唾液、呼出气、组织和粪便。

（1）血液：包括全血、血浆、和血清。可反映机体的近期状况，成分比较稳定，取样污染少，但取样量和取样次数受限制。可采集静脉血，根据被测指标在血液中的浓度，分别选用全血血浆和血清进行分析。血样采集后，应及时分离血浆和血清，最好立即进行分析。若不能立即测定，应妥善保存样品。血浆和血清应置于聚四氟乙烯、聚乙烯或硬质玻璃管中密封保存。4℃下样品可短期保存，长期保存须在-20℃条件下冷冻保存。

（2）唾液：唾液作为生物材料样品，具有采样方便、无损伤、可反复测定的优点。唾液分为混合唾液和腮腺唾液，前者易采集，应用较多，后者需要专用取样器，样品成分较稳定，受污染机会少。

（3）毛发：毛发作为生物样品的优点如下。

①毛发是许多重金属元素的蓄积库，含量比较固定。

②可以记录外部环境对机体的影响。毛发每月生长 1~1.5cm，它能反映机体近期或过去不同阶段物质吸收和代谢的情况。

③毛发易于采集、便于长期保存。注意，毛发易受环境污染，所以毛发样品的洗涤非常重要，既要洗去外源性污染物，又要保证内源性被测组分不损失。采样方法：若要反映机体的近期状况，取后枕部距头皮 2cm 左右的发段，取样量1~2g。

（4）组织：组织主要包括采集的肝、肾、肺等脏器。组织最好在屠宰后 24~48h 内取样，并要防止所用器械带来的污染，采集的样品应尽快分析，否则需将样品冷冻保存。

（5）尿液：由于大多数毒物及其代谢物经肾脏排出，同时尿液的收集也比较方便，所以尿液作为生物材料应用较广。但尿液受饲料和用药的影响较大，还容易带入干扰物质，所以测定结果需加以校正或综合分析。

（五）不同样品的采样数量

1. 采样原则

根据检验项目而定，每份样品一般不少于检验需要量的三倍，供检验、复检和留样。

2. 微量、痕量检测项目的采样数量

固体样品 500~1500g，液体、半液体 500~1000mL。如鱼类要采集完整的个体，大鱼（500g 左右）三条作为一份样品，小鱼取 500g 为一份。

（六）样品采集的注意事项

（1）防止样品被污染及避免被测组分的损失。

（2）采集的样品要做详细的记录。包括：采样时间、地点、位置、温度和压力等；盛装样品容器可根据要求选用硬质玻璃或聚乙烯制品，容器上要贴上标签，并做好标记[2]。

（3）采样量适当。采样量的多少，主要决定于检测项目，检测项目多，要多采且采集的样品至少两份，一份作为分析样品，一份作为保存，留作复检或仲裁之用。

（4）样品抽取后应迅速进行样品处理并分析。

（5）在感官性质上差别很大的食品不允许混在一起。要分开包装，并注明其性质。

三、样品采集后的处理

（一）稳定、干燥和保存

在微量、痕量分析中，考虑到基体和分析物的性质，一般采样后样品要稳定、干燥和保存。对样品进行适当的稳定性操作：一是对于含水样品（如水果、土壤类样品）在保存的过程中常出现失水。对于此类样品，采样后要尽快进行干燥；二是对于某些特别的样品，在采样后需要加入某种试剂以便保存；三是样品的均化和整分，在痕量分析中，原子光谱分析仅需少量的样品，这就需要从大量样品中取样，取样之前需对样品粉碎处理和均匀化；四是在样品粉碎前有些样品可能需要冷冻和干燥处理，粉碎的过程中注意样品不要引入污染。

（二）样品制备的要求

称取的固体样品已经干燥并是均匀的具有代表性的；样品中待测元素完全分解进入溶液；无论是酸化或干灰化法，都要避免损失；如使用分离富集，则要完全；避免污染，包括实验室环境、试剂、器皿和水；熔融时要考虑总固体溶解量，注意雾化器堵塞与背景问题。

（三）固体试样制备的一般程序（图2-5）

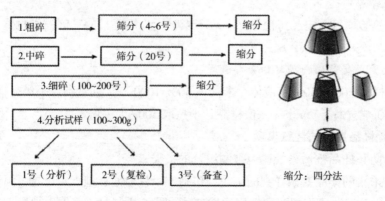

图 2-5　固体试样制备的一般程序

（四）湿存水的处理

1. 湿存水

湿存水指试样表面及孔隙中吸附空气中的水，受粒度大小和放置时间影响。

2. 干基

去除湿存水后试样的质量，试样中各组分的相对含量通常用干基表示。样品通常需要干燥至恒重。

3. 热稳定性样品

样品要具有较好的热稳定性，通常采用烘干来去除水分。

4. 受热易分解试样的干燥

对于受热易分解样品的水分去除，采用真空干燥至恒重。

第三节 样品的常规处理方法（物理处理）

一、粒状样品的粉碎与缩分方法

（一）粉碎

取回的原材料、熟料，大颗粒的应先经过破碎机，破碎至 2~3mm 后（如果一破粒度大，可进行二级破碎），用多槽形分样器或四分法缩分至 50g 左右，再用圆盘粉碎机磨细至全部通过 0.080mm 方孔筛，充分混合均匀后，保存于带盖的磨口瓶中或样品袋内（熟料应存于带盖的磨口瓶中）待用。

1. 研钵粉碎

研钵，有瓷、铜、玛瑙等质地，适于量少、低水、低脂样品的粉碎。

2. 药碾粉碎

药碾为铁质，易锈，适于样品量大，且有一定硬度和韧性样品的粉碎。

3. 机械粉碎

（1）切削式粉碎机：旋转刀与固定刀形成切削，特点是粉碎时产热少，低沸点成分损失少。

（2）磨球式粉碎机：圆筒内有磨球（瓷或不锈），圆筒定速转动，磨球冲击样品使之粉碎。

（3）磨粉机：两片钢磨间狭缝转动碾碎样品，或两辊筒间狭缝转动使样品粉碎。

（4）组织捣碎机：软、高水、高脂样品适用，如鱼、肉、果、蔬等的切碎。

（5）绞肉机。

4. 样品常规处理注意事项

（1）在破碎样品前，每一件设备、用具都要用刷子刷净（最好有专用设备），然后用预处理的样品刷子刷1~2次后，就可以进行正常工作。

（2）依据样品性质和检验项目正确选择粉碎方法。如纤维素多的样品，不宜用研钵、药碾，而宜用切削式粉碎机；测金属元素样品，不宜用含待测元素的金属器具，而宜用瓷钵；固态高脂、高水样品，用切片或剪碎的方法处理。

（3）样品细度应合乎检验要求。尽量防止小块的样品和粉末飞溅。如果偶尔跳出大颗粒，仍须拣回继续粉碎或粉磨。细磨时一定使全部样品通过0.080mm的方孔筛，保证分析结果对原样的代表性。过粗，被测组分难以分离，且难以均匀；过细，常会造成被测组分中低沸点成分的损失。

（二）粉状样品的缩分

粉状样品经充分搅拌混合均匀，按多点法或四分法多次缩分；取出所需的分析样品，保存待用。

二、样品的过筛方法

（一）目的

提供均匀粒度的样品，除杂。

（二）筛子的规格

圆孔筛、长孔筛、铜丝筛。筛子号以"目"表示。目数，就是孔数，指每平方英寸上的孔数目。目数越大，孔径越小，见表2-1。

表2-1 目数（mesh）与孔径对应表

规格（目）	孔径（μm）	规格（目）	孔径（μm）	规格（目）	孔径（μm）	规格（目）	孔径（μm）
2	8000	40	380	120	120	300	48
5	4000	50	270	130	113	400	38
10	1700	60	250	140	109	500	25
16	1000	70	212	150	106	600	23
20	830	80	180	170	90	800	18
30	550	90	160	180	80	1000	13
32	500	100	150	200	75	10000	1.3

（三）样品的过筛注意事项

（1）宜在密闭状态下按规定方法过筛。

（2）未过筛的筛上物不宜任意丢弃。

（3）过筛后的样品应混合均匀。

（4）样品制备好后，应保存在磨口瓶中。必要时用胶封好，以免化学组成及水分发生变化，同时应在样品瓶上贴上标签，编号和试样名称、产地、送样单位及取样日期，检验项目等。

三、样品的干燥方法

（一）烘干法

在 60~80℃，保持 30~40min，自然冷却。特点是时间短，但低沸点成分易挥发，如 Hg。

（二）风干法

在室温下放置，1~2 天。特点是成分变化相对较小，经济，但费时。

（三）混匀法

1. 片剂混匀方法

至少取 30 片，粉碎，混合均匀。

2. 胶囊混匀方法

测内容物时，至少取 30 粒，混匀。

3. 土壤混匀方法

风干后研碎，过筛（2mm 或 0.5mm）。

4. 细长样品混匀方法

剪成长度小于 6mm 的样品。

5. 金属块样品混匀方法

切割，钻丝，长度小于 6mm。

6. 电子电气产品混匀方法

拆分（有专门拆分原则）。

四、样品的溶解方法

（一）溶解

指通过水及其他液体化学试剂与样品（通常是固体）的作用制得适合于测定的溶液的操作过程。操作简单，主要是搅拌，有时需加热。

（二）常用溶剂

水、酸、碱和其他试剂，如络合剂、氧化剂或还原剂、有机溶剂等。

（三）溶解方法

1. 水溶解方法

如用 GFAAS 测定砂糖中的 Pb，可直接用水溶解样品。

2. 酸溶解方法

有些金属样品可直接用酸溶解。如测定全血中 Ge 时，可用 5%三氯乙酸处理样品，离心后取上清液测定。

3. 碱溶解方法

如 GeO_2 不溶于硝酸，而溶于 NaOH。当测定不溶于酸的主要基体元素时，可使用碱金属的氢氧化物、碳酸盐或硼酸盐做助熔剂来进行熔解—熔融。

五、样品的稀释方法

对于样品的稀释，常用的稀释剂有去离子水、稀的无机酸、碱和表面活性剂 Triton X-100 等。对某些液体样品，可通过加入水或适当溶液直接稀释后进行测定；对于 ICP—OES 和 ICP—MS 分析生物体液用高纯水或者酸来稀释；对于 GFAAS 分析生物样品时采用 Triton X-100，其作用是溶解细胞、消泡、减少张力。对于全血可用 1%氨水溶液进行稀释，稀释比为 1∶19；测定有机锡样品时，可用 4-甲基-2-戊酮稀释样品，GFAAS 测定锡含量。

六、样品的稀释注意事项

对于 AAS，酸的浓度<5%，对于 GFAAS，酸的浓度<1%；采用稀释法测定有机样品时，如存在干扰效应或待测元素损失等问题时，应改用其他方法分解试样。

第四节　样品的保存与运输

采集的样品应尽快分析，对于不能及时分析的样品应妥善保存。以防止其中水分或挥发性物质的散失以及待测组分含量的变化。如不能马上分析，则应妥善保存，不能使样品出现受潮、挥发、风干、变质等现象，以保证测定结果的准确性。通常情况下，样品在检验结束后应保留一个月，以备需要时复查，保留期从检验报告单签发之日起开始计算；易变质食品不予保留。保留样品加封存入适当的地方，并尽可能保持原状。采样时，必须注意样品的代表性和均匀性，要认真填写采样记录。

一、样品保存的目的、原则和条件

（一）样品保存的目的

防止样品挥发、变质等，确保其成分不发生任何变化。

（二）样品保存的原则

（1）要保持样品原来的状态。

（2）易变质的样品要冷藏。

（3）特殊样品要在现场作相应处理。

（三）样品保存的条件

根据相关规定，样品有效保存期限的长短，主要依赖于待测物的浓度、化学组成和物理化学性质。不同类型样品的保存条件不同，样品的保存时间、容器材质的选择以及保存措施的应用按照相关标准或规定执行。

二、样品存放容器的要求、选择和洗涤方法

1. 样品存放容器的要求

容器在使用前，一定要洗涤干净。样品的存放时间取决于样品性质、检测项目的要求和保存条件等。

2. 样品存放容器的选择

原则是在贮存期内容器不与样品发生物理化学反应，至少应不引起待测组分含量变化。容器选择主要取决于样品的性质和检测项目，材料应是惰性的，对被测组分吸附很小，且易洗涤。

（1）测定水样中微量金属离子时，选择聚乙烯或聚四氟乙烯塑料容器；测定有机金属污染物时，可选择玻璃容器为好。

（2）对光敏性组分，应选择具有遮光作用的容器。测定金属和放射性项目，存放容器应选用高密度聚乙烯容器或硬质玻璃容器。

（3）酸性溶液或中性溶液应保存在玻璃瓶中，Ag、Hg、Sn 在玻璃瓶中更稳定；碱性溶液储存在聚乙烯或聚四氟乙烯的瓶子中；氢氟酸溶液，Li、Al、Si 在聚乙烯或聚四氟乙烯的瓶子中更加稳定。

3. 样品存放容器的洗涤方法

（1）测定微量和痕量元素时：先用稀 HNO_3 或稀 HCl 浸泡 $12\sim24h$，再用自来水冲洗，最后再用超纯水或去离子水清洗干净。

（2）测定有机物质时：除按一般方法洗涤外，还要用有机溶剂（如石油醚）彻底荡洗 $2\sim3$ 次，用 5% 的 HCl 浸泡过夜，用去离子水冲洗，再用 5% 的 HNO_3 浸泡

过夜，再用去离子水冲洗，风干。

三、样品常用的保存方法

制备好的平均样品应装在洁净、密封的容器内（最好用玻璃瓶，切忌使用带橡皮垫的容器），必要时贮存于避光处，容易失去水分的样品应先取样测定水分。由于物理、化学和微生物的作用，样品在存放过程中应力求被测组分不损失、不污染。应避免被测组分挥发、容器及共存固体悬浮物的吸附，防止共存物之间发生化学反应，避免微生物引起的样品分解等。应根据样品的性质、检测项目及分析方法，选择适当的样品保存方法[4]。常用的保存方法如下。

（一）密封保存法

可防止空气中的 O_2、H_2O、CO_2 等对样品发生作用及挥发性组分的损失等。

（二）冷藏保存法

新鲜的样品应立即分析或放在密封洁净的容器内，在阴暗处保存；对于易变质、含挥发性组分的样品，短期采用冷藏保存，温度一般以 0~5℃ 为宜，或冷冻保存。该方法特别适用于食物样品和生物样品的保存，较低温度下可减缓样品中各组分的物理化学作用、抑制酶的活性及细菌的生长和繁殖。

（三）干藏法

可根据样品的种类和要求采用风干、烘干、升华干燥等方法。其中升华干燥又称为冷冻干燥，它是在低温及高真空度的情况下对样品进行干燥（温度：-100~-30℃，压强 10~40Pa），所以食品的变化可以减至最低程度，保存时间也较长。

（四）罐藏法

不能即时处理的鲜样，在允许的情况下可制成罐头冷却后密封贮藏，可保存一年以上。

（五）化学保存法

在采集的样品中加入一定量的酸、碱或其他化学试剂作为调节剂、抑制剂或防腐剂，用来调节溶液的酸度，防止水解、沉淀等化学反应，抑制微生物的生长等。

1. 控制溶液 pH

如水样中金属离子的测定，水样常用硝酸酸化至 pH 为 1~2，既可防止重金属的水解沉淀，又可防止金属在器壁表面的吸附，同时抑制生物的活动，大多数金属可以稳定数周或数月。如加入硝酸调节酸度，防止水样中的重金属离子水解、沉淀；加入氢氧化钠，测定氰化物、挥发性酚类使其生成盐。

2. 加入氧化剂

水样中痕量汞元素易被还原，引起汞的挥发性损失，加入硝酸—重铬酸钾溶液，可使汞维持在高氧化态，提高汞的稳定性。

3. 加入防腐剂

加入苯甲酸、三氯甲烷等的目的是防止食品样品腐败变质。

四、运输样品的基本要求

1. 时效性

样品采集后应尽快送回实验室进行分析，不得超过规定的保存期限。

2. 完整性

运输前应检查现场采样记录，核实样品标签是否完整，所有样品是否全部装箱。在样品运输途中应有专人押运，防止样品损坏或受玷污。同时要采取必要的安全措施，确保样品的完整性。

第五节 样品的管理

一、现场采样记录

采集样品的同时，要做好现场记录。内容包括：采样时间、采样人、采样点、样品编号、样品描述、保存条件等。

二、样品的标识

水样采集后，除了现场记录以外，每个样品都要有标识。一般来说标签上只有相应的采样编号，因为详细的信息现场记录都已经有了。但要注意的是，有的样品由于检测项目的需要可能会分成几份子样，比如油等液体都要单独采集，因此标签上要加以区分。

三、样品的标识系统及意义

样品的标识系统是指实验室在检测过程中，标记和记录样品的标记，是样品管理的关键环节，必不可少。样品标识有唯一性标识、状态标识、群组标识、传递标识。样品标识的目的是：一是区分样品种类，避免混淆，尤其是同一类样品的混淆；二是表明检测状态，确定已检、未、在、留样；三是表明样品的细分，保证分样、子样、附件的一致；四是保证样品传递过程中不发生混淆。其意义在于保证样品的唯一性和可追溯性，确保样品及所涉及的记录和文件中不发生任何混淆。

参 考 文 献

［1］中国环境监测总站等. HJ/T 166—2004 土壤环境监测技术规范［S］. 北京：国家环境
　　保护总局，2004.

［2］师邱毅，纪其雄，许莉勇. 食品安全快速检测技术及应用［M］. 北京：化学工业出版
　　社，2010.

［3］王晶，王林，黄晓蓉. 食品安全快速检测技术［M］. 北京：化学工业出版社，2002.

［4］王星星. 浅析水质样品采集与保存的具体措施［J］. 科技创新导报，2015，12
　　（12）：250.

第三章 酸化消解法样品预处理技术

随着光电技术和计算机技术的高速发展，现代原子光谱技术也得到了极大的提高。同时各种样品预处理技术也蓬勃发展，在各种预处理技术中，最经典的技术就是酸化消解法。用酸化消解法分解各种样品，采用原子光谱法测定目标元素。

第一节 概　　述

酸化消解法是样品消解预处理最常用的方法。主要用无机强酸或无机强酸与强氧化剂溶液将样品中有机物的化学键断开，破坏样品中有机物，使待测的金属元素与有机物分解产物同时进入溶液中，克服复杂基体对目标元素的干扰，并转化为可测定形态。采用混合酸进行酸化消解是在样品中加入适量氧化性强酸（常用浓硝酸、浓硫酸、高氯酸、高锰酸钾、过氧化氢等），同时加热消解，使样品中的有机物质分解氧化成 CO_2、水和各种气体，待测组分转化为无机物状态（离子态）存在于消解液中。可同时加入各种催化剂，这种破坏样品中有机物质的方法就叫作酸化消解。对于农产品、食品和生物等含有大量有机物样品，通常采用混合酸进行酸化消解，用于酸化消解法的混合酸有：HNO_3—$HClO_4$、HNO_3—$HClO_3$—$HClO_4$、HNO_3—$HClO_4$—H_2SO_4、HNO_3—H_2SO_4、H_2SO_4—H_2O_2 和 HNO_3—H_2O_2。

一、酸化消解常用的方法

常压酸消解法、高压消解法。

二、酸化消解法的适用范围

酸化消解法适用于样品中的微量、痕量金属元素分析。要求测试目标成为溶液状态，它是目前实验室工作中常用的消解样品方法。沸点在 120℃ 以上的硝酸是广泛使用的预氧化剂，它可破坏样品中的有机质；硫酸具有强脱水能力，可使有机物炭化，使难溶物质部分降解并提高混合酸的沸点；热的高氯酸是最强的氧化剂和脱水剂，由于其沸点较高，可在除去硝酸以后继续氧化样品；在含有硫酸的混合酸中，过氧化氢的氧化作用是基于过硫酸的形成，由于硫酸的脱水作用，该混合溶液可迅速分解有机物质；当样品基体含有较多的无机物时，多采用含盐酸的混合酸进行消解；氢氟酸主要用于分解含硅酸盐的样品。酸消解通常在玻璃或聚四氟乙烯容器中进行。由于酸消解过程中的温度一般较低，待测物不容易挥发损失，也不易与所用容器发生反应，但有时会发生待测物与消解混合液发生共沉淀的现象，当用含硫酸的混合酸消解高钙样品时，样品中待测的铅会与消解过程中形成的硫酸钙产生共沉淀，从而影响铅的测定[3-4]。

三、酸化消解法的特点

（一）酸化消解法优点

酸化消解是实验室常用的一种消解模式，其操作简便，可一次处理较大量样品，无特殊设备，用三角瓶、凯氏瓶等，简便、安全、效率高；重现性好、适应性强；便于多个样品同时消解；易实现自动化；有机物分解速度快、处理时间短、方法得当时，元素无损失；适用于水样、食品、饲料、生物等样品中痕量金属元素的分析。

（二）酸化消解法缺点

（1）试剂用量较大，空白值偏高（来自试剂和容器的污染），操作强度大（往往离不开人），有时安全性较差（有飞溅、着火、爆炸等现象），某些元素仍存在挥发损失现象。

（2）若要将样品完全消解，需要消耗大量的酸，且需高温加热（必要时温度>300℃），这将导致器壁及试剂给样品带来玷污，消解前将所用容器用1∶1 HNO_3加热清洗，并将所用酸溶液进行亚沸蒸馏，可除去其中的微量金属元素干扰。

（3）某些混合酸对消解后元素的光谱测定存在干扰，例如当溶液中含有较多的$HClO_4$或H_2SO_4时，会对元素的石墨炉原子吸收测定带来干扰，测定前将溶液蒸发至近干，可除去此类干扰。

（4）酸化消解样品常用的消解试剂体系有[5-6]：HNO_3、HNO_3—$HClO_4$、HNO_3—H_2SO_4、H_2SO_4—$KMnO_4$、H_2SO_4—H_2O_2、HNO_3—H_2SO_4—$HClO_4$、HNO_3—H_2SO_4—V_2O_5等，对于不同的检测样品，湿式消解法操作步骤大同小异。

（5）酸化消解时间长，比如猪肉含油脂比较多[7]，相对蔬菜来说比较难消解，茶叶消解过程中会产生气泡，中途需取下冷却，白酒、黄酒在消解前需先蒸发减小体积。

四、酸化消解法常用试剂

常用强氧化性酸或氧化剂有浓硝酸、浓硫酸、高氯酸、过氧化氢、高锰酸钾等。常用非氧化性酸有盐酸和氢氟酸等。既可只用一种酸，又可使用混合酸。溶解样品中常用市售液体试剂的理化性质见表3-1。常用的催化剂有硫酸铜、硫酸汞、五氧化二钒、氧化硒等。

表 3-1　溶解样品中常用市售液体试剂的理化性质

名称	化学式	沸点（℃）	相对密度	浓度（mol/L）	体积分数（%）	主要应用范围
氢氟酸	HF	120	1.14	27.4	48.0	硅酸盐矿
盐酸	HCl	108	1.19	11.9	36.5	金属，硫化物
硝酸	HNO_3	118	1.42	15.8	70.0	惰性金属，有机物
磷酸	H_3PO_4	213	1.69	14.6	85.0	各种矿物
硫酸	H_2SO_4	338	1.84	17.8	98.3	有机物，矿物
高氯酸	$HClO_4$	203	1.67	11.6	70.0	有机物
乙酸	CH_3COOH	108	1.05	17.4	99.7	土壤提取
氢溴酸	HBr	126	1.38~1.50	6.8~9.0	40.0~47.8	贵金属
氢碘酸	HI	127	1.48	5.2	40.0	有机物
氨水①	NH_3H_2O	100[1]	0.9	1.48	28.0	物相分析
过氧化氢	H_2O_2	100[1]	1.11	9.0	30.0	有机物，硫化物
溴②	Br_2	59	3.10	26.4	100	贵金属，硫化物
羟基化四甲铵③	$(CH_3)_4NOH$	26[3]	0.88	2.0	20.0	生物材料

①易挥发；

②常用其饱和溶液浓度为3%；

③凝固品，市售本品常为20%的甲醇溶液。

第二节　酸化消解法混合酸体系

一、酸性溶剂体系

（一）硝酸

65%浓度硝酸，沸点为120℃，加热易分解，是强氧化剂，是氧化有机物的典型酸，与有机物反应生成一氧化氮，经常与高氯酸、过氧化氢，盐酸和硫酸混用。浓度65%~68%的硝酸（>69%为发烟硝酸），氧化能力较强（$4HNO_3 \rightleftharpoons 4NO_2 + 2H_2O + 2[O]$），[O]与C、H、N、S相遇时产生气体逸出；沸点较低，121.8℃，易蒸干，中间需补加；反应温和、缓慢、安全。除Au、Pt外，大多数金属元素与硝酸形成的硝酸盐易溶于水。硝酸对蛋白质分解效果好，可以起黄朊反应，生成易被氧化的硝化蛋白。

注意，硝酸不能将硫完全转化为硫酸盐，可将样品中许多痕量元素转化为溶解度高的硝酸盐，通常加入盐酸及氢氟酸可增加溶解能力。

（二）硫酸

浓度98%的硫酸沸点为340℃，高于TFM（三甲基铝材质）罐子的最大工作温度，为避免罐子损坏，应关注反应，通过脱水反应破坏有机物，300℃是TFM罐子的临界温度，对PFA（聚四氟乙烯材质）罐子来说温度过高（该温度下将熔化），所以，建议使用硫酸时应进行严格的温度控制。浓度98%的硫酸，热、浓时具有一定的氧化性，$H_2SO_4 \longrightarrow H_2O + SO_2 + [O]$。沸点较高，不易挥发损失。与有机物作用，发生氧化、磺化、酯化和水解酯、聚合物的脱水作用，形成的某些盐（Ca、Cs、Ba、Pb等）在水中溶解度小。单独使用，依靠脱水炭化破坏有机物，需较长时间。在电热原子化原子吸收光谱（ETAAS）中，硫酸有时会产生新的化学干扰物，消解后多余的硫酸难以排除。

（三）高氯酸

浓度72%的$HClO_4$，沸点203℃，冷时无氧化能力，热的时候是强氧化剂：$4HClO_4 \longrightarrow 7O_2 + 2Cl_2 + 2H_2O$，$HClO_4 \longrightarrow HClO_3 + [O]$，$3HClO_3 \longrightarrow HClO_4 + 2O_2 + Cl_2 + H_2O$能彻底分解有机物。几乎所有有机物均可分解，并且分解速度快。反应剧烈，有燃烧、爆炸的危险！一般不单独使用。经常用来驱赶HCl、HNO_3、HF，高氯酸盐绝大多数易溶，用它分解样品时其中Cr有10%以$CrOCl_3$的形式挥发掉，V以$VOCl_3$的形式挥发掉。因此，通常都与硝酸组合使用或先加入HNO_3反应一段时间后再加入$HClO_4$。$HClO_4$大都在常压下的预处理时使用，较少用于密闭消解中，要慎重使用，注意安全。

（四）氢氟酸

浓度48%的氢氟酸，沸点120℃，唯一能分解以硅为基体的无机酸，常与HCl、$HClO_4$、HNO_3混合使用，主要用于消解矿物、矿石、土壤、岩石，甚至含硅蔬菜、硅酸盐矿物，溶解金属钛元素及其化合物，氢氟酸（HF）可能与B、As、Sb、Ge形成不同价态的挥发物，经常与HNO_3或$HClO_4$混用。强腐蚀性，残留过多，会腐蚀仪器设备，对玻璃器皿具有强腐蚀作用，因此常采用铂坩埚或者塑料器皿。为避免损坏仪器，可通过加入硼酸去除溶液中的HF。

（五）盐酸

浓度37%的盐酸，沸点108℃，它不属于氧化剂，是弱还原剂，可溶解活泼金属、碳酸盐、碱、硫化物等；挥发性强；可分解许多金属氧化物以及其氧化还原电位低于氢的金属，其中可能与As、Sb、Sn、Se、Te、Ge、Hg等形成易挥发物质，通常不能用来消解有机物。HCl在高压与较高温度下可与许多硅酸盐及一些难溶氧化物、硫酸盐、氟化物作用，生成可溶性盐。许多碳酸盐、氢氧化物、磷酸盐、硼酸盐和各种硫化物都能被盐酸溶解。对 ETAAS 和 ICP—MS 有干扰，对 ICP—OES 无影响。

（六）磷酸

浓度85%的磷酸，沸点158℃，具有强烈的络合能力、显著的脱水作用和聚合作用，主要用于岩石、矿物的分解。磷酸与硫酸或高氯酸的混合液可很好地溶解各种氧化物矿石，特别是氧化铁矿石。

（七）王水

王水是体积比为3：1的盐酸和硝酸的混合液，它是强氧化剂，1：3的盐酸和硝酸混合液称逆王水。作用机理：$6HCl+2HNO_3 \longrightarrow 2NO+3Cl_2+4H_2O$，能溶解大多数金属和合金，不能溶解金属钛和铑。逆王水可将硫化物转化为硫酸盐。

（八）过氧化氢（氧化剂）

通常浓度为30%的过氧化氢，沸点150℃，加热缓慢分解，氧化机理：$H_2O_2 \longrightarrow H_2O+[O]$，氧化能力随溶液酸度增强而增强。在浓硫酸下为很强的氧化剂，可能与生成 H_2SO_5（过氧化硫酸）有关。氧化能力随浓度增大而加强。当过氧化氢溶液浓度为50%时，氧化能力很强；当过氧化氢溶液浓度为90%时，为火箭助燃剂，能引起爆炸。过氧化氢与硝酸混合可减少含氮蒸汽，通过升高温度加速有机样品的消解过程。

二、酸性试剂与氧化剂的复合体系

单一的氧化性酸在操作中，或不易完全将试样分解，或在操作时容易产生危险，在日常工作中多不采用，代之以二种或二种以上氧化剂或氧化性酸的联合使用，以发挥各自的作用，使有机物能够高速而又平稳地消解。

（一）$HNO_3—HClO_4$体系

$HNO_3—HClO_4$体系是酸化消解法最常用的混合酸，可预先加 HNO_3 至反应基本终了后，再加 $HClO_4$，也可同时加入，其比例为 $HNO_3：HClO_4=9：1\sim1：2$。

注意事项：含有醇、甘油或酯类有机物的样品，应预先用 HNO_3 浸泡更长的时间，并延长低温下的消解时间。应待样品溶液完全冷却后方可补加酸（通常补加 HNO_3）。

（二）$HNO_3—H_2SO_4$体系

HNO_3对蛋白质分解效果好，且反应温和；H_2SO_4对糖类、脂肪分解效果好。常用方法：先加 HNO_3 消解一定时间后，加 H_2SO_4 提高分解温度，加快消解速度。也可两者共同浸样过夜，油样则先加 H_2SO_4 磺化，后加 HNO_3。

注意事项：消解液中常残留少量 HNO_3，难以除尽，可加饱和 $H_2C_2O_4$ 溶液加热去除，或加水加热去除。HNO_3 易挥发，当消解液减少至原来的 2/3 时要补加。碱土金属的硫酸盐溶解度小，不宜采用。

（三）HNO_3—H_2SO_4—$HClO_4$ 体系

在 HNO_3—$HClO_4$ 体系中加入少量硫酸，可以在前述 HNO_3—$HClO_4$ 氧化基础上，提高消解体系的沸点，进一步提高 $HClO_4$ 的浓度（可到 85%）而增加该体系的氧化力，可以氧化一般情况下不易氧化的样品。最常用的比例为 HNO_3：$HClO_4$：H_2SO_4=3：1：1。

（四）HNO_3—H_2O_2 体系

一般先加入数毫升 HNO_3，待反应剧烈后，冷却，滴加或一次性加入 1~3mL H_2O_2，将混合物再行加热，煮沸数分钟，任其静置冷却，再加数毫升 H_2O_2，如此重复直到试样消解完全[1]。典型的混合比例是 HNO_3：H_2O_2=4：1（体积/体积），是微波消解常用的反应体系。

（五）HNO_3—H_2O_2 体系

常用来分解食品、药品和环境样品[1]等。如 US EPA3050B 即是用 HNO_3—H_2O_2 体系消解沉积物和土壤样品。一般不同时加入，以免反应过于剧烈而使样品喷溅。

（六）H_2SO_4—H_2O_2 体系

一般先加入数毫升 H_2SO_4，待样品炭化后，冷却，滴加或一次性加入 1~3mL H_2O_2，将混合物再行加热，直至产生大量酸性烟雾。如消解液继续变黑，需再滴加 H_2O_2，直到消解液清澈透明（EN 1122：2001 塑料和涂层中镉含量的检验标准）。例如，测定二月桂酸二丁基锡的锡含量（18% 左右）：称 0.2000g 样品，加 7.0mL 浓硫酸，在电热板上加热 20~30min，冷却后加 1.0mL 过氧化氢，加热至溶液呈无色透明状态，定容 200mL，用 ICP—OES 或 FAAS 测定。

（七）HNO_3—$HClO_4$—HF 和 HNO_3—H_2SO_4—HF 体系

一般用于分解含硅酸盐样品或测 Ti 样品。例如：

（1）土壤中铅和镉的测定（GB/T 17141），采用 HNO_3—$HClO_4$—HF 消解；

（2）食品中铅的测定（GB/T 5009.12）：取 1.0~5.0g 样品于三角瓶中，加混合酸（硝酸+高氯酸=4+1）10mL，放置过夜，消解至冒白烟；

（3）食品中总汞及有机汞的测定（GB/T 5009.17）：取 2g 样品于三角瓶中，加 50mg 五氧化二钒粉末，加 8.0mL 硝酸，放置 4h，加 5.0mL 硫酸，消解至不冒棕色烟；

（4）甲基环戊二烯三羰基锰中 Mn 的测定[2]：称 0.1g 样品，加 10mL 浓硝酸，冒浓烟后，加 2.0mL 高氯酸，蒸至冒白烟，溶液变成微红色，滴加几滴浓盐酸，颜色消失，继续加热至冒白烟，溶液蒸发至剩余 1.0mL 左右，冷却，定容至 100mL，待测。

第三节　常压酸化消解法

一、常压酸化消解法及应用

常压酸化消解法是指在敞开体系中用酸、混合酸及混合酸复合体系对样品进行消解，该法是消解样品应用最广泛的方法之一。

（一）HNO_3消解法

HNO_3消解法适用于较清洁的水样。HNO_3具有氧化性，加热的浓 HNO_3 可氧化分解样品中的有机物质。

应用实例1：水质　硒的测定　石墨炉原子吸收分光光度法（GB/T 15505）

取均匀混合的试样 50~200mL，加入 5~10mL 浓 HNO_3，加热蒸发至 1mL 左右，若试液浑浊不清，颜色较深，再补加 2mL 浓 HNO_3，继续消解至试液清澈透明，呈浅色或无色，并蒸发至近干。取下冷却，加入 20mL HNO_3（1∶49），温热，溶解可溶性盐类，若出现沉淀，用中速滤纸过滤入 50mL 容量瓶中，用去离子水稀释至标线。

应用实例2：水质　铅、镉、锌的测定—二硫腙分光光度法[8]（GB 7470，GB 7471，GB 7472）

每 100mL 试样加入 1.0mL 浓 HNO_3，置于电热板上微沸消解 10min。冷却后用快速滤纸过滤，滤纸用 HNO_3（0.2%，$V∶V$）洗涤数次，然后用 HNO_3（0.2%，$V∶V$）稀释到一定体积，供测定用。水质钒的测定也可用 HNO_3 进行消解。

（二）HNO_3—$HClO_4$消解法

用 HNO_3—$HClO_4$ 消解样品，氧化有机物，使钙、镁、磷及其他微量元素转化为离子态，然后测定消解液中钙、镁及其他元素含量。消解时 HNO_3 具有强的氧化力，72%浓度 $HClO_4$ 沸点为 203℃，为已知酸中最强的酸，热的浓 $HClO_4$ 是最强的氧化剂和脱水剂，能将组分氧化成高价态。加热时生成无水 $HClO_4$，可进一步与有机质作用，使有机物很快被氧化分解成简单的可溶性化合物，二氧化硅则脱水沉淀。HNO_3—$HClO_4$ 消解样品是破坏有机物比较有效的方法，但要严格按照操作程序，防止发生爆炸[9]。

应用实例1：水质　铜、锌、铅、镉的测定　原子吸收分光光度法（GB 7475）

取 100mL 混匀后的水样置于 200mL 烧杯中，加入 5mL 浓 HNO_3 和 2mL $HClO_4$，继续消解，蒸发至 1mL 左右。如果消解不完全，再加入 5mL HNO_3 和 2mL $HClO_4$，再蒸发至 1mL 左右。取下冷却，加水溶解残渣，通过中速滤纸（预先用酸洗）滤入 100mL 容量瓶中，用水稀释至标线。注意：消解中用 $HClO_4$ 有爆炸危险，整个消解要在通风橱中进行。

应用实例 2：食品中铁、镁、锰的测定（GB 5009.90，GB 5009.241，GB 5009.242）

准确称取均匀的干样 0.5~1.5g、湿样 2.0~4.0g 于 250mL 高型烧杯中，加混合酸（HNO_3：$HClO_4$=4：1）20~30mL，盖上表面皿。置于电热板上加热消解。如未消解好，再补加几毫升混合酸消解液，继续加热消解，直至无色透明为止。再加几毫升水，加热以除去多余的酸。待烧杯中的液体接近 2~3mL 时，取下冷却。用去离子水洗并转移于 10mL 刻度试管中，加超纯水定容，待测。

食品中钾、钠、钙的测定，所用的消解方法与实例 2 的操作步骤基本相同，只是对于钙的消解，在最后用 20g/L 氧化镧溶液来进行定容。

应用实例 3：食品中镉的测定（GB 5009.15）

称取试样 1.00~5.00g 于三角瓶或高脚烧杯中，放数粒玻璃珠，加 10mL 混合酸（HNO_3：$HClO_4$=4：1），加盖浸泡过夜，加一小漏斗在电炉上消解，若变棕黑色，再加混合酸，直至冒白烟，消解液呈无色透明或略带黄色，放冷，用滴管将试样消解液洗入或过滤入 10~25mL 容量瓶中，用水少量多次洗涤三角瓶或高脚烧杯，洗液合并于容量瓶中并定容至刻度。

食品中铅的测定，样品的消解步骤与镉的完全相同。

应用实例 4：有机肥料铜、锌、铁、锰的测定（NY/T 305.1~305.4）

称取试样 1.0g，精确到 0.001g，置于锥形瓶中，小心加入 7~8mL 浓 HNO_3，轻摇，放在电热板上于 150℃左右加热。开始缓慢加热，当试样随泡沫上浮时即可取下冷却，再继续消解，如此反复操作数次，直至锥形瓶内容物的泡沫消失为止。提高温度，硝酸可被蒸尽，内容物呈褐色糊状，但不要蒸干，取下锥形瓶冷却，加 HNO_3—$HClO_4$ 混合液（3：1）5mL，在电热板上继续加热，逐渐提高温度，待消解物残留较少，消解液呈无色透明时，再升高温度使 $HClO_4$ 分解，冒白色浓烟约 2~3min 即可分解完全，至溶液呈糊状，不要蒸干，取下锥形瓶，加浓 HCl 2mL 和 20mL 水溶解残留物，再加热 5min，趁热用快速滤纸滤入 50mL 容量瓶中，用热水洗涤残渣和锥形瓶数次，一并加入容量瓶中，冷却后用超纯水定容，待测。

应用实例 5：土壤中硒的测定—原子荧光法[11]

称取 0.5g 过 100 目筛土壤样品于 150mL 锥形瓶中，加入 10mL 混合消解液（HNO_3：$HClO_4$=3：2），在沙浴上加热消解至溶液呈淡黄色，若有棕色可重复加入 2mL 浓 HNO_3，继续加热消解至试样消解完全，然后浓缩至体积约为 1~2mL，取下冷却，加入 12.5mL 5mol/L HCl，加热 3~5min，冷却后用水转移入 25mL 容量瓶中，加水定容。另外，水质钡、镍、铁、锰的测定，有机—无机复混肥料中总磷、总钾元素含量的测定，食品中硒的测定，面制食品中铝的测定都可以用 HNO_3—$HClO_4$ 消解方法来进行消解。

（三）HNO_3—H_2SO_4 消解法

两种酸都有较强的氧化能力，其中 HNO_3 沸点低，而 H_2SO_4 沸点高（338℃），热的浓 H_2SO_4 具有强的脱水能力和氧化能力，可以比较快地分解试样，破坏有机物。二者结合使用，可提高消解温度和消解效果。常用的 HNO_3 与 H_2SO_4 的比例为 5∶2，消解时，先将 HNO_3 加入样品中，加热蒸发至小体积，稍冷，再加入 H_2SO_4、HNO_3，继续加热至冒大量白烟，冷却，加适量水，温热溶解可溶盐，若有沉淀应过滤；为提高消解效果，常加入少量 H_2O_2。

采用 HNO_3—H_2SO_4 消解法，能分解各种有机物，但对吡啶及其衍生物（如烟碱）等分解不完全。生物样品中的卤素在消解过程中可完全损失，汞、硒等有一定程度的损失。该方法不适用于处理测定易生成难溶硫酸盐组分（如铅、钡、锶）的样品。

应用实例 1：水质　铜的测定　2,9-二甲基-1,10-菲啰啉分光光度法（GB 7473）

取 100mL 水样置于 250mL 烧杯中，加入 1mL 浓 H_2SO_4 和 5mL 浓 HNO_3，加入几粒沸石，置电热板上加热消解（注意勿喷溅）至冒三氧化硫白色浓烟为止，如果溶液仍带色，冷却后加入 5mL 浓 HNO_3，继续加热消解至冒白色浓烟为止。必要时，重复上述操作，直到溶液无色。冷却后加入 80mL 水，加热至近沸腾并保持 3min，冷却后滤入 100mL 容量瓶中，用水洗涤烧杯内壁和滤纸，用洗涤水补加至标线并混匀。

应用实例 2：食品中锗的测定（GB/T 5009.151）

称取干样 1.00~2.00g 或鲜样 5.00g 于 150mL 锥形瓶中，加 3~4 粒玻璃珠，加 10~15mL 浓 HNO_3、2.5mL 浓 H_2SO_4，盖表面皿放置过夜。次日于电热板上加热。在加热过程中，如发现溶液变成棕色，则需将锥形瓶取下，补加少量 HNO_3。当溶液开始冒白烟时，将锥形瓶取下，稍冷后，缓慢加入 1mL H_2O_2，加热，重复两次，以除去残留的 HNO_3，并加热至白烟出现。将锥形瓶取下，冷却。将溶液移入 25mL 容量瓶中，加入 5mL H_3PO_4，用水稀释至刻度，摇匀，同时做试剂空白。

（四）H_2SO_4—H_3PO_4 消解法

两种酸的沸点都比较高，其中 H_2SO_4 氧化性较强，H_3PO_4 能与一些金属离子如 Fe^{3+} 等络合，故二者结合消解样品，有利于测定时消除 Fe^{3+} 等离子的干扰。热的浓 H_3PO_4 具有很强的分解能力，例如，难溶的镁铬铁矿、钛铁矿等多可被分解，需要注意的是，使用 H_3PO_4 时，若温度过高，时间过长，会脱水形成难溶的焦磷酸盐沉淀而影响测定。因此，H_3PO_4 常与 H_2SO_4 等同时使用，既可提高反应温度，又可防止析出。

（五）H_2SO_4—$KMnO_4$消解法

该方法常用于测定汞的样品。$KMnO_4$是强氧化剂，在中性、碱性、酸性条件下都可以氧化有机物，其氧化产物多为草酸根，但在酸性介质中还可继续氧化。消解要点是：取适量样品，加适量 H_2SO_4 和 5% $KMnO_4$，混匀后加热煮沸，冷却，滴加盐酸羟胺溶液破坏过量的 $KMnO_4$。

（六）H_2SO_4—H_2O_2消解法

植物中的氮、磷以有机态为主，钾元素则以离子态存在。用浓 H_2SO_4—H_2O_2氧化剂消解植物样品时，其中的有机物经脱水炭化、氧化分解，变成 CO_2 和水，使有机氮和磷转化为铵盐和磷酸盐，可在同一份消解液中分别测定全氮、磷和钾。肥料中总氮、总磷、总钾的测定，样品的消解均采用 H_2SO_4—H_2O_2消解法进行消解。

应用实例 1：有机—无机复混肥料中总磷含量的测定（GB/T 17767.2）

将适量样品（总磷含量≤5%的试样称取 1g，总磷含量>5%的试样，称取含有 100~200mg 五氧化二磷的试样，精确到 0.0001g）置于 500mL 锥形瓶中，加入 20mL 浓 H_2SO_4 和 3mL 30% H_2O_2，放置过夜（约 15h）。加入 3~5mL 30% H_2O_2 溶液，瓶口上插入梨形玻璃漏斗。在通风橱内于 1500W 电炉上缓慢加热，至物料停止起泡为止，然后强化加热，至瓶内冒浓厚白烟，继续加热，直至瓶内清澈，消解液呈无色或浅色为止。若溶液呈深色，可取下锥形瓶稍冷后，补加 3mL H_2O_2，继续加热消解，使消解液呈无色或浅色为止。取下锥形瓶，冷却至室温，用水洗涤漏斗和瓶壁，与消解液一并定量转移至 250mL 容量瓶中，用水稀释至刻度，混匀。干过滤，滤液供测定总磷。

有机—无机复混肥料中总钾的测定，样品的预处理与此类似，在称样量和过滤方法上有所不同。

应用实例 2：有机肥料全氮、全磷、全钾的测定（NY/T 297~299）

称取样品 0.5g（尿液或粪汁等液体肥料直接称取液体质量 1~2g，精确至 0.001g），置于开氏烧瓶底部，用少量水冲洗沾附在瓶壁上的试样，加 5mL 浓 H_2SO_4，1.5mL 30% H_2O_2，小心摇匀，瓶口放一弯颈小漏斗，放置过夜。在可调电炉上缓慢升温至 H_2SO_4 冒烟，取下，稍冷后加 15~20 滴 H_2O_2，轻轻摇动开氏烧瓶，加热 10min，取下，稍冷后分次加入 5~10 滴 H_2O_2 并分次消解，直至溶液呈无色或淡黄色清液后，继续加热 10min，除尽剩余的 H_2O_2。取下冷却，小心加水至 20~30mL，加热至沸腾。取下冷却，用少量水冲洗弯颈漏斗，洗液收入原凯氏瓶中。将消解液移入 100mL 容量瓶中，加水定容，静置澄清或用无磷滤纸过滤，移入具塞三角瓶中备用。

（七）多元消解方法

为提高消解效果，在某些情况下，采用三元以上酸或氧化剂消解体系，混合溶剂具有更强的溶解能力，应用广泛。

1. HNO_3—H_2SO_4—$HClO_4$消解法

应用实例1：水质　银的测定　火焰原子吸收分光光度法（GB 11907）

取50mL水样置于150mL烧杯中，在烧杯中依次加入10mL浓HNO_3，1mL浓H_2SO_4，1mL H_2O_2，在电热板上蒸发至冒白烟。冷却后，加入2mL $HClO_4$，加盖表面皿，继续加热至冒白烟并蒸发至近干，冷却后，加HNO_3溶液2mL溶解残渣，然后小心用水洗入50mL容量瓶中，稀释至标线，摇匀，备测。

应用实例2：食品中锑的测定（GB 5009.137）

称取固体试样0.20~2.00g，液体试样2.00~10.00g，置于50~100mL锥形瓶中，加入浓HNO_3和$HClO_4$（4∶1）混合酸5~10mL，然后加入1~2mL浓H_2SO_4浸泡过夜。次日，置于电热板上加热消解，至消解液呈淡黄色或无色（如消解过程色泽较深，稍冷补加少量浓HNO_3，继续消解），加入20mL水，再继续加热，赶酸至消解液0.5~1.0mL为止，冷却后用少量水转入25mL容量瓶中，并加HCl溶液（1∶1）2.0mL，硫脲（20g/L）和碘化钾（100g/L）混合液2.0mL，用水稀释至刻度，摇匀，放置30min后测定。

应用实例3：食品中锡的测定（GB 5009.16）

称取试样1.0~5.0g于锥形瓶中，加1.0mL浓H_2SO_4，20.0mL混合酸（HNO_3∶$HClO_4$=4∶1），加三粒玻璃珠，放置过夜。次日置电热板上加热消解，如酸液过少，可适当补加HNO_3，继续消解至冒白烟，待液体体积接近1mL时取下冷却。用水将消解试样转入50mL容量瓶中，加超纯水定容，摇匀备用。

食品添加剂中重金属限量试验，如食品添加剂中铅、砷的测定，其样品的消解也可以选用HNO_3—H_2SO_4—$HClO_4$混合酸消解法。

2. HNO_3—H_2SO_4—V_2O_5消解法

如测定动物组织、食品、饲料中的汞，使用加V_2O_5的HNO_3和H_2SO_4混合液催化氧化，温度可达190℃，能破坏甲基汞，使汞元素全部转化为无机汞。

应用实例：土壤质量　总汞的测定　冷原子吸收分光光度法（GB/T 17136）

称取0.5~2.0g过100目筛土壤样品于150mL锥形瓶中，用少量超纯水湿润样品，加入V_2O_5约50mg，浓HNO_3 10~20mL，浓H_2SO_4 5mL，玻璃珠3~5粒，摇匀。在瓶口插一小漏斗，置于电热板上加热至近沸，保持30~60min。取下稍冷，加超纯水20mL，继续加热煮沸15min，此时试样为浅灰白色（若试样色深应适当补加HNO_3继续分解）。取下冷却。滴加$KMnO_4$（20g/L）至紫色不褪。在测试前，边摇边滴加盐酸羟胺溶液（200g/L），直至恰好使过剩的 $KMnO_4$ 及器壁上的水合 MnO_2 全部褪色为止。

3. HNO_3—HF—$HClO_4$ 消解法

如在测定土壤中锰、铜、镉、铬的含量时加入 HNO_3、$HClO_4$ 和 HF，在 140～160℃保温 2～6h，即可将有机物分解，获得清亮的样品溶液[12]。

应用实例：土壤全量钙、镁、钠的测定（NY/T 296）

称取通过 0.149mm 孔径的风干土 0.5000g，精确到 0.0001g，小心放入聚四氟乙烯坩埚中，加浓 HNO_3 15mL，$HClO_4$ 2.5mL，置于电热板上，在通风橱中消解至微沸，待 HNO_3 赶尽、部分 $HClO_4$ 分解出大量的白烟、样品成糊状时，取下冷却。用移液管加 HF 5mL，再加 $HClO_4$ 0.5mL，置于 200～225℃沙浴上加热，待硅酸盐分解后，继续加热至剩余的 HF 和 $HClO_4$ 被赶尽，停止冒白烟时，取下冷却。加 3mol/L HCl 溶液 10mL，继续加热至残渣溶解（如残渣溶解不完全，应将溶液蒸干，再加 HF 3～5mL，$HClO_4$ 0.5mL，继续消解），取下冷却，加 20g/L H_3BO_3 溶液 2.0mL，用水定量转入 250mL 容量瓶中，定容。

土壤全钾测定法中样品的消解方法与土壤全量钙、镁、钠的测定样品消解方法基本相同。不同之处是，在土壤全钾测定法中，称样量为 0.1g，在样品消解完毕时，用去离子水定容于 100mL 容量瓶中。土壤中铁、锰的测定，样品的消解也可以采用 HNO_3—HF—$HClO_4$ 消解法[8,12]。

4. H_2SO_4—HNO_3—$KMnO_4$ 消解法

测定生物样品中的汞时，也可用 1：1 H_2SO_4 和 HNO_3 混合液加 $KMnO_4$，于 60℃保温分解鱼、肉样品，可获得满意效果。

应用实例：土壤质量 总汞的测定 冷原子吸收分光光度法（GB/T 17136）

称取通过 0.149mm 孔径的风干土 0.5～2.0g，准确至 0.0002g，于 150mL 锥形瓶中，用少量超纯水湿润样品，加浓 H_2SO_4 和浓 HNO_3 混合液（1：1）5～10mL，待剧烈反应停止后，加超纯水 10mL，$KMnO_4$ 溶液（20g/L）10mL，在瓶口插一个小漏斗，置于低温电热板上加热至近沸，保持 30～60min。分解过程中若紫色褪去，应随时补加高锰酸钾溶液，以保持有过量的 $KMnO_4$ 存在。取下冷却。在测定前，边摇边滴加盐酸羟胺溶液（200g/L），直至刚好使过剩的 $KMnO_4$ 及器壁上的水合 MnO_2 全部褪色为止。

5. HCl—HNO_3—HF—$HClO_4$ 消解法

应用实例：土壤质量 铅、镉的测定 石墨炉原子吸收分光光度法（GB/T 17141）

准确称取 0.1～0.3g（精确至 0.0002g）试样于 50mL 聚四氟乙烯坩埚中，用水润湿后加入 5mL 浓 HCl，于通风橱内的电热板上低温加热，使试样初步分解，当蒸发至约 2~3mL 时，取下稍冷，然后加入 5mL 浓 HNO_3，4mL HF，2mL $HClO_4$，加盖后于电热板上中温加热 1h 左右，然后开盖，继续加热除硅，为了达到良好的除硅效果，应经常摇动坩埚。当加热至冒浓厚 $HClO_4$ 白烟时，加盖，使黑色有机碳化物充分分解。待坩埚上的黑色有机物消失后，开盖驱赶白烟并加热至内容物呈黏稠状。视消解情况，可再加入 2mL 浓 HNO_3，2mL HF，1mL $HClO_4$，重复上述消解过程。当白烟再次冒尽，且内容物呈黏稠状时，取下冷却，用水冲洗坩埚和内壁，并加入 1mL HNO_3（1∶5）溶液温热溶解残渣。然后将溶液转移至 25mL 容量瓶中，加入 3mL $(NH_4)_2HPO_4$ 溶液冷却后定容，摇匀待测。

土壤质量铜、锌、总铬、镍的测定，一般也采用 HCl—HNO_3—HF—$HClO_4$ 全分解方法进行样品的消解。

（八）钼酸钠—硫酸—高氯酸消解法

实际工作中，可根据不同的样品选择行之有效的消解方法。如要快速消解各种生物样品，可用钼酸钠—硫酸—高氯酸法；要快速消解含有各种金属元素的指甲、毛发、血、尿及组织匀浆，可选用锇酸—硫酸—高氯酸法等。

（九）几种酸化消解样品预处理方法操作步骤比较（表 3-2）

表 3-2　几种酸化消解样品预处理方法操作步骤比较

时间和酸用量	直接进样	硝酸酸化快速消解	硝酸+高氯酸混合酸消解	硝酸+过氧化氢微波消解
称样时间	一样	一样	一样	一样
消解时间（min）	0	30~60	120~240	60（微波消解）60~120（赶酸）
定容时间	一样配制 1.0%硝酸，0.1%曲拉通少于 5min	一样配制 0.1%曲拉通少于 5min 或去离子水	一样	一样
器皿清洗	仅塑料管	仅塑料管	聚四氟乙烯烧杯、塑料管	微波消解罐（聚四氟乙烯烧杯）、塑料管
酸/个样品	0.1mL 硝酸，0.01mL 曲拉通	1.0（4.0）mL 硝酸，0.01mL 曲拉通	8mL 硝酸，2mL 高氯酸	4mL 硝酸，2mL 过氧化氢

二、常压酸化消解法影响因素

在常压消解样品时，酸的组成和用量、温度、时间和方式等因素均影响消解，应根据样品种类、用量和待测元素的性质来选择消解条件。

1. 酸的组成的影响

（1）根据不同样品的特性，在选择酸消解程序时，可采用一种酸或不同配比的混合酸来分解试样。无论是用一种酸，还是用混合酸，其目的都是为了利用各种酸的特性（即分解性、络合性、氧化性或还原性以及共同的酸效应），使试样分解完全且分解速度加快。

（2）选择酸化消解程序时，需要考虑两个方面：一是所用的酸应能够断开被分析物与基体之间的键；二是被分析元素应该能够完全溶于酸溶液中，例如测砷元素时选用硝酸和硫酸混合酸（5+1），测硒元素时选用硝酸和高氯酸混合酸（5+1）。

（3）消解样品时，加入的酸量与所分析的元素和样品量有关，根据经验，酸化消解所用的样品量一般为 0.1~1.0g，最好不要超过 2.0g，所用的酸的量一般不超过 15mL。原则是以最少的酸将样品分解完全。

2. 消解温度的影响

通常采用缓慢升温和加热消解的方式，最好先进行预消解（冷消解），避免快速高温加热。快速高温加热常会造成中途失败，消解过程中易发生燃烧或爆炸事故，因剧烈沸腾，大量液滴随蒸汽飞散，导致样品溶液损失，同时大量的酸挥发，增加了酸的用量。

三、常压酸化消解法的操作要点

1. 样品中有机物含量对混合酸的比例要求

在酸化消解时，一般用硝酸和高氯酸或浓硫酸和高氯酸，混合酸的比例为 4∶1，当样品含高脂肪、高蛋白、高糖时，混合酸的比例为 5∶1，以防止在加热消解过程中爆沸，消解终点应是开始冒白色烟雾，并排净即可。

2. 酸化消解法过程对空白、偏差的影响

在测定样品中的铅时，样品采用高氯酸消解，溶液颜色还处于深棕色，瓶口却开始冒白烟，此时，应该加适量硝酸，因为高氯酸在制作工艺中容易含有铅污染，如果样品中加了酸，而空白没加的话，造成结果偏差。酸化消解容易造成空白值较高，大多数试剂厂家的硝酸含铅量都不低。

3. 消解过程中样品炭化及出现炭化对结果的影响[13-14]

最好用烧杯并在上面加盖表面皿回流，或者用三角瓶上加一漏斗。另外注意消解的温度，刚开始消解时温度不能太高，先在 100℃ 消解，等红棕色烟散后慢慢提高温度。硝酸的沸点为 130℃，高氯酸为 200℃ 以上。如果消解时出现炭化的趋势应取下放置到室温后继续加混合酸消解，直到样品清亮透明。消解过程中颜色一变深就马上加几滴硝酸，让颜色变回来。尽量避免炭化，测定铅时，炭化对测定结果的影响不大，但要绝对避免烧干，这样铅就挥发掉了。

4. 消解过程中赶酸的要求

赶酸与否要看测定的元素，还有是否采用火焰等，大部分金属元素酸化消解，用 AAS 测定时不用赶酸，但是一定要把溶液里面的氮氧化物（加了硝酸后的那些黄烟）赶掉大部分。通常情况下，都要求基体要有酸介质，所以不用蒸干，但有的要蒸干再补加盐酸及水。衡量酸是否赶净，要看白色烟雾是否排净。

四、常压消解法的注意事项

1. 操作安全问题

消解瓶内可加玻璃珠或瓷片防止暴沸。消解过程中需补加酸或氧化剂时，应停止加热并冷却后再沿瓶壁缓缓加入。以防剧烈反应，引起喷溅或爆炸，伤害操作者。消解产生大量泡沫时，应立即减小火力。在不影响测定的前提下可加消泡剂，如石蜡、硅油等。

2. 元素的损失

采用密闭回流冷凝装置可防止 Hg、Se 和 Fe 等易挥发元素的损失。在 ICP—MS 和 GFAAS 分析中，避免使用硫酸和高氯酸，如 $^{35}Cl^{40}Ar^+$ 干扰 $^{75}As^+$ 的测定，Cl 干扰 Pb 的 GFAAS 测定。

第四节　高压酸化消解法

一、高压酸化消解法及应用

（一）高压酸化消解法

高压消解是在高温、高压下进行的酸化消解过程，即把样品和消解液（通常为混合酸或混合酸+氧化剂）置于适宜的容器中，再将容器装在保护套中，在密闭情况下进行分解。HNO_3 是高压消解常用的氧化剂，在高温高压下，HNO_3 的氧化能力大幅提高。加入 HF、$HClO_4$ 或 H_2SO_4 可以促进分解样品中含硅基体及有机质。高压消解无须消耗大量酸，从而降低了测定空白。

（二）高压酸化消解的应用范围

由于高压酸化消解法所用容器多为 PTFE、玻璃碳或石英材料做成。这些材料易于用酸清洗，因而不存在器壁玷污。保护套为不锈钢材料。与敞开体系比较，高压密闭消解更适用于痕量及挥发性元素分析。采用高压消解法时，由于容器内部高压、密闭，溶剂没有挥发损失，因此既可以将复杂基体完全溶解，又可以避免挥发性待测元素的损失，对于难溶样品的消解可取得很好的效果，见表3-3。

表3-3　地质样品高压酸化消解法应用

样品	称重（g）	分解试剂及用量（mL）	分解温度（℃）	时间（h）
十字石	0.2	HF（10）+HClO₄（10）	250+10	1
红柱石	0.8	HF（10）+HClO₄（10）	220~230	5
绿柱石	0.1	HF（20）	220~230	1~3
石英	1.0	HF（12）+HClO₄（10）	240	10
刚玉	0.5	HF（15）	240	3.5
磁铁矿	0.5	70% H₂SO₄（20）	240	6.5
钛铁矿	1.0	65% H₂SO₄（15）	240	5
锡石	0.5	HCl（15）	240	7
金红石	0.2	HF（20）	220~230	3
铬铁矿	0.2	HF（10）+1∶1 H₂SO₄（10）	220~230	4
黄铁矿	0.2	HF（10）+HClO₄（10）	250+10	5
磷钇矿	0.1	HF（10）+HClO₄（10）	220~230	6

二、高压酸化消解法影响因素

有些样品基体组成相对简单，在常温下用 HNO_3—$HClO_4$ 或 HNO_3—H_2SO_4 可完全矿化，但用高压酸化消解法时只能部分矿化，此时可在 150~180℃条件下，将时间从 1~3h 延长至 6~12h，消解后的样品可用于 GFAAS 和 ICP—OES 测定。对某些高分子有机键合的砷化合物采用高压消解法时，即使延长消解时间也不能消解完全，此时可将消解液用 H_2SO_4—HCl 加热至 310℃ 或用 $Mg（NO_3）_2$ 加热至 450℃ 后，其中的砷可用 AAS 测定。$Mg（NO_3）_2$ 加热法也适用于高分子含硒化合物的样品预处理。值得注意的是，除紫外线照射外，其他的预处理法均会增加测定空白。

三、高压酸化消解法的操作要点

一是消解样品的取样量为 0.1~1g，且溶剂量要小；二是对于含高蛋白、高脂肪、高糖的有机样品应先除去有机物，再放入密封罐中消解；三是消解温度应采取缓慢阶梯升温。

四、高压酸化消解法的注意事项

高压消解存在容器内压力过高发生爆炸的危险，因此用高压消解法时样品处理量最多不超过 1g，消解温度不能升得太快，以免样品中有机质与酸剧烈反应在短时间内生成大量气体使容器内压力过高发生爆炸。若样品中有机质含量较高，可先在敞开体系中加酸进行预氧化，除去部分有机质，再用高压消解法进行样品预处理。

五、酸化消解法的样品损失

酸化消解法常用较好的方法，在测定不同的样品时应该根据样品的性质和分析的金属元素的性质以及自己的实验条件，采用不同的分析方法。选择不同方法的依据就是方便快捷、同时又要尽量减少样品的用量[15-17]，减少有效成分的流失，和干灰化一样有待测元素被挥发损失的问题，但严重程度和机制不同。由于酸化消解法消解温度较低，而且应用了大量的酸，可以将所有元素转化为不挥发的形式，但某些元素仍存在挥发损失问题。例如，Hg、Se 在还原条件下或出现炭化时，被还原而挥发损失。在试样含有氯时，Ge、As 变成 $GeCl_4$ 和 $AsCl_3$（沸点分别为 83.1℃ 和 132℃）挥发损失，应给予注意。

参 考 文 献

[1] WU YAOQING, LI LI. Distribution characteristics and potential ecological risk assessments and heavy metals in surface sediments and water body of the Yalu river estuary China[J]. Applied Mechanics and Materials, 2014, 524: 88-91.

[2] WU YAOQING, LI LI, WANG YAN, et al. Assessment on Heavy Metals in Edible Univalves in Dandong Market[J]. Advanced Materials Research, 2014, 959: 1189-1193.

[3] MENG ZHAORONG, LI LI, WU YAOQING. Evaluate of Heavy Metal Content of some Edible Fish and Bivalve in Markets of Dandong, China[J]. Applied Mechanics and Materials, 2014, 522: 92-95.

[4] MENG ZHAORONG, LI LI, CHI HONGXUN, WU YAOQING. Assessment on Heavy Metals in Edible Bivalves in Dandong Market[J]. Advanced Materials Research, 2014, 959: 1184-1188.

[5] XU XIAOXU, WU YAOQING el al. Main-chain biodegradable liquid crystal basedon diosgenyl end-capped poly(trimethylene carbonate)[J] Molecular Crystals and Liquid Crystals,

2017，652（1）：126-132.

［6］FU YONG，XU XIAOXU，WU YAOQING. Preparation of new diatomite-chitosan composite materials and their adsorption properties andmechanism of Hg（Ⅱ）［J］. Royal Society Open Science，2017，4（12）：170829.

［7］吴瑶庆，孟昭荣. 非完全消化—火焰原子光谱法对瘦猪肉中微量元素的测定［J］. 甘肃农业，2007（2）：79-80.

［8］孟昭荣，吴瑶庆. 东港地区草莓生长土壤中微量元素的研究［J］. 甘肃农业，2007（1）：72-73.

［9］吴瑶庆，孟昭荣，金英花，等. 丹东市区段鸭绿江水体中铅、镉的含量［J］. 环境保护与循环经济，2007，27（3）：31-34.

［10］吴瑶庆. 科研成果转化为原子吸收光谱创新实验教学—碳化酸溶—石墨炉原子吸收光谱法测定鳙鱼体内微量铅、镉的含量［J］. 实验室科学，2009（2）：13-15.

［11］吴瑶庆，张福辰，黄胜君. 一个创新型实验项目的设计与实现—原子吸收光谱法测定聚乙烯中钠的含量［J］. 实验技术与管理，2008，25（12）：30-33.

［12］孟昭荣，吴瑶庆，洪哲，等. 丹东地区蓝莓中硒的形态分析［J］. 江苏农业科学，2011，39（6）：535-538.

［13］孟昭荣，吴瑶庆. 丹东地区水稻土中的有效 Cu、Zn、Mn、Fe 的快速测定［J］. 甘肃农业，2006（6）：356-356.

［14］吴瑶庆，宫胜臣，洪哲. 丹东地区新生儿发铁值的测定及意义［J］. 丹东纺专学报，2002（4）：6-6.

［15］吴瑶庆. 丹东地区健康小学生发样中 Zn、Fe、Cu、Ca 和 Mg 等微量元素的测定［J］. 光谱实验室，2006，23（2）：387-389.

［16］匡宏枫，张艳海，吴瑶庆. HPLC 法测定乳腺冲剂中芍药苷的含量［J］. 中医药学报，2006，34（2）：24-25.

［17］马冰洁，吴瑶庆，李建忠，等. C4 烃资源的生产、利用及发展设想［J］. 化工科技市场，2005，28（12）：8-13.

第四章 干灰化法样品预处理技术

第一节 概　　述

干灰化法是将有机成分含量较高或样品中含有高分子样品，通过高温经长时间灰化处理，使化合物中的化学键断裂，破坏有机成分的分子结构，产生 H_2O 或 CO_2，消除样品中有机物干扰，保留检测物的过程。由于有机成分含量较高或样品中含有高分子物质样品中金属元素与有机质结合，形成难溶、难离解的化合物，在强氧化剂的作用下，通过外界高温氧化掉有机物，样品中金属元素得以释放，剩余无机物以残渣通过溶解进行测定。

一、干灰化法常用方法

干灰化法是通过高温灼烧将样品中的有机物破坏，使有机物脱水、炭化、分解、氧化至白色或浅灰色的残灰，得到的残灰为无机成分。干灰化法分为常压高温干灰化法、熔融分解法、常压低温灰化法、氧瓶燃烧法和高压釜分解法、低温灰化法和酵母发酵分解法等。对于熔点较低的部分金属（汞、砷、铅、锡和硒）元素外的大多数金属元素和部分非金属元素的测定常采用此法。

二、干灰化法适用范围

干灰化法适用于有机物中大多数普通金属的测定，挥发性金属（如汞）除外。该方法分解的物质经过缓慢燃烧，碳逐渐彻底被氧化。必须注意：样品在灰化前须先干燥、炭化，即把装有待测样品的坩埚先放在电炉上低温使样品炭化，在炭化过程中为了避免测定物质的散失，应尽可能避免金属因挥发或因与容器物质化合而损失，因此，高温干灰化法不适用于痕量和超痕量金属元素的准确测定。

三、干灰化法特点

1. 优点
干灰化法能将样品分解彻底，试液空白值较低，劳动强度小，安全。

2. 缺点

（1）干灰化法的过程较长，主要经历步骤有炭化—灰化—微消解—加酸溶解—转移—定容。样品预处理的人工操作频繁，过程多，链条长，并且每个环节花费的时间较长，每个环节都有注意事项，对操作的规范性要求高，上个环节做得不好往往会影响下一个环节的质量。

（2）干灰化法后残渣中提取待测金属元素的问题：干灰化法后，有时很难从残渣中彻底提取正在测定的金属；过分对残渣加热还会使多种金属化合物不溶（例如，锡的化合物）。

（3）干灰化法样品目标元素的损失：在干灰化法中，由于高温，会使测定目标元素挥发损失；待测目标元素被保留在坩埚内的固体物质上，导致损失的固体物质通常是指坩埚本身（如硅质坩埚和瓷坩埚）和样品的灰分组分。

（4）消除该类损失方法。

①选择适当的坩埚，干灰化法常用铂金坩埚，当样品中待测组分为金、银和铂时，需用瓷坩埚。

②水样：应将水样置于坩埚中，预先在水浴上蒸发至干，然后移入马弗炉中灼烧。

③对于土壤样品、食物样品、饲料样品、生物样品等，需要先将样品置于坩埚中，在电热板上炭化至无烟，然后移入马弗炉中灼烧。由于不使用或很少使用化学试剂，并可处理大量样品，故有利于提高微量元素测定的精确度。

④对样品进行干灰化法处理，通常无须添加试剂。有时为了促进样品分解或抑制待测组分挥发损失，可在试样中加入助灰化剂。常用的助灰化剂有硝酸、硫酸、磷酸二氢钠、氧化镁、硝酸镁、氯化钠等。

四、干灰化法常用助灰化剂

（一）加速助灰化剂

样品中加入硝酸、硝酸镁、硝酸铝、过氧化氢等可加速对样品中有机物的氧化。

（二）阻挥剂

样品中加入助灰化剂与样品中易挥发待测组分生成难挥发的物质。例如，当样品中含有的待测组分为易挥发的砷，加入硝酸镁后，生成难挥发的焦砷酸镁（$Mg_2As_2O_7$），避免了待测砷的损失；样品在干灰化过程中，有些碱性灰化会加剧损失，例如，加入少量硫酸、磷酸或其他高沸点助灰化剂，可中和灰分中的碱性组分。有的助灰化剂兼具多种作用，例如硝酸镁不但能起固定作用，还可起氧化作用，同时还能起稀释疏松作用。使用时，一定要注意助灰化剂的纯度，以免将杂质引入待测样品中。

（三）固定剂

在样品中加入氧化钙、氧化镁，可以使待测金属与坩埚壁隔绝，减少灰化带来的损失，同时也能起到一定的分散疏松作用，使样品不结块，更有利于灰化。

五、干灰化法操作要点

（一）试样在放入高温炉灼烧前要先进行炭化处理（电热板）

炭化处理在 $200\sim250℃$。一是防止样品在灼烧过程中，因温度高试样中的水分急剧蒸发使试样飞扬；二是防止糖、蛋白质、淀粉等易发泡膨胀的物质在高温下发泡膨胀而溢出坩埚；三是不经炭化而直接灰化，待测元素易被碳粒包裹，灰化不完全；四是防止冒泡、冒火和喷溅。

（二）高温灼烧至完全（马弗炉）

样品灰化通常在 $450\sim850℃$ 下，灼烧 $3\sim6h$。

第二节　常压高温干灰化法

一、概述

高温干灰化法通常使用温度为 $450\sim550℃$，用来破坏样品中的有机物成分，使之转化成无机形态。农产品和食品中镉的分析多采用常压高温干灰化法。

高温干灰化法根据样品的种类、待测组分的性质及检测目的不同，大致可分为常压高温干灰化法和氧瓶燃烧法。应用最广的是常压高温干灰化法。在实际分析中，选用何种处理方法，这要视待测元素、样品基体的性质以及用什么类型的原子光谱测定方法而定。

二、常压高温干灰化法影响因素

（一）坩埚的选择和操作方法的影响

1. 不同材料的坩埚的影响

常用的有石英、铂、银、镍、铁、瓷、聚四氟乙烯等材质的坩埚。

2. 坩埚大小的影响

加大坩埚直径，增大样品层面积，增大与 O_2 接触面。

3. 操作方法的影响

样品经初步灼烧后取出，冷却，用去离子水或 $6mol/L\ HCl$ 溶解，蒸干后再灼烧。

（二）灰化辅助剂的影响

1. 氧化作用助剂

氧化作用助剂有 HNO_3、$NaNO_3$、KNO_3、NH_4NO_3等，常在初步灼烧后滴入。

2. 固定作用助剂

固定作用助剂有 $Mg(NO_3)_2$、MgO、$Mg(Ac)_2$、CaO、Na_2CO_3、K_2CO_3、$CaCO_3$等，因在灼烧时可与被测元素（包括易挥发元素）形成难挥发物，而使被测元素固定。如 As^{5+}可被 C 还原成 AsH_3挥发，而 As^{5+}+MgO 结合生成 $Mg_2As_2O_7$（焦砷酸镁），此化合物很稳定，600℃不挥发。

3. 疏松作用助剂

疏松作用助剂有 MgO、$Mg(NO_3)_2$、$Mg(Ac)_2$、CaO 等稀释样品，可减少与瓷表面的接触，防结块，防熔融，便于 O_2进入。

4. 中和作用助剂

中和作用助剂有 H_2SO_4、H_3PO_4等，可改变灰分的碱性，减少瓷效应。

5. 多功能助剂

多功能助剂如 $Mg(NO_3)_2$、$Pd(NO_3)_2$等，既有氧化作用，又有固定作用，还有疏松作用。

灰化辅助剂的使用，可促进有机物的分解和提高金属元素的回收率。硝酸有助于形成易溶解的灰分，硫酸常用来将金属转化成硫酸盐以防止或降低金属元素的灰化损失。目前农产品、食品分析中应用最多的灰化辅助剂是硝酸镁或硝酸钯，例如，鱼（检测 As、Pb）、牛奶（检测 Pb）、海味和果叶（检测 As、Cd、Cr）等样品的高温灰化时，用硝酸镁作灰化辅助剂，均可获得较好的灰化效果。高温干灰化，对于某些样品是有必要的，在分析农产品、罐头肉、咸肉、鸡蛋和香肠中的铬、镉、铅、铜和多种肉制品中的镍时，样品经 450℃ 干灰化后，加入硝酸，在 450℃ 温度下灰化，可完全破坏有机物，常用的灰化辅助剂是硝酸、硫酸、硝酸镁和氯化铵等。注意，灰化辅助剂不应带入被测元素与干扰物。

三、溶解灰化残渣酸的选择

应根据待测元素灰化产物的溶解性能选择，通常多用稀 HCl 或 HNO_3，或先用 (1+1) HCl 使各种元素转化为氯化物再用稀硝酸溶解，直接用浓 HNO_3 处理，容易使某些元素钝化而难以全部转入溶液。测 Ti 时需用 Na_2SO_4 和 H_2SO_4 来溶解灰分中的 Ti。

四、常压高温干灰化法操作要点

（一）样品的称量

称取一定量的样品置于坩埚内（通常用铂金坩埚）。

（二）干燥、炭化

对于含水分较高的样品，如农产品和食品等样品，为破坏样品中的有机物基体，样品一般先经干燥（100～105℃）、炭化（110～200℃）。对于高蛋白、高糖、高脂肪的样品基体必须先炭化。

（三）高温电阻炉、马弗炉高温干灰化法

在400～600℃的温度下加热数小时，以分解破坏样品中的有机物，通常在450～550℃进行干灰化，一般是行之有效的。在灰化过程中温度不宜太低，否则结果偏低。如鱼、酸苹果肉、牛奶、食品染料、海味、鸡蛋、罐头肉和面粉等，一般都在450～500℃灰化，灰化温度若高于500℃会引起镉的损失。对于含氯的农产品和食品中铅的预处理，由于可能形成挥发性氯化铅，需采取措施防止铅的损失。

（四）剩余残渣用酸溶解

剩余残渣用适当的酸溶解即可得到待测溶液，如果待测元素及其化合物在550℃以上才挥发，则样品可在马弗炉中用高温干灰化法消解。

五、常压高温干灰化法注意事项

（1）灰化前必须炭化完全，灼烧时间依据样品种类而定，3～6h不等，以样品的灰分呈白色或灰白色为准。

（2）灼烧温度不能过低或过高。过低时，残留碳，可吸附被测金属且难以酸溶，灰化时间长；过高时，某些待测组分（Pb、Cd等）挥发，且产生瓷效应，腐蚀坩埚壁。

（3）高温炉膛内各处温度不均衡，灼烧过程中要调换位置1～2次。

六、常压高温干灰化法特点

1. 常压高温干灰化法的优点

（1）该法操作简单，可同时处理大量样品，但对于低沸点的元素（如汞、砷、硒等）常有损失，其损失程度不仅取决于灰化温度和时间，还取决于元素在样品中的存在形式，溶解残留物的酸用量少，使有机物得到彻底破坏，该方法适用于待测物含量较高（10^{-6}级）的农产品样品。

（2）试样的基质很大程度上被减少，最后的溶液干净。

（3）过程简单、无试剂玷污、空白低。处理步骤少，劳动强度小。

2. 常压高温干灰化法缺点

（1）处理样品所需要的时间较长。

（2）高温干灰化法会有灰化损失。

①气化损失：本身易挥发的元素如 Hg、As、Se、Ge、Sb 等，不能直接采用干灰化法，容易与其周围的无机物反应而转变为易挥发性化合物，如 Zn、Pb 与氯化铵共热，生成易挥发的氯化物而损失。

②被容器滞留：待测元素被残留于容器壁上不能浸提是造成灰化损失的第二原因，相关统计表明，滞留量随灰化温度增高而增加。如 650℃ 灰化时，有 22% 的 Pb 被器皿滞留，而 550℃ 则只有 3%。因此，简单的干灰化法不适用于含挥发性待测元素样品的预处理，此时需加入氧化剂作为灰化助剂以加速有机质的灰化，并防止待测元素的挥发。由于在灰化过程中，炉体材料以及灰化助剂会对待测元素带来干扰，炉壁在高温下对待测元素存在吸附作用。

七、常压高温干灰化法应用实例

1. 采用高温干灰化法处理肉类样品[1-2]

样品预处理步骤如下：称取动物鲜样（猪肉、牛肉、羊肉和鱼肉）10g 于瓷坩埚中，小火炭化，再移入高温电炉中，500℃ 下灰化 12~16h，取出、冷却，加浓硝酸—高氯酸（3+1）几滴，小火蒸至近干，反复处理至残渣中无炭粒。以盐酸溶解残渣，移入 50mL 容量瓶中，加氯化镧溶液 2.5mL 和氯化锶溶液 2.0mL（消除磷酸的干扰），加水定容 50mL，同时做试剂空白。这种方法的优点是能灰化大量样品，方法简单，无试剂污染，空白值低，但操作时间长、操作烦琐、对低沸点的元素常有损失。此法可以处理鱼类、肉、蛋、奶、水果等，若分析 Hg、As、Cd、Pb、Sb、Se 等不宜采用此法灰化。用 AAS/GFAAS/ICP—OES 法同时还可测定铜、铁、锌、钙、镁的含量。

2. 食品中镉、铅、铜、锌、锡的提取（GB 5009.12~5009.16）

称取 1.00~5.00g（根据重金属含量而定）样品于瓷坩埚中，先小火在可调式电热板上炭化至无烟，移入马弗炉 500℃ 灰化 6~8h 时，冷却。若个别样品灰化不彻底，则加 1.0mL 混合酸（$HNO_3 : HClO_4 = 4 : 1$）在可调式电炉上小火加热，反复多次直到消解完全，放冷，用 HNO_3（0.5mol/L）将灰分溶解，用滴管将样品消解液洗入或滤入（视消解后样品的盐分而定）10~25mL 容量瓶中，用水少量多次洗涤瓷坩埚，洗液合并于容量瓶中并定容，混匀备用，同时作试剂空白，用 AAS/GFAAS/ICP—OES 法测定。

3. 食品中铬的样品预处理（GB 5009.15）

称取食物样品 0.5~1.0g 于瓷坩埚中，加入 1~2mL 优级纯 HNO_3，浸泡 1h 以上，将坩埚置于电热板上，小心蒸干，炭化至不冒烟为止，转移至高温炉中，550℃ 恒温 2h，取出、冷却后，加数滴浓 HNO_3 于坩埚内的样品灰中，再转入 550℃ 高温炉中，继续灰化 1~2h，到样品呈白色或灰白色灰状，从高温炉中取出放冷后，用 1% HNO_3 溶解样品灰，将溶液定量移入 5mL 或 10mL 容量瓶中，定容后充分混匀，即为待测试液。

4. 有机肥料中铜、锌、铁和锰的样品预处理（NY/T 305.1~305.4）

称取试样 1.000g，精确到 0.001g，置于瓷坩埚中，加盖露一狭缝，先在电炉上低温加热预灰化，待黑烟冒尽，移入高温炉 500℃ 内灰化 2~3h，灰分应呈灰白色或浅灰色。取出冷却，以几滴水润湿灰分，小心加入 3~4mL HNO_3（1:1）溶液，在 100~120℃ 电热板上蒸发至干。将瓷坩埚再置于电炉中，再在 500℃ 灰化 1h。冷却后用 10mL HCl（1:1）溶液溶解灰分，并无损失地转入 50mL 烧杯中，加热至近沸，趁热快速过滤入 50mL 容量瓶中。用热水洗涤残渣和烧杯数次，一并加入容量瓶内，冷却后用超纯水定容，摇匀后备用。

5. 水果、蔬菜及制品中锌、铁的样品预处理（GB 12285）

取试样，液体样品准确吸取 5~10mL；果蔬酱制品搅拌均匀，称取约 10~20g；新鲜水果和蔬菜，洗净，用四分法取可食部分，切碎，加一定量的水，捣成匀浆，称取 20~30g；冷冻、罐头食品，制成匀浆，称取 5~20g。将试样放入蒸发皿中，然后将蒸发皿放在沸水浴上或 105~120℃ 电热干燥箱中，蒸发干燥，注意调节温度，防止飞溅。将蒸干后的试样放在电炉上，低温炭化（温度控制在 200℃ 以下），至样品停止冒烟、全部变黑为止，然后移入马弗炉中，于 525±25℃ 灼烧 3h，残渣呈白色或灰白色即灰化完全。如仍有炭粒，冷却后往坩埚中加少许水润湿残渣，加浓 HNO_3 数滴，于电炉上蒸发至干，重新转入马弗炉中，直至完全灰化。将蒸发坩埚取出冷却，沿壁缓慢加入 2.0mL 0.1mol/L HCl 溶液，加热 10min 溶解灰分。将内容物转入 50mL 容量瓶中，用 30mL 0.1mol/L HCl 溶液分次洗涤坩埚，倒入同一个容量瓶中，用超纯水定容，摇匀，待测。

6. 水果、蔬菜及制品中钠、钾的样品预处理（GB 5009.12）

取试样，液体样品准确吸取 5~10mL；果蔬酱制品搅拌均匀，称取约 10~20g；新鲜水果和蔬菜，洗净，用四分法取可食部分，切碎，加一定量的水，捣成匀浆，称取 20~30g；冷冻、罐头食品，制成匀浆，称取 5~10g。将试样放入瓷坩埚中，将瓷坩埚置于沸水浴上或 105~120℃ 电热干燥箱中蒸发干燥，注意调节温度，防止飞溅，再把蒸干后的试样转移到电热板上，低温炭化（温度控制在 200℃ 以下），至样品停止冒烟、全部变黑即可。将炭化后的样品转入马弗炉中，逐渐升温至 525±25℃，灼烧 2~3h，直至残渣白色或灰白色即灰化完全。如仍有炭粒，应在冷却后加水少许湿润残渣，再加浓 HNO_3 数滴（或浓盐酸 1mL），放置电热板上蒸发至干，重新转入马弗炉中，直至灰化完全。将样品坩埚取出冷却，沿壁缓慢加入 1mL 浓 HCl，再加水 10mL，放干燥箱内，加热数分钟（105±2℃），使灰分充分溶解，然后转移到 100mL 容量瓶中，用去离子水定容，摇匀，待测。

7. 梯度高温灰化法

以样品中砷元素的样品预处理为例[3]。

（1）准确称取化妆品砷样品 1.00g 置于坩埚中，加 10mL 10% 硝酸镁及 1.0g 氧化镁，充分混台均匀。

（2）将坩埚放入高温炉中，顺序加温灰化，（80℃，15min）→（100℃，20min）→（130℃，40min）→（150℃，30min）。

（3）冷却后取出，如有灰化不完全的样品，可加 5mL 蒸馏水湿润后，然后再按以下速率顺序升温灰化，升温速率为 10℃/min，（80℃，15min）→（100℃，20min）→（130℃，40min）→（150℃，30min）→（200℃，10min）→（300℃，15min）→（450℃，20min）→（550℃，120min）。冷却后取出，加少许水润湿，用 20mL 盐酸分数次加入溶解灰分及洗涤坩埚，合并移入 50mL 容量瓶加水至刻度，备用，同时作试剂空白对照。此溶液每 10mL 相当于含盐酸（1+1）2.0mL。

八、熔融分解法

当基体主要成分为不溶性矿物质（如土壤、淤泥等）时，通常采用高温熔融法分解样品，即在坩埚中将试样与 5~20 倍的溶剂混合后置于马弗炉中加热熔融，加热温度通常介于 500~1200℃。熔融分解适用于无法用酸或酸分解不完全的样品，但过程比较复杂，样品溶液盐分比较高。熔融法也可以称作碱分解法，熔融法是在熔剂熔融的高温条件下分解样品，通过复分解反应使被测组分转化为能溶于水或酸的形式，再用水或酸浸取，使其定量进入溶液。由于反应物的浓度和温度都比溶解法高得多，所以分解能力大大提高，可以使那些难于溶解的样品分解完全。根据样品基体的不同，分解所用的熔剂可分为碱性熔剂、酸性熔剂、还原性熔剂、氧化性熔剂和半熔性熔剂，一般熔融法常用熔剂有 Na_2CO_3、Na_2O_2、NaOH、KOH、硼砂—硼酸、焦磷酸钾等。Na_2CO_3 常用于分解酸性氧化物、硅酸盐、磷酸盐和硫酸盐等。熔融后，样品中的金属元素转化为溶于酸的碳酸盐或氧化物，非金属元素转化为可溶性的钠盐。NaOH 为强碱性溶剂，在高温下具有氧化能力，能迅速分解有机物，用 NaOH 熔融时，常采用铁、镍或银坩埚。

（一）熔融分解法原理

1. 熔融

将样品与某些固体试剂混合，加热到这些试剂熔点以上的温度，固体试样与熔剂间发生多相化学反应，样品被分解为可溶于水或酸的化合物，使其易于在下一步浸取成分。主要用于无法用酸分解或酸分解不完全的试样，如复杂矿石、合金等。

2. 熔剂

熔剂（不应含有待测组分）及用量（熔融剂通常是样品量的 5~10 倍），所用坩埚，加热方式、温度及时间，浸取用的试剂及方式等见表 4-1 和表 4-2。

表 4-1　常用酸性熔剂

名称	化学式	熔点（℃）	主要使用对象
硫酸氢钠	$NaHSO_4$	178.3	碱性氧化物
硫酸氢钾	$KHSO_4$	207.1	碱性氧化物
焦硫酸钠	$Na_2S_2O_7$	400.9	碱性氧化物，氧化铝
焦硫酸钾	$K_2S_2O_7$	490	铌、钽氧化物
氯化铵	NH_4Cl	150	碱性氧化物
硝酸铵	NH_4NO_3	150	碱性氧化物
硼酸酐	B_2O_3	450	硅酸盐废渣
五氧化二钒	V_2O_5	690	有机物

表 4-2　常用碱性熔剂

名称	化学式	熔点（℃）	主要使用对象
碳酸锂	Li_2CO_3	720	硅酸盐
碳酸钠	Na_2CO_3	858	硅酸盐，重晶石矿，陶瓷
碳酸钾	K_2CO_3	899	硅酸盐
氢氧化钠	$NaOH$	328	硅酸盐，磷酸盐
氢氧化钾	KOH	360	硅酸盐，磷酸盐
过氧化钠	Na_2O_2	495	硫化物
偏硼酸锂	$LiBO_2$	840	难熔化合物，如硅酸镁铝
偏硼酸钠	$NaBO_2$	966	硅酸盐，难熔化合物

3. 熔融分解法的局限性

由于熔融分解法所用熔剂必须充分过量，易造成玷污。反应过程中生成各种盐，使后续处理复杂化，因盐分太高而不宜进行 ETAAS 及 ICP—MS 分析。

（二）熔融分解法应用实例

1. 硅铝酸镁样品的预处理

称 0.2g 左右样品于铂金坩埚中，加 1.0g 偏硼酸锂，混合均匀，在马弗炉中缓慢加热至 1100℃，保持 15min，冷却后取出，放入盛有 25mL 稀硝酸（1+19）的 200mL 烧杯中，加 75mL 稀硝酸（1+19）于铂金坩埚中使其溢出，放入磁子，慢慢搅拌使残渣溶解，加热溶液，定容至 200mL。采用 FAAS 或 ICP-OES 测定硅铝酸镁中的镁和铝含量。

2. 玻璃和陶瓷等材料的预处理

（1）碳酸锂、碳酸钾、碳酸钠和碳酸钠—碳酸钾（1:1）用作低温熔剂。玻璃和耐侵蚀的耐火材料，需用 $LiBO_2$、$Li_2CO_3+H_3BO_3$、$LiBO_2+H_3BO_3$、$Na_2B_4O_7+Na_2CO_3$ 或 BaB_4O_7 高温熔融处理。铂坩埚或铂—铑合金坩埚可用来完成这些熔剂的熔融操作。当使用鼓风炉加热，需加铂盖以防止外部污染和保持坩埚内的温度。偏硼酸锂的熔融操作在铂坩埚或石墨坩埚中进行。在石墨坩埚中的熔体不黏附在壁上，易于脱出，比铂坩埚更适合，通常无水熔剂与样品的重量比为 5:1~10:1，当熔融完成时，肉眼可观察到清澈的熔体。在熔融过程中，样品成分有可能损失。在氟化物存在下，硅和硼元素极易挥发。较长时间加热，铅和镉容易从体系中挥发出来，在高温下所用的碳酸盐熔剂可能分解成氧化物和 CO_2，CO_2 又可能分解产生 CO，CO 可以将样品中的铁还原成金属铁，而铁与铂形成合金，会造成铁的损失。约 25mg $NaNO_3$ 加到 0.5g 熔剂中将有助于防止铁的还原和铅及镉的损失。冷却后的熔体需溶在 1~3mol/L 热高氯酸、盐酸或硝酸中，有时需将熔体溶解在含有络合剂的溶液中，例如，酒石酸可以防止水合 SiO_2、Nb_2O_5 或 Ta_2O_5 的沉淀。在火焰发射光谱、原子发射光谱和原子吸收光谱分析中要尽量避免使用 $NaHSO_4$、$KHSO_4$ 和 $K_2S_2O_7$ 等硫酸盐熔剂，这是因为硫酸盐溶剂能降低某元素光谱信号的响应。

（2）在要求测定钾、钠的情况下，以碳酸盐或碳酸盐与硼砂的混合物作为熔剂，含钾、钠盐的熔剂就不能应用。

（3）熔融法处理玻璃和陶瓷样品的操作：准确称取 0.1g 样品（200 目），于 30mL 铂坩埚中加 5mL 水与之混合，并加入氢氟酸（29mol/L）5mL，置于热板上低温加热蒸发溶液至近干，加热残渣赶尽氟化氢烟雾。加入熔剂，使用铂搅棒将之与残渣充分混合，起初低温缓慢加热直至熔化，然后盖上坩埚盖置入电炉中熔融直到所有的样品分解完。冷却后的熔体在搅拌下溶入 25mL 1.2mol/L 热高氯酸、盐酸或硝酸中。有时需要加辅助酸或较浓的酸以提高溶解效果。冷却溶液至室温，定容后可由各种原子光谱法分析测定。

3. 平板玻璃、特种玻璃、玻璃纤维、光学玻璃、面板、高硅氧玻璃纤维织物、水玻璃珍珠岩、硅砂、砂岩、石英、硅灰石、长石、黏土、矾土、陶瓷坯料、铸石、炉渣等材料的预处理

上述材料的熔融消解均可采取氢氟酸和高氯酸分解除硅后，以稀盐酸溶解残渣的样品处理方法。粉末试样经110℃烘干1h，准确称取 0.1g，置于铂蒸发皿中，以水湿润并使试样均匀散开，加 10mL 氢氟酸与 0.5mL 高氯酸，在低温电炉上加热分解、蒸发近干，补加 10mL 氢氟酸，继续蒸发至大量冒高氯酸浓烟 1~2min，冷却，加 4mL 盐酸和 10mL 水，加热溶解残渣，再补加 20mL 水，继续加至溶液完全清澈透明，冷至室温后，移入 l00mL 容量瓶中。加入 5mL 氯化锶溶液，以水稀释至刻度、摇匀，即可由原子光谱法测定样品中的钾、钠、钙、镁、铁五种元素。

4. 陶瓷彩釉样品的预处理

准确称取样品粉末试样 0.05g 于铂蒸发皿中，以水湿润使样品分散开，加氢氟酸和 0.5mL 高氯酸，低温电炉加热分解，蒸发近干，补加 10mL 氢氟酸，加热蒸发至糊状，冷却，依次缓慢加入 3mL 高氯酸，2mL 5% EDTA 溶液和约 30mL 水，缓和加热 20~30min，残渣全部溶解后，冷至室温，移入 100mL 容量瓶中，加 5mL 20%氯化锶溶液，以水稀释至刻度。若试样待测元素含量较高，则可进一步稀释。在同一份试样溶液中，由原子光谱法可以直接测定钾、钠、钙、镁、铁、锌、钴、铜、镍、铬、锰、铅十二种元素。

5. 硼铁样品的预处理

硼元素可能以碳化硼或氮化硼等多种形态存在，较难分解。采用碱熔法（过氧化钠+氢氧化钠）熔融。称取样品 0.05g 于石墨坩埚中，加 0.5g 过氧化钠和 0.5g 氢氧化钠，在 600℃ 的温度下保温 25min。熔体用 50mL 10% 王水溶解，稀释至 100mL 后待测。

6. 碱金属或碱土金属玻璃的预处理

取 1.0g 试样，加 9mL HF—$HClO_4$（4：5），缓慢加热蒸发至近干。加 0.1mL 高氯酸和 4mL 水溶解残渣。加 5mL 5% 铜铁试剂，钠盐（10%醋酸钠）缓冲溶液，加入 1mL MIBK 中萃取，有机相直接进样石墨炉，可以测定钴、铬、铜、铁、锰、镍六种元素。而铅玻璃试样中这六种元素的测定，需改用 10mL HF—H_2SO_4（1：1）来分解。缓慢蒸发近干后，用 10mL 0.1% HCl 激烈振荡溶解残渣，取 5mL，加入上述缓冲溶液并采用相同的方法萃取，有机相进样 GFAAS 直接测定。

第三节　高压釜分解法

一、概述

高压釜分解法也叫消解弹分解法。高压釜分解法分解能力强，特别适用于测定易挥发元素的样品分解，但在操作过程中要注意安全。其基本原理就是在较高温度下密闭装置中的酸分解。

目前普遍采用的高压釜有多种形式，但主要有釜体、釜盖和保护钢罩等组成。釜体和釜盖构成试样分解的密闭容器，一般由聚四氟乙烯加工制成，聚四氟乙烯具有优良的化学稳定性，并可在600℃以下的温度长期使用。釜体的容积一般为30～50mm，壁厚7～10mm、高度60～70mm。在釜体和釜盖的外面套有保护钢罩。

二、高压釜分解法特点

（一）高压釜分解法优点

主要用于分解一般方法难以分解完全的难溶材料。该法试剂空白低，可防止挥发性元素的损失，并能快速消解，对于脂肪的分解比较完全。

（二）高压釜分解法缺点

不便处理成批样品、不适用于常规分析。

三、高压釜分解法常用酸

高压釜分解法常用的酸主要有盐酸、硫酸、硝酸与氢氟酸，在消解时，根据不同试样的特性，选用合适的酸来分解。高氯酸对聚四氟乙烯有较强侵蚀作用，不宜采用。

四、高压釜分解样品影响因素

（一）釜体与釜盖间密封态是否良好

无论是采用线密封还是面密封，机械加工精度必须高。这样才能保证在长时间的较高温度下釜体与釜盖间始终保持严密良好的密封状态。否则，分解往往不完全。

（二）在分解过程中保持合适的温度

温度过低，分解效率低，但温度太高，易造成酸蒸气的泄漏，使分解无效，同时又缩短了蒸气釜的使用寿命。通常保持在200～230℃较为适宜。通常情况下，样品越细越易分解完全。

五、分解玻璃和陶瓷试样的操作步骤

称取适量烘干试样置于釜体中，以少量水湿润并将试样摇散开，加入酸，其用量约为釜体容积的 2/3 左右，盖上釜盖，置入保护钢罩内，一定要保证釜体和釜盖间密封良好。将高压釜放进规定温度的烘箱中。分解过程中，不断转动高压釜，使其中内容物搅动。经预定分解时间后，取出高压釜，冷却，取出釜体，将其中溶液转入容量瓶中，供测定。

第四节　低温干灰化法

常规高温灰化有费时、待测元素易损失等缺点，低温灰化技术可以克服高温干灰化因挥发、滞留和吸附而损失痕量金属等问题，但需要专用的低温灰化炉，仪器设备较昂贵。

一、概述

低温干灰化法是利用高频电场激发氧气产生激发态原子的技术，使样品进行氧化分解。通常在 150℃ 以下就能使样品完全灰化，在测定含砷、汞、硒、氟等易挥发元素的生物样品时效果十分显著。

（一）样品中含有痕量、超痕量或挥发性待测元素

为避免实验室环境的污染、痕量元素的丢失和吸附，降低测定空白，可应用低温干灰化法，即利用低温灰化装置在温度低于 150℃、压力小于 133.322Pa 的条件下借助射频激发的低压氧气流对样品进行氧化分解，该法不会引起锑、砷、钴、铬、铁、铅、锰、钼、硒、钠和锌的损失，但金、银、汞、铂等有明显损失。

（二）样品中含有汞、砷和锑等挥发性元素

灰化装置需带有冷阱以防止这些元素在消解过程中损失。该法的缺点是灰化装置较贵，而且由于激发的氧气流只作用于样品表面，样品灰化需较长时间，特别是当样品中无机物含量较高时，样品完全灰化需要很长时间。这种低温灰化方法已应用于原子光谱测定动物组织中的铍、镉和碲。

（三）可避免污染、挥发损失

低温等离子体干灰化方法可避免污染、挥发损失。将称有样品的石英皿放入等离子体灰化器和氧化室中，用等离子体破坏样品的有机部分，使无机成分不挥发。低温灰化的速率与等离子体的流速、时间、功率和样品体积有关。目前，氧等离子体灰化器已经应用于糖和面粉等样品的预处理。

二、低温干灰化法的特点

（一）优点

有机物质是在100~200℃的低温下，仅在原子态氧接触的物质表面进行缓慢分解，试样整体并不加热，不致使组织结构发生变化，如熔解、焦化等，无机物质未发生热化学反应，保存其无机物质的化学组成与晶格的精细结构。因此该方法可适用于植物形态，分类和遗传等研究工作与供生物鉴定中灰化样品用在分析高分子材料、煤或植物体中的无机结晶时，该方法又是非破坏性除去干扰有机物质的好方法。因该方法的灰化温度低，可防止元素的挥发，其成分的灰化回收率较其他方法高，故低温干灰化法适用于含有易挥发元素或核素分析的样品灰化，因该方法在密闭系统中灰化，试样不会被污染，同时也没有像酸灰化那样由于加入试剂所引起的外来污染。

（二）缺点

该方法灰化速度慢，能灰化的试样量小，如日本 LTA—4SN 低温灰化装置，灰化 10~20g 玉米粉需 19~40h，KWF—80B 型装置，灰化 15g 玉米粉（分装 3 个皿）需 22h，一次灰化最大样品量为 400g 粮食样品，不能直接灰化含有水分的样品，必须将样品干燥或冰冻干燥，因水分可造成高频辐射能量的损失和等离子体不稳定而影响灰化效果。

低温干灰化法与湿灰化法和高温灰化法相比较，虽具有明显的优势，但也必须认识到它的不足之处。因为等离子体发生的条件依赖于复杂的参数，在多数情况下较难重现前人的结果。高频功率、灰化器的压力、氧气流量等条件是易控制的，但灰化室的大小、构造，样舟大小、位置，气体流动方向，试样形状等对灰化效果均有一定影响，灰分中待测成分的回收率，每个装置也不一样，对各自的灰化装置，必须先用状态与待测试样相近的标准物质或加入已知量的成分对回收率作条件试验，所以该方法的广泛应用尚受到一定限制。若在等离子体条件的重现性方面有较大改进，则该方法具有其他干灰化方法所没有的优点。

三、低温干灰化法应用

虽然低温干灰化法有其局限性，但由于具有上述特点，它的应用与开发研究仍被人们关注，特别是当其他干法或酸化灰化不适用时。国内有关应用于食品的预处理的报道较少，蔡士林等[4]报道了应用低温灰化炉灰化血清样品测定 Ni 含量的方法，王松君[7]报道了应用低温灰化技术处理蚂蚁粉，采用 ICP—AES 法测定其中 Al、Fe、Cd、Co、Cu、Cr、Mn、Ni、Pb、Zn 等多种微量元素含量，取得了满意的结果，其方法的回收率为 92.0%~100.7%，精密度为 0.20%~9.29%，实验数据证明，该方法完全可以满足同类样品的微量元素检测要求。王欣等[5]报道了香烟中钋 210 含量的测定，其他报道主要涉及应用煤中矿物质含量或赋存状态的分析[6-8]。

应用实例 1：硝酸—高氯酸可用于乳儿食品（测定 Pb）、油（测定 Cd、测定 Cr）、鱼（测定 Cu）和各种谷物食品（测定 Cd），方法的回收率为 90%，使用硝酸和高压釜分解法可灰化牛奶以测定镉和铅。有人曾用这种密闭体系测定了鱼中的汞，建议在 150℃ 消解 30min。最近又将这种消解方法用于粮食中铅、镉、砷、硒、铜和锌的测定。表 4-3 为饼干、面包、大米等用低温灰化、坩埚高温灰化与酸化灰化所得结果。由表 4-3 结果可看出，低温干灰化与酸化灰化的结果较接近，坩锅法的结果较低，特别是铅、锡、锌的回收率较差。

表 4-3　食品中不同灰化方法的重金属回收率的比较

元素	低温灰化法（%）	高温灰化法（%）	预处理样品
Cu	102	95	饼干
Cd	93	61	面包
Pb	106	66	大米
Sn	87	79	玉米
Mn	98	105	面粉

应用实例 2：土壤中镉的样品预处理[9]

（1）样品制备：将采集的土壤样品 5kg 混匀后用四分法分层采样，缩分至 500g，经风干后去除土壤中石子、木棍、动物残体等异物，用玛瑙研钵研磨并过 2mm 尼龙筛，取中间过筛土样 100g 备用实验。

（2）样品预处理：称取土壤样品 0.1g 置于聚四氟乙烯坩埚加入 5mL 盐酸，于电热板上加热蒸发至 2mL，放冷后，用硝酸—氢氟酸—高氯酸混合酸体系加热消解呈黏稠状，加入 1.0mL 硝酸溶液溶解残渣，并转至容量瓶中，加入 3mL 磷酸氢二铵溶液，冷却后定容，摇匀备测，同时作试剂空白。采用 GFAAS 测定。

四、密闭体系燃烧法

由于高温灰化常会引起非金属元素（如硫、氯、砷等）及一些易挥发金属元素（如汞）的损失。密闭体系燃烧法是将少量样品用滤纸包裹后，固定在瓶塞的夹子上，放入预先充满氧气的锥形瓶（氧瓶）中点燃样品，氧化样品迅速进行。而密闭的瓶内盛有适当的吸收剂，对燃烧产物吸收，然后进行测定。这种分解方法，常用于灰化农产品和生物样品有机物中汞、硫、砷、硒、硼等元素测定的预处理方法。密闭体系燃烧法是一种简单易行的低温灰化法，通常分为氧弹法和氧瓶燃烧法。

（一）氧弹法

氧弹法又称燃烧分解法，用于灰化含汞、硫、砷、氟、硒、硼等元素的生物样品。将样品装入样品杯，置于盛有吸收液的铂内衬氧弹中，旋紧氧弹盖，充入氧气，用电火花点燃样品，使样品灰化，待吸收液将灰化产物完全溶解后，即可用于测定。

（二）氧瓶燃烧法

氧瓶燃烧法是一种简单易行的低温灰化法。它是将少量样品用滤纸包裹后，固定在瓶塞的夹子上，放入预先充满氧气的锥形瓶（氧瓶）中燃烧，而密闭的瓶内盛有适当的吸收剂以吸收燃烧产物，然后进行测定。这是分解测定有机物中卤素、硫、磷和微量金属常用的方法。操作简便、快速，由于在密闭系统内进行，减少了损失和污染，如图4-1所示。

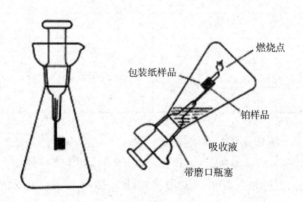

图4-1　氧瓶燃烧法示意图

（三）燃烧法特点

（1）样品置于充满常压或高压 O_2 的密闭容器中燃烧使样品分解。操作简便、用样量较少，快速，待测元素以氧化物或气态形式被吸收液吸收。

（2）使样品中有机物迅速分解。同时能消除消解时试剂带来的潜在污染，待测元素无挥发、喷溅损失，无外环境污染。

（3）样品量有限，氧瓶燃烧法不多于100mg，氧弹燃烧法样品量不多于1.0g。常用于食品、煤、煤渣、白土、橡胶、石油、焦炭等样品的分解。若增加样品则有一定的危险性，这就限制了该方法在食品分析中的进一步应用。

如将2.0g食用油置于小烧杯中，放入燃烧瓶，点燃镁丝。以20mL 0.5%

KMnO₄—H₂SO₄溶液作吸收剂，用冷原子吸收法测定 Hg 油中加入 HgCl₂、CH₃HgCl、C₆H₅HgCH₃，其回收率分别为99%、99%、100%。

五、酵母发酵分解法

Morris 等人将酵母发酵技术用于原子吸收测定糖中的金属元素。蔗糖中的有机物干扰铅的测定，若用酵母发酵法处理样品则可降低基体干扰。处理方法如下：于烧杯中称 5.0g 蔗糖样品，以 35mL 去离子水溶解样品，用 10%醋酸将 pH 调至 4.5~5.0，加入 0.2g 发面酵母，在 40℃过夜以完全发酵，使全部蔗糖样品都分解为二氧化碳和乙醇。离心除去酵母，以石墨炉原子光谱法测定清液中的铅。由于发酵过程费时间，因此这项破坏有机物的方法在原子光谱分析中的应用较少。

参 考 文 献

[1] 杨晖，王彩虹，刘木华，等. 样品物理方法前处理提高猪肉中 Pb 元素的 LIBS 分析精度研究[J]. 光谱学与光谱分析，2017，37(8)：2580-2584.

[2] 吴瑶庆，孟昭荣. 非完全消化—火焰原子光谱法对瘦猪肉中微量元素的测定[J]. 甘肃农业，2007(2)：79-80.

[3] 欧剑丞，周强忠. 高温梯度灰化法在测定化妆品砷含量中的应用[J]. 华南预防医学，2001，27(3)：26-27.

[4] 蔡士林，刘建荣，郑星泉. 塞曼石墨炉原子吸收法测定血清中镍[J]. 卫生研究，1995，24(4)：227-231.

[5] 王欣，陈兴安，潘颖东. 香烟中钋-210 含量及其对人体肺组织所致剂量的研究[J]. 中国辐射卫生，2000，9(3)：129-133.

[6] 刘新兵. 我国若干煤中矿物质的研究[J]. 中国矿业大学学报，1994，23(4)：109-114.

[7] 丁振华，FINKELMAN R B，BELKIN H E，等. 贵州燃煤型地方性砷中毒地区煤的矿物组成[J]. 煤田地质与勘探，2003.31(1)：14-16.

[8] 张慧，王晓刚，张科选，等. 煤中难选矿物质赋存状态与综合利用研究[J]. 煤炭学报，2000，25：26-29.

[9] 孟昭荣，吴瑶庆. 东港地区草莓生长土壤中微量元素的研究[J]. 甘肃农业，2007(1)：72-73.

第五章　微波消解技术及应用

第一节　概　述

随着分析仪器和分析技术的快速发展，传统的样品预处理方法已经不能适应当前的形势，用于化学预处理的时间往往是分析仪器检测的数倍。分析工作者一直探索一种简单、安全、环保、快速的样品预处理方法，微波消解技术正是在这种背景下产生的一种样品预处理技术。微波是指电磁波中位于远红外与无线电波之间的电磁辐射，具有较强的穿透能力。利用微波的穿透性和激活反应能力，加热密闭容器内的试剂和样品，可使制样容器内压力增加，反应温度提高，从而大大提高反应速率，缩短样品制备的时间，使样品消解过程快速可靠，并且可控制反应条件，易于实现自动化，使制样精度更高，可减少对环境的污染和改善实验人员的工作环境。采用微波消解系统制样，消解时间只需数十分钟。消解中因消解罐完全密闭，不会产生尾气泄漏，且不需有毒催化剂及升温剂。密闭消解避免了因尾气挥发而使样品损失的情况，称得上是样品预处理的一次绿色革命。微波消解系统制样可用于原子吸收、原子荧光、等离子光谱、等离子光谱与质谱联机、气相色谱，气质联用及其他仪器的样品制备。

一、微波消解样品原理

对于化学变化而言，样品和试剂中离子结构的改变特别重要，微波电磁场可导致分子中电子密度的重新排布及结构形态的改变，它使得离子或极性物质变得更具有活性（如 HNO_3 的氧化性），更有利于物质间的相互作用，加速物理化学反应过程。一般来说，微波消解就是利用微波加热的原理，加热密闭容器内的溶剂（常用强酸）和样品，随着容器内压力增加，利用微波辐射对溶液的快速加热作用（微波频率与分子旋转频率大致相当），反应温度提高，从而达到迅速消解破坏样品，使重金属元素全部形成离子态。

微波是在 $300 \sim 300000MHz$（远红外与无线电间）高频电磁波，微波能穿透样品物质，直接把能量辐射到含有介电特性的物质上，进而激活反应物的反应能力。工业、科研应用微波（1959 年国际无线电公约）常用的微波频率有 4 种：（915±

25）MHz、（2450±13）MHz、（5800±175）MHz、（22125±125）MHz，其中最常用的是 2450MHz；一般输出功率 600～800W，5min 内释放 180kJ 的能量，能穿透绝缘体介质。传统的加热技术是"由表及里"的"外加热"，如电热板、石墨消解仪等传统的加热技术都是"由表及里"的"外加热"，而微波加热是一种"内加热"，微波产生的交变磁场使样品与酸的混合物中的极性分子在微波产生的交变磁场作用下发生介质分子极化，极性分子随高频磁场交替排列，导致分子高速振荡（每秒 24.5 亿次），和分子间高速"摩擦"产生热量，使加热物内部分子间产生剧烈的振动和碰撞，致使加热物内部的温度迅速升高。吸收微波的分子（如水或酸）的永久电偶极会因微波电场的感应而转动或振动，分子间的相互摩擦把动能变成热能，提高反应液的温度。分子间的剧烈碰撞搅动并清除已溶解的试样表面，促进酸与试样更有效地接触，从而使样品迅速被分解，如图 5-1 所示。

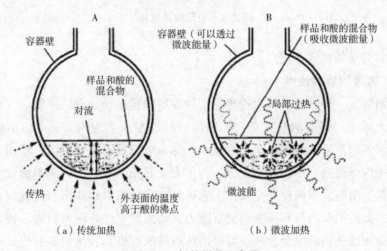

图 5-1　加热样品示意图

　　微波消解设备由微波炉和消解罐组成。实验室专用微波炉具有防腐蚀的排放装置和耐各种酸腐蚀的涂料，以保护炉腔。它有压力或温度控制系统，能实时监控消解操作中的压力或温度。消解罐采用低耗散微波的材料制成，即这种材料不吸收微波能却能允许微波通过，同时必须具有化学稳定性和热稳定性，TFM、聚四氟乙烯、PFA（全氟烷氧基乙烯）都是制作消解罐的理想材料，如图 5-2 所示。

二、微波消解样品的特点

　　微波消解是无机元素测定的一种较为有效和理想的常用样品预处理手段，克服了传统样品处理方法的缺点，具有简单、快速、节能、节省试剂、减轻环境污染、

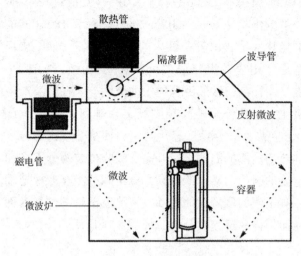

图 5-2　密闭微波结构

空白值低和劳动强度低等优点。

（一）微波消解的优点

微波消解是一种常用的较为理想的密封容器中样品预处理的手段。其最大优点是耗时大大减少、样品消解完全、几乎没有易挥发元素的损失、空白值降低。另外，样品消解时产生的酸雾存在于容器中，专业级炉腔可免受腐蚀。使用密闭容器消解，由于内部温度、压力急剧上升，为了安全起见，专业的微波消解仪都会配有安全泄压保护措施，以确保安全操作。它还具有高压密封罐法所有的优点。由于微波的作用，微波消解法具有很强的消解能力，消解速度比高压密封罐法快得多。一般只需几分钟就能消解完全，几乎可以消解所有的有机物，是消解有机试样最理想的手段。

1. 加热速度快

电炉或电热板加热时，是通过热辐射、对流与热传导传送能量，热是由外向内通过器壁传给试样，通过热传导的方式加热试样。微波加热是一种直接对液体加热的方式，即"内加热"，微波可以穿入试液的内部，在试样的不同深度，微波所到之处同时产生热效应，这不仅使加热更快速，无温度梯度、无滞后效应，而且更均匀。大大缩短了加热的时间，比传统的加热方式既快速又效率高（比电热板快 $10 \sim 100$ 倍）。如氧化物或硫化物在微波（2450MHz、800W）作用下，在 1min 内就能被加热到摄氏几百度；又如 1.5g MnO_2 在 650W 微波加热 1min，可升温到 920K，可见升温的速率之快。对某些难溶样品的分解尤为有效，例如，用目前最有效的消解法分解锆英石，用微波密闭消解在 2h 之内即可分解完成，而传统的加热方法，即使对不稳定的锆英石，在 200℃也需要加热 2 天，传统的加热方式中热能的利用率低，许多热量都发散至周围环境中，而微波加热直接作用到物质内部，因而提高了能量利用率。

2. 节约能源

微波加热还会出现过热现象（即比沸点温度高）。电炉加热时，热是由外向内通过器壁传导给试样，在器壁表面上很容易形成气泡，因此不容易出现过热现象，温度保持在沸点，因为气化要吸收大量的热。而在微波场中，其"供热"方式不同，能量在体系内部直接转化，由于体系内部缺少形成气"泡"的"核心"，因而，对一些低沸点的试剂，在密闭容器中，很容易出现过热。因此，密闭消解罐中的试剂能提供更高的温度，有利于试样的消解，比传统法节能 70%～80%。

3. 产生搅拌效果

由于试剂与试样的极性分子都在 2450MHz 电磁场中快速地变换取向，分子间互相碰撞摩擦，相当于试剂与试样的表面都在不断更新，试样表面不断接触新的试剂，促使试剂与试样的化学反应加速进行。交变的电磁场相当于高速搅拌器，每秒钟搅拌 $2.45×10^9$ 次，提高了化学反应的速率，使得消解速度加快。只能导致分子（粒子）运动，不引起分子结构变化，从而不会改变消解反应的方向。

4. 样品消解可靠、准确和彻底

在许多消解过程中可避免高氯酸的使用，如在微波消解期间，基于消解罐内压力的缘故，会产生较高的温度而得到较好的消解结果，以取代高氯酸的使用。密封容器中，温度达 350℃，压力达 20MPa，可减少易挥发元素的损失或不损失挥发元素，包括 Hg，Se，As 等。

5. 绿色技术

封闭容器微波消解所用试剂量少，空白值显著降低，且避免了痕量元素的损失及样品的污染，尤其适合易挥发元素（As、Hg）的测定，提高了分析的准确性。密闭消解可减少对环境以及实验人员的伤害。

6. 适用于一些特殊样品

例如含蛋白质的物质，消解时不会产生炭化、变焦、结块等现象。

7. 应用范围广

微波消解最彻底的变革之一是易实现分析自动化，因此，被广泛应用于食品、环境、生物、地质、冶金、石油化工、化妆品等领域。

(二) 微波消解的缺点

1. 产生氮氧化合物基体干扰

微波消解的样品中，有大量的氮氧化合物，存在一定的基体干扰，比较适合于 ICP—MS 的检测（检出限较易达到）。若使用微波消解后的溶液采用 AFS 测砷，则需要赶酸，否则检测结果偏低。另外，在测定含有有机溶剂样品时，要倍加关注。如醇与硝酸进行微波消解时会产生爆炸。

2. 硫酸和高氯酸使用限制

在微波消解中很少使用硫酸和高氯酸，因为硫酸 H_2SO_4（98.3%）是高沸点酸，可破坏几乎所有的有机化合物，但严重干扰 AAS 的测定，特别是石墨炉 AAS 分析；对可能存在的 Cd、Pb 等元素，能形成难溶的硫酸盐；沸点高，蒸气压低，由于过热，加上易损 PTFE 消解罐，即使采用石英消解罐，硫酸也易使其表面变得粗糙，缩短其使用寿命。高氯酸 $HClO_4$（60%）是极强的氧化剂，能完全分解有机物，但危险性很大，尤其是在高温冒烟时。所以必须与其他酸混合使用，并控制好比例（1∶5），且含碳量高的样品尽量避免使用高氯酸。

三、各种材料与微波作用及设备

(一) 微波适用的介质及材料（图5-3）

1. 金属材料

微波不能进入导体，只能在表面反射。

2. 绝缘材料

如用石英、陶瓷、玻璃、聚乙烯、聚四氟乙烯等一般作为容器材料，微波穿透它们只吸收少量微波。

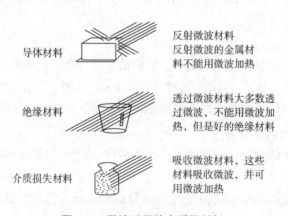

图5-3　微波适用的介质及材料

3. 极性物质

如水、盐、酸、乙醇、聚氯乙烯、纤维、蛋白质、血清、动植物胶等极性物质，可强烈吸收微波，快速加热。

（二）消解容器

1. 要求

消解容器应是微波辐射的"绝缘体"，不吸收，能通过；能承受高温高压，耐腐蚀，安全。

2. 材料

聚碳酸酯（早期使用）：熔点 135℃。

石英：耗散因子最低，抗硝酸、熔点和机械强度很高，不抗氢氟酸和浓碱。

聚四氟乙烯 PTFE：耗散因子为 1.5，熔点 306℃，最高使用温度 260℃。

含氟聚合物专利产品 TFM，强度大于 PFA 和 PTFE，熔化温度 350℃，分解温度 380℃，使用温度 260~350℃，损耗因子极小。

（三）微波炉

1. 家用微波炉改装

早期使用，属开环线性控制运行模式，微波辐射只能按设定的功率、时间进行，无实时温度和压力的监测和显示，更无功率控制反馈过程，一般通过反应结果对方法进行评价。酸雾的泄漏和排放、内腔的防腐、样品反射功率和场强不均匀等是存在的主要问题。

2. 专业微波制样设备

（1）按微波功率发射方式：脉冲微波、自动功率变频控制、非脉冲微波。

（2）按工作原理：开环线性控制运行模式、高频闭环反馈运行模式。

（3）按消解方式：密闭式样品处理系统、开放式样品处理系统、连续流动样品处理系统。

（4）按密闭消解容器消解压力：低压型（1.5~3.0MPa）、中压型（4.0~6.0MPa）和高压型（7.0~10.0MPa）。

四、影响微波消解的因素

（一）微波消解原理

微波消解基本关系式：

$$Wa = mC\Delta T/t$$

式中：Wa——样品吸收的表观能量，W；

　　　　C——热容，$J/(g \cdot K)$；

$\triangle T$——$T_f - T_i$，终始温度差，K；

m——样品质量，g；

t——时间，s。

例如，280g HNO_3 从 21.4℃ 升至 71℃，已知 $C=0.579$，$Wa=465\pm24W$，计算值为 $72\pm4s$，实际操作时间 70s，忽略水热容、介电常数随温度变化；未考虑热损失，仅适于单一酸，故为近似值。

（二）酸消解的温度与压力

1. 温度、压力曲线

图 5-4 所示为消解时间与温度、压力曲线。345mg 锌精矿在 8mL 王水（V_{HNO_3}：$V_{HCl}=3:5$）中的温度和压力曲线（18 个样品）。

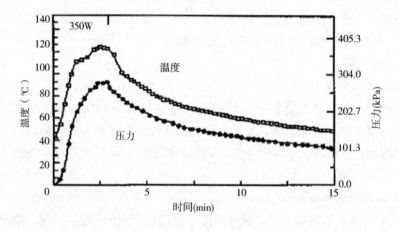

图 5-4 温度压力曲线

因密封容器容积、样品种类和取样量、溶剂种类和用量、施加的微波功率大小不等，温度压力曲线有差异。但对多数消解体系，其基本趋势有相似之处。微波加热升温速度很快，且许多样品的消解过程都是放热反应，并产生大量的降解气体。故消解开始后，密封容器内温度和压力上升很快；当消解反应大部分完成时，温度和压力都达到顶点。其后，消解反应逐渐趋缓，通过容器壁的热传导等因素，容器内的温度慢慢下降，其中的压力也缓缓降低。

（1）无机物反应的温度压力条件。通常情况下，无机样品用混合酸，高温下消解，极少产生气态产物，其消解反应可以预估。有些样品（α 型氧化铝）需极高温度下才能分解。所需温度可能超过器皿使用温度上限（280℃）。此时，消解压力不会提升太多，可考虑改用石英容器开放消解。密闭容器消解高氧化物质，如岩石、矿物、陶瓷或某些合金，酸分解产生的压力比消解有机物时要低。多数无机样品可在 185℃，828kPa 以下消解。无须采用程序升温升压模式。

（2）有机物反应的温度压力条件。硝酸消解有机样品成分的临界温度如下：淀粉等碳水化合物，140℃；蛋白质类，145~150℃；糖类，150℃；类脂、脂肪类，160~165℃；重油类、石油、沥青等，180~185℃。在 175℃ 以上，没有断裂的有机键是苯环中的 π 键及芳香氨基酸。硝酸分解有机质有时不完全，这时可用高氯酸，但使用高氯酸很危险，应尽量避免。动、植物基体分解，CO_2 和 NO_2 等气体副产物会产生很高压力。NO_2 受容器中总压力的影响，溶解度会发生突然变化，NO_2 气体缓慢逸出，没有起泡现象，释放出 NO_2 特征的烟雾，然后溶液又转变为更加熟悉的黄棕色，从绿色到黄棕色的颜色变化是硝酸消解产物引起的。

2. 温度压力反应临界点

设计得当的消解法是尽量在最低温度下达到迅速分解基体中主要组分的目的。

（1）了解样品基体中各组分对于确定分解的最有效温度是必要的。

（2）了解消解特性和样品组分同各具体试剂间的相互作用，可使分析工作者更容易控制样品消解过程。对于不同的有机或无机样品，酸消解时化学反应在各点温度的剧烈程度和物理当量的变化不同。

五、微波消解方法

（一）微波消解主要方法

1. 常压微波消解法

敞口（常压）微波消解，一般用于易消解样品，不需要很高温度。主要优点是样品容量大、安全性能好、消解容器便宜。缺点是分解能力差，因常压下消解温度不超过溶剂的沸点，对十分难溶的样品无能为力；此外，试剂用量大、空白值高、腐蚀性酸蒸气扩散等也是突出的缺点，因此较少用于样品消解。

2. 密闭增压微波消解法

密闭增压微波消解的消解力强，特别适用于难溶样品和生物试样。溶剂用量少，无蒸发损失，空白值降低，显著降低了分析成本费用。可控制对待测元素的污染，提高测量精度，降低检出限，提高分析质量。避免易挥发元素 Hg、As、Se 等的挥发损失。工作环境洁净，大大减少有毒的腐蚀性气体排出，同时减少化学废水的产生，用电量减少，节约能源。

3. 聚焦微波消解法

将微波直接瞄准样品进行高效辐射，在常压下对样品进行消解，安全方面没有后顾之忧。一次消解多达 10g 有机质样品。专业聚焦微波消解在设计上通过回流系统来解决消解过程中元素的挥发损失。还可以选用高沸点的酸来提高消解能力。聚焦微波消解系统完全自动化的操作，免去了反应前试剂添加和反应后的蒸发、浓缩、定容步骤，从整体上提高了反应效率。

（二）微波消解方法的程序与技巧

1. 了解样品背景信息

了解样品，决定样品预处理，是否需剪碎、粉碎、过筛，是否需干燥、脱溶剂，样品均匀性、粒度、取样量。

2. 选择消解试剂

消解试剂应保证样品消解完全，同时要考虑消解液能适合随后分析方法的测定，不能造成麻烦。

3. 选择消解容器

消解容器要注意允许的内压和最高温度，有无可能造成样品残留或给分析溶液带来污染。

4. 确定微波消解条件

确定是否需要预反应，一步消解还是多步消解，敞口消解还是密闭消解，确定消解功率和时间。

5. 拟定微波消解方案

先进行消解实验，在此基础上改进和完善微波消解方法，以建立最终的微波消解程序。通常情况，微波加热宜用小功率分多步进行消解。对难消解试样，消解时间较长。为避免消解罐过热，大功率微波加热一般不超过 20min。如需更长消解时间，待稍冷后再继续加热分解。样品消解好后，罐内温度及压力很高，应吹风冷却或取出消解罐流水冷却，与环境温度基本平衡后（一般不超过 60℃）才能开启盖子。如测定汞，应完全冷却后才能打开消解罐。微波消解应在通风柜中进行，以便超压泄漏的腐蚀性废气能及时排出。

第二节　高压微波消解法

密闭（高压）微波消解法，兼有微波加热和高压消解样品技术的优点。升温增压，可提高消解样品的能力。压力增大，溶剂的沸点增高。表 5-1 所示为溶剂沸点随压力增大而升高。

表5-1 溶剂沸点随压力增大而升高

溶剂	常压沸点（℃）	密封后压力（MPa）	相应的沸点（℃）
HCl（37%）	118	0.7	150
		0.8	153
HNO₃（70%）	120	0.7	193
		0.8	200
HF（40%）	108	0.7	175
王水	113	0.7	146

一、密闭（高压）微波消解特点

一是被加热物质里外一起加热，瞬间可达高温，热能损耗少，利用率高。二是微波穿透深度强，加热均匀，对某些难溶样品的分解尤为有效。三是传统加热都需要相当长的预热时间才能达到加热必需的温度，微波加热在微波管启动 $10\sim15s$ 便可奏效，消解样品的时间大为缩短。表5-2为传统加热 t_1 和微波消解 t_2 时间比较。四是所用试剂量少，空白值显著降低，且避免了痕量元素的挥发损失及样品的污染，提高了分析的准确性。五是操作人员避免接触酸雾和有害的气体（如氢氟酸等），易于实现自动化控制。

表5-2 传统加热 t_1 和微波消解 t_2 时间比较

样品	时间 t_1（h）	微波消解条件	时间 t_2（min）
生物样品	8	HNO₃—HCl，HNO₃—HF	10~30
地质样品	6	HNO₃，HCl	20
氧化铝	24	H₂SO₄，H₃PO₄	40
钢铁	1	HCl，HF，HNO₃	5
土壤	8	HNO₃，HF	20
高纯化合物	8~24	HNO₃，HF	12
废水	6	HNO₃	10

二、密闭（高压）微波消解过程

（一）常用试剂及选择

1. 常用试剂

硝酸（HNO_3）、盐酸（HCl）、过氧化氢（H_2O_2）。

2. 试剂选择

试剂（酸）与消解罐之间会存在相互作用，应根据样品消解的不同要求选择合适的溶剂（酸）。

（1）硝酸 HNO_3（67%）：在密闭状态下可加热至180℃~200℃，有很强的氧化能力，主要用于消解脂肪、蛋白质、碳水化合物、植物材料、废水等，也用于氧化金属。

（2）盐酸 HCl（30%）：一般与硝酸按3:1配成王水或逆土水（1:3）。用硝酸分解有机试样时，加入5%~10% HCl，使 Fe、Sb、Sn、Ag、Zn 等形成无色的配合物，能提高分解效果，同时可增加 Ag、Sb 等的稳定性。

（3）氢氟酸 HF（49%）：一般与其他酸一起用于分解含硅及硅酸盐的样品。

（4）过氧化氢 H_2O_2（30%）：往往与其他酸一起使用，可以增快消解样品速度，但要特别注意加入的方法和用量。

3. 试剂用量

5~10mL 为宜，厂家不建议过少，但是过多会带来一系列问题，如消解后酸度过高；赶酸，耗时；空白高等。

（二）样品量及样品类型

同批次相同或类似样品，样品量不能太大，有机样品不超过0.5g，无机样品不超过10g。注意，胶囊类等升温后反应剧烈的样品，推荐预消解或者浸泡过夜。

（三）消解程序

1. 分步骤

要使样品中各种不同基体的组分分步骤消解，使反应更平稳、安全。

2. 温度控制

（1）压力控制方法不足：即使同种样品，因为称样量的差异，会产生不同的压力，因而产生的消解效果存在差异。

（2）压力控制对于反应剧烈的样品无法保证安全，因为压力仅仅是样品反应后的结果，而非反应的根本原因，而温度是控制反应的最好选择。

（3）冷却：冷却到安全温度（低于50℃）后再进行下一步操作。

（四）原子光谱分析注意事项

进行原子光谱分析时，尤其是采用 ICP—MS 和 ETAAS 的分析时，应尽量赶去残留的酸，以解决空白过高等问题。

三、微波消解仪使用注意事项

（一）放置场所的要求

放置在牢固平稳的台子上，使用时不要靠近磁性材料，最好在通风橱中进行，密码不要随意改动，处理样品时操作人员最好离开现场。

（二）清洁的要求

陶瓷管外壁和内壁要擦干净，不能有污渍，否则易爆。聚四氟乙烯消解管每次使用前，要用酸液浸泡，然后水洗，再用去离子水冲洗，淋干。陶瓷外管和消解管使用时都不能有水，否则容易爆炸或机器故障。

（三）称样量和无机酸使用的要求

应制定预处理方法：称样量和溶剂，用酸量控制在 6～18mL。样品量，干样 0.2～0.3g（如奶粉、土壤等）、鲜样不超过 0.5g（如水果、植物茎叶等）、液体 5mL（如水样）、植物油 0.1g。样品用纸槽或其他工具送入消解管底部，切记管壁不能有残余。每次样品量和用酸量要一致，即只能消解同一种样品、同一质量样品、用同一种酸。用硫酸时，温度不能超过 270℃，硝酸温度不能超过 175℃。尽量不要用硫酸，推荐使用硝酸。

（四）处理样品类型的要求

不要处理易燃易爆物质、强氧化剂，绝对不能消解汽油、甘油、乙醇、炸药等易燃易爆化学物质。控制样品处理的速度，最好进行预消解，应避开加热源。

（五）消解管放置的要求

每次消解管要放置均匀。样品少时尽量占用第二圈支架。整个仪器的控温消解管顶盖上有一个探头和套管（小心拿放），普通消解管顶盖有一个红色垫圈。

（六）微波消解仪使用后的要求

每次用完仪器后，要排尽微波炉腔体内的残余酸气。使用完后小心拔下探头，清洁后用塑料带密封（探头是核心部件），注意探头和接口处不能有污渍，否则容易短路。样品的编号，统一用油性记号笔在消解管底部编号。

（七）微波消解仪的操作要点

酸化阶段：10min，500W，升温 5min，功率根据样品量进行调节。

保温阶段：时间自设，功率根据样品量进行调节。

降温阶段：机器自行降温和排酸气。该过程完成方可打开微波炉。要有足够的冷却时间，打开样品罐时应用防护措施，经常检查密封部位，每次使用完毕应清洗干净，并烘干内外罐以备下次使用。一般不能升温时最普遍的问题是消解管密封不良、设定功率太小。

第三节　微波消解技术在原子光谱分析中的应用

凡是有原子吸收（FAAS/GFAAS/HV—AAS）、原子荧光（AFS/HV—AFS）、等离子体发射光谱（ICP—OES/ICP—MS）等光谱法测定重金属元素仪器的地方，都能使用微波消解，即只要有样品预处理的地方都适合使用。微波消解技术适用于各种有机和无机类样品的消解，包括食品、化妆品、粮油蔬菜、环境、生物、水产品、石化、塑料、中草药、合金、材料、地矿冶金、玩具等。

在微波的辐射下，能量透过容器（PTFE 或 TFM 材料）使消解介质（液相，通常为无机酸的混合物）迅速加热，而且还能被样品分子所吸收，增加了其动能，产生内部加热，这种作用使固体物质的表层经过膨胀、扰动而破裂，从而使暴露的新表层再被酸侵蚀，这种效应产生的消解效率高，且避免使用碱熔样品的方法。

一、微波消解在食品和农产品领域的应用

食品和农产品中含有某些有害重金属元素，如 Pb、As、Hg、Cd 等，传统干法或酸化消解很易损失，而 Al 及营养元素 Ca、Zn、Fe 等在环境、试剂、器皿中含量很高，易造成污染。微波消解很受食品工作者，特别是卫生检验人员的青睐。

（一）食品及农产品样品种类

1. 食品分析

包括各类食品中的水分、灰分、糖、淀粉、脂、蛋白质、维生素、矿物质（Na、K、Ca、Mg、Zn、Fe、P 等）、毒素、食品添加剂、污染物（Cu、Zn、Pb、Hg、Sn、Cd、V、As、Sb、Cr、Se、F、Ba、硼酸、有机氯、甲醛、甲基汞等）等的分析。

2. 农产品分析

包括动物，如鱼、虾、贻贝、牡蛎、肝、肾、鸡、鸡蛋、牛奶、奶粉、肉类等，植物，如茶叶、树叶、花粉、棉花、中药材、蔬菜、小麦、玉米、面粉、大米、芝麻、黄豆、果汁、饲料、酒、酱油、卷心菜、淡菜粉等。

（二）食品和农产品样品消解液的种类

1. HNO_3

用 HNO_3 作消解液，优点是金属的硝酸盐均溶于水，且硝酸是强氧化剂，使有

机物易消解，沸点较低（120℃），未超出消解罐的安全使用范围。

2. 氢氟酸（HF）

氢氟酸（HF）对土壤和沉积物的消解效果好，但对生物样品影响不大，且用 ICP—OES 检测时必须除尽。

3. HNO_3—$HClO_4$ 混合酸

HNO_3—$HClO_4$ 混合酸消解液对有机物消解彻底，但在密闭加压下不够安全。

4. 过氧化氢（H_2O_2）

过氧化氢（H_2O_2）溶液是一种弱酸性氧化剂，在较低温度可分解成高能态活性氧，降解某些有机物，如腐殖酸等。与浓 HNO_3 共用可提高混合液的氧化能力，完全破坏有机物，分解产物简单，对反应基质影响小。

5. HNO_3—H_2O_2

HNO_3—H_2O_2 消解液在低温下发生均裂反应，诱发系列自由基连锁反应，产生高能态氧。硝酸分子发生均裂后产生大量 NO_2^+，既可传递电子，又具催化作用，在密封罐内进行可增加反应物分子的化学反应，使有机质彻底破坏，且消解液可长期保持，用来测定多种元素。一般而言，其他体系消解有机物，效果不如 HNO_3—H_2O_2。

（三）食品和农产品样品预处理

食品和农产品样品中大部分为有机成分，一般不含难消解的物质，不加入氢氟酸（HF）和 $HClO_4$。研究表明，当食物中油脂含量较大时，应采用更大的消解压力、增加消解时间或加入 H_2O_2 等试剂以保证样品完全消解。《GB 5009.17 食品中总汞及有机汞的测定》预处理方法中便规定了微波消解法的有关操作：称取 0.1~0.5g 试样于消解罐中，加入 1~5mL 硝酸，1~2mL 过氧化氢，盖好安全阀后，将消解罐放入微波炉消解系统中，根据不同种类的试样设置消解的最佳条件，至完全消解，冷却后用硝酸溶液（1+9）定量转移并定容至 25mL（低含量试样可定容至10mL），混匀，待测。

（四）微波消解食品和农产品样品常遇到的问题

微波消解食品及农产品样品，反应过压过热非常重要，需特别注意的是生物样品降解时产生降解产物，增加体系压力常发生放热反应，从而升高体系温度。

1. 微波消解含糖量少的蔬菜样品（芹菜、冬瓜、黄瓜等）

反应较缓较弱，压力、温度上升较慢。在设置消解程序时，可用较高的功率和较高的压力。

2. 微波消解含糖量高的样品（香蕉、梨、柑橘和苹果等）

最好先用小功率多步加热，以延缓其反应速度。

3. 采用微波消解建议

微波消解样品时，最好分类消解，反应性质相同的样品同批消解，反应性质不同的样品分批消解。

（五）食品和农产品样品消解体系压力瞬间升高现象

生物样消解过程中能量释放常常是瞬间的，压力可在几秒内升高 1.03 ~ 344.74MPa。温度可回落，而压力的升高有时难复原，因为消解罐内压力的升高是由水蒸气压、消解液酸蒸气压和反应气体产物的混合造成的，水蒸气压和酸蒸气压可恢复，而有机物反应产生的气体产物 CO_2、NO_x 等残留在罐内无法排除。因此，密闭容器消解有机物比消解矿物、陶瓷、土壤、沉积物和合金等无机物产生的压力大，且压力和温度变化规律不同。消解过程中观察到有一个触发反应迅速进行的压力突变点。通常消解压力的突变稍迟于温度的突变，由于热消解产生了大量气体，导致压力升高。这是有机物微波消解的特征。无机物则不同，由于反应中没有大量气体释放，温度和压力的升降基本上是同步的。

二、微波消解在环境领域的应用

环境样品包括大气颗粒物、水、废气、废渣、淤泥、沉积物、污水悬浮物、土壤、垃圾、煤和飞灰等。许多环境样品都是经过复杂作用沉降后的产物，基体成分复杂，既有沉淀下来的重金属，又有有机农药残留物等污染物。近年来，随着环境与人类健康的关系日益密切，对环境进行分析、监测的需求日益增加。具体表现为：

（1）分析物的种类明显增加。

（2）对分析方法的要求不断提高，快速、准确、灵敏的分析方法越来越受到人们的推崇。孟昭荣[1,2]等将污泥分别用高压微波消解和常压消解处理后，利用 FAAS 测定其中 Cu、Pb、Zn 和 Cd 的含量，前者的 RSD 在 0.9% ~ 3.2%，而后者的可达 5.5%。水质 COD 检测中，采用微波消解处理水质样品具有消解时间短、一次处理样品多、使用试剂量少等优点，且准确度和精密度很高。

（一）常用溶剂

HNO_3—HF，HNO_3—HCl—HF—$HClO_4$，HNO_3—HCl—HF，HNO_3—HF—$HClO_4$；

（二）测定对象

1. 金属元素

Al、As、Ba、Be、Ca、Cd、Co、Cr、Cu、Fe、Hg、K、Li、Mg、Mn、Na、Ni、Pb、Sb、Se、Si、Sn、Sr、Ti、Tl、V、Zn、Zr 和稀土元素。

2. 非金属元素

S、N、P。

三、微波消解在生物医药领域的应用

随着人们对微量元素在生物体内作用的认识不断加深，生物样品中各微量元素的含量越来越受到人们的重视。其中，中药中重金属问题倍受关注。目前，各国对进口中药的质量控制愈加严格，一般要求重金属含量在 10^{-6} 数量级甚至更低，往往需要借助先进的仪器分析手段，才能够准确检测。常用测定微量元素的方法有 AAS、ICP 等，但在测定中会受到样品中未消解完全的有机质的影响。传统消解手段往往达不到相应的温度，而无法使样品消解完全。密闭微波消解中，容器内压力升高，使酸的沸点相应升高。此外，重金属元素如 Cd、Hg、As、Sb、Bi 等均为易挥发元素，利用常压敞口消解很容易在消解过程中造成损失，采用微波消解则可以很好地解决这一问题，这使得微波消解在生物样品检测中得到了广泛的应用。还有备受关注的毒胶囊事件使得空心胶囊的检测得到重视，大量的检测实验靠传统的酸化消解无法满足要求，而微波消解法大幅提高了工作效率，因此微波消解法被列入空心胶囊检测指导规范。

四、微波消解在石油化工领域的应用

应用原子光谱（AAS，ICP）分析石油样品的测量技术已进入相当成熟的阶段，从原油到燃料油和润滑油两大类产品线，无论生产、科研和售后服务，处处需应用原子光谱的分析技术来检测各类样品中的各种相关元素。如炼厂原油中铁、镍、钒等重金属含量直接影响到催化、重整工艺的调整；润滑油中添加剂含量的加剂量直接反映在钙、镁、锌、磷等一些元素的浓度指标上；而内燃机油经过使用后某些元素的含量变化曲线可预测发动机运转状态和油品使用周期；催化剂是否中毒失效，直接的指标是中毒元素的浓度是否超标。原子光谱的测定大体可分为有机法和无机法，即将样品制备成水溶液或有机溶液，对上述各种样品采取不同制样方式进行样品预处理，如原油和润滑油新油，较多的是用干灰化法；催化剂现行标准是采用酸化酸解，运行油使用的是有机溶剂稀释法。无机法消解样品存在的问题是：消解时间长，元素损失或污染的机会多且不利于环保；有机法消解使消解样品时间大为缩短，但存在的最大问题是仅限于测定可溶性元素。微波消解法消解样品属于无机法制样的酸化消解范畴，该技术的应用，基本解决了传统制样方法中突出的两个问题：无机法制样的时间长，有机法制样不完全，同时由于使用试剂量的大幅减少，对操作人员和环境的危害得到很大程度的限制。

五、微波消解在地质、冶金领域的应用

（一）微波消解在地质领域的应用

（1）多数样品不会像生物样品那样产生热量和放出大量气体（碳酸盐除外）。

（2）多数情况下，需使用氢氟酸分解其中的硅酸盐和一些特殊矿物。

（3）试样组成差异较大，分解方法有较大差别。

①锆石、金红石、铬铁矿、钛铁矿、铝土矿和石英等，耐酸性强，很难溶解，往往与 Na_2O_2、$Li_2B_4O_7$ 或碱金属碳酸盐一起高温熔融。

②尖晶石、金红石、电气石、锂辉石、黄玉、十字石，通常采用 HF 或 HF—H_2SO_4 在钢弹中高压消解，分解时间相当长。

（二）微波消解在冶金领域的应用

钢中铝的溶解，传统方法用 $NaHSO_4$ 熔融，引入大量易电离元素，不适合随后的光谱测定。

1. HNO_3—HCl—HF 高压弹消解

用该法消解可避免挥发损失并得到无盐基体，但 80℃ 加热 1h。微波加热只需 80s。特别适合低温焊料、非铁基耐热合金、硅酸盐材料等。用砂浴或电热板溶解超耐热合金往往需 2~3 天，微波消解仅 5min。必须将金属及合金处理成碎屑或粉末，不能成长条状，若长条状金属伸出溶液外，微波加热时产生"天线效应"，发生火花而损害消解罐。用还原性酸溶解金属时，可能产生氢气，易被微波诱导产生的火花点燃。

2. 未知冶金样品的消解

溶解未知冶金样品时，应先使样品与酸完全反应，然后再把样品容器放入微波炉中。如可能，应开口容器微波预消解，或先让样品与酸反应约 2min，在微波炉内开口消解约 1min，二次加酸后放回微波炉内消解。

3. 微波消解冶金样品的其他问题

微波处理时，有些材料酸溶性有改变。微波高功率加热铁氧体，表面生成耐热镀层，缓慢加热样品反而溶解速度快。有些元素即使样品没有完全分解，也能全部进入溶液，如硫化物中的镍和铜元素。

第四节　微波消解法应用实例

一、食品中金属元素微波消解预处理应用实例

（一）食品中锗的测定（GB/T 5009.151）

称取均匀试样 0.5~1.0g，置于微波消解罐内，加 2~3mL 浓 HNO_3，1mL H_2O_2。旋紧罐盖并调好减压阀后消解。微波消解程序：160W，10min；320W，10min；480W，10min。消解完毕放冷后，拧松减压阀排气，再将消解罐拧开。将溶液移入

25mL 容量瓶中，加 2mL 钯盐溶液，加水稀释至刻度，混匀。同时做试剂空白。以 GFAAS 测定。

（二）食品中总汞及有机汞的测定样品预处理（GB 5009.17）

称取 0.10~0.50g 试样于微波消解罐内，加 1~5mL 浓 HNO_3，1~2mL H_2O_2，盖好安全阀后，将消解罐放入微波炉消解系统中，根据不同种类的样品设置微波炉消解系统的最佳分析条件，至消解完全，冷却后用 HNO_3 溶液（1:9）定量转移，并定容至 25mL（低含量试样可定容至 10mL），混匀待测。以 AFS 测定。

（三）脱脂蛋白质粉样品中重金属元素的预处理（GB 5009.17）

称取 0.5g 脱脂蛋白质粉末于微波消解罐中，慢慢加入 6mL HNO_3 和 1mL H_2O_2，用酸将粘在消解罐的样品冲下，盖上盖子并用手拧紧，然后再专用工具把盖拧紧，将罐放在样品转盘上。设置好微波程序，运行该程序。运行结束将罐体冷却至室温。在通风柜中拧松罐盖。小心取下罐盖，将罐内溶液转移到烧杯中，再用水小心地冲洗罐盖以及罐内残留溶液。将溶液于 120℃ 电热板上蒸干。加 2.0mL HNO_3，微热，滴加 1.0mL，每次待气泡冒尽再滴加，并蒸发至近干。重复加入 HNO_3—H_2O_2 两次，并蒸发两次。在残渣中加入 0.5mL HNO_3，微热溶解，待溶液冷却后，用去水离子定容至 25mL。以 FAAS/GFAAS/AFS 测定。

二、样品中金属元素微波消解预处理应用实例（表5-3）

表5-3　样品中金属元素微波消解预处理应用实例

样品类型	消解试剂	微波消解条件	微波炉	测定元素
大气颗粒物	HCl，H_2O_2，HNO_3，HF	160℃，15s 195℃，20s 100℃，5s	MWS-3	Al、Ba、Cd、Cr、Cu、Fe、Mg、Mn、Na、Ni、Pb、Sc、Ti、V、Zn
湖泊沉积物	H_2O_2，HNO_3，HF	506.5kPa（5atm），2min 1013kPa（10atm），3min 1519.5kPa（15atm），5min 2026kPa（20atm），10min	MDS-2002A	Al、As、B、Ba、Be、Bi、Ca、Cd、Ni、Se、Sr、Na、Pb、V、Zn
全血	HNO_3，H_2O_2	120℃，5min 180℃，5min	MD-6	Cu、Zn、Fe、Mg
人发	HNO_3，H_2O_2	137.9kPa（20psi），10min 275.8kPa（40psi），10min 586kPa（85psi），10min 896.35kPa（130psi），10min	MDS200	Mn、Mo、Ge

续表

样品类型	消解试剂	微波消解条件	微波炉	测定元素
植物	HNO_3，H_2O_2	140℃，5min 180℃，5min	MARS-5	K、Ca、Mg、B、Zn、Cu、Fe、Mn
铌、钽及其氧化物	HF、HCl、HNO_3、H_2SO_4	功率40%，15min	MDS-81D	Co、Cr、Cu、Hf、Mo、Na、Ni、Sr、Ti
中药	HNO_3，H_2O_2	0.5MPa，1min 1.0MPa，2min 130MPa，3min	MDS-2003F	Cd、Hg、Pb
牛黄解毒片	HNO_3，H_2O_2	5min	MDS-2003F	As、Al、Ba、Cu、Ca、Mg、Cd、Ni、Se、Sr、Mn、Mo、Pb、Zn
奶粉	HNO_3，H_2O_2	303.9kPa（3atm），1min 810.4kPa（8atm），2min 1013kPa（10atm），3min		As、Al、Cu、Ca、Mg、Cd、Ni、Se、Mn、Pb、Zn、Hg、Cr、Fe

三、地质样品微波消解实例

一些酸不溶或难溶的样品，在密封式微波消解中可以用不同的酸如 HCl、HF、$HClO_4$、H_2SO_4、H_3PO_4 及 H_2O_2 来消解。

（一）常压微波消解地质样品方法（表5-4）

表5-4　常压微波消解地质样品方法

样品	加入的酸及用量	温度 T（℃）/时间（min）			
Fe_2O_3，SiO_2，TiO_2	3mL HCl，1mL HNO_3，1mL HF	120/5	150/5	180/5	210/9
铝土矿	5mL H_3PO_4，5mL HF，5mL HNO_3	130/5	160/5	190/5	220/9
矽线	4mL H_3PO_4，3mL HF 2.5mL HNO_3	120/5	150/5	180/5	210/9
刚玉	5mL HPO_4 5mL H_2SO_4	130/5	160/5	190/5	230/9
石英	5mL HF，2mL HCO_4	130/5	160/5	190/5	230/9
长石类	3mL HF，2mL HNO_3，0.5mL $HClO_4$	120/5	150/5	180/5	210/9
锆英石	4mL H_2SO_4，2mL HCl	120/5	150/5	190/5	230/9

（二）高压微波消解地质样品方法（表5-5）

表5-5　高压微波消解地质样品方法

样品	称重（g）	分解试剂及用量（mL）	分解温度（℃）	时间（min）
十字石	0.2	HF（10）+HClO$_4$（10）	250±10	1
红柱石	0.8	HF（10）+HClO$_4$（10）		5
绿柱石	0.1	HF（20）	220~230	1~3
石英	1.0	HF（12）+HClO$_4$（10）	240	10
刚玉	0.5	HF（15）	240	3.5
磁铁矿	0.5	70% H$_2$SO$_4$（20）	240	6.5
钛铁矿	1.0	65% H$_2$SO$_4$（15）	240	5
锡石	0.5	HCl（15）	240	7
金红石	0.2	HF（20）	220~230	3
铬铁矿	0.2	HF（10）+1∶1 H$_2$SO$_4$（10）	220~230	4
黄铁矿	0.2	HF（10）+HClO$_4$（10）	250±10	5
磷钇矿	0.1	HF（10）+HClO$_4$（10）	220~230	6

四、欧美国家微波消解预处理标准及分析方法

（1）AOAC 977.11　奶酪湿度测定的微波干燥法。

（2）AOAC 985.14　快速微波干燥法测定肉和家禽产品的湿度。

（3）AOAC 985.15　快速微波溶剂萃取测定肉和家禽产品中未加工的脂肪。

（4）AOAC 985.26　微波干燥法测定加工西红柿产品的总固形物。

（5）US EPA 3015 SW—846　含水样品及提取物的微波辅助酸消解。

（6）US EPA 3031　微波消解 FAAS 法和 ICP—AES 法测定油中的金属。

（7）US EPA 3050B SW—846　推荐采用微波酸消解沉积物、淤泥、土壤样品。

（8）US EPA 3031 SW—846　推荐采用微波酸消解 FAAS 和 ICP 光谱法分析土壤中的金属。

（9）US EPA 3051 SW—856　沉积物、淤泥、土壤和油的微波辅助酸消解。

（10）US EPA 3052 SW—846　含硅和有机物基体的微波辅助酸消解。

（11）US EPA EMMC　土壤、沉积物、淤泥和油的微波辅助酸萃取和溶解。

（12）US EPA NPDES　密闭微波消解测定废水中的金属。

（13）ASTM D 1506—94b　微波灰化法测定炭黑灰含量。

（14）ASTM D1358—90　微波加热测定特殊木质燃料湿度含量的标准分析方法。

（15）ASTM D 4309—91　密闭容器微波加热消解测定水中全部可回收金属的标准规程。

（16）ASTM D4643—93　微波加热测定水含量的标准分析方法。

（17）ASTMD 5258—92　以密闭容器微波加热技术酸萃取沉积物中元素的标准规程。

（18）ASTM D 5513—94　微波消解测定工业炉供流物料中的痕量金属。

（19）ASTM E 1645—94　微波酸浸取干油漆样品原子光谱法测定铅。

（20）ASTM D 5765—95　微波溶剂萃取土壤和沉积物中的TPH。

参 考 文 献

[1]孟昭荣, 吴瑶庆. 东港地区草莓生长土壤中微量元素的研究[J]. 甘肃农业, 2007（1）：72-73.

[2]佘佳荣, 喻宁华, 段俊敏. 不同酸消解体系对微波消解测定土壤中重金属的影响[J]. 湖南林业科技, 2017, 44（2）：51-55.

[3]孟昭荣, 吴瑶庆. 丹东地区水稻土中的有效Cu、Zn、Mn、Fe的快速测定[J]. 甘肃农业, 2006（6）：356-356.

第六章 样品预处理中的分离和富集技术

第一节 概　述

原子光谱法的出现，极大改变了分析化学的面貌，特别是金属（或元素）的微量或痕量分析技术。由于现代计算机技术和光电技术的高速发展，极大促进了原子光谱仪器分析的发展，原子光谱分析仪的智能化操作，显著改善了分析的精密度和灵敏度。无样品处理的直接分析样品成分含量是仪器分析发展的终极理想目标。尽管新一代检测器CCD或CID能实现同时背景校正，并能提供更多的谱线选择，同时新的干扰消除技术ICP—MS中碰撞池技术的使用，使原子光谱仪器分析具备较高的灵敏度和检测能力，但是，由于分析样品的复杂化，多样化，复杂基体中的待测组分含量极低，直接测定样品中的痕量组分仍十分困难。

超痕量元素分析、形态分析或生物金属蛋白组的分析，非元素形态选择性的原子光谱测定显然具有十分重要的意义，借助分离/富集技术，将使低浓度待测组分从复杂样品中得到分离和富集，以改善原子光谱分析方法的灵敏度并提高选择性，都能大幅提高分析的抗干扰能力，但是想彻底消除由复杂基体引起的难以量化的光谱干扰和无干扰测定，简单依赖于检测技术的改进，近期难以实现。

对于某些累积毒性的低含量重金属元素和高纯物质杂质检测，目前分析仪器难以满足检测限的要求，需要借助分离富集手段。在某种意义上，分离与富集仍是分析化学中的永恒课题。

为建立准确、灵敏的分析方法，样品经预处理后，需进一步除去干扰成分和富集被检测的成分。本章主要阐述常用的分离富集方法：液相萃取、沉淀及共沉淀分离富集、固相萃取、室温离子液体萃取剂分离富集、在线富集与纳米材料富集和近年来一些主流的分离富集技术，包括液相萃取、固相萃取、流动注射预富集、衍生化及色谱法等。

第二节 液相萃取技术

一、液—液萃取技术

液—液萃取具有操作灵活，条件易控制的优点。根据操作模式的差异，液—液萃取可分为溶剂萃取和低溶剂萃取两大类。溶剂萃取的特征是具有较大的有机相/水相比率，而低溶剂萃取除少量的萃取剂本身外很少或基本不借助其他有机溶剂，显然低溶剂萃取相对于溶剂萃取的突出优点是大大降低了因有机毒性溶剂的使用造成对人和环境的毒害。低溶剂萃取在原子光谱分析中的应用主要包括浊点萃取和液膜萃取（主要为支撑液膜萃取）。

（一）溶剂萃取

由于其设备简单，适合大批样品同时处理以及高样品量处理，能获得大富集倍数的优点，一直被广泛应用。近年来，液—液溶剂萃取的应用和研究相当活跃，除了传统萃取体系的推广应用外，还包括大量新萃取体系或新型萃取剂的开发利用，其中以冠咪衍生物系列和中性膦 Cyenax 新系列萃取剂的应用为典型代表，这些新萃取体系或新型萃取剂的部分应用实例见表 6-1。值得注意的是，敞开体系的溶剂萃取具有高环境污染的缺点。

表 6-1 萃取体系或新型萃取剂的应用

萃取剂	溶剂	水相介质	分析物	基体
Cyanex923	甲苯	HCl（高酸度）	In	Zn、Pb 矿和镀 Zn
Cyanex923	正庚烷	2%硫酸	REE^{3+}	Ce^{4+}
Cyanex272	煤油	HCl（低酸度）	Zr	水溶液
Cyanex925	甲苯	HCl+SnCl$_2$	铂族元素	水溶液
Cyanex302	甲苯	0.25mol/L HCl	Sn（Ⅳ）	合金
二苯并-18-冠醚-6	二氯甲烷	pH=4 水溶液	Ti	环境样品
新型环芳烃含 N 衍生物	氯仿	水溶液	过渡金属	水样
N-烷基氮-1-8-冠醚-6-乙醚	氯仿	铵盐离子液	Sr^{2+} 和 Cs$^+$	水样
二环己烷并-18-冠醚-6	二氯乙烷	1.0mol/L HCl	Ag	KSCN
显色冠醚	CHCl$_3$	0.01mol/L HCl/ 0.01mol/L NH$_3$·H$_2$O	Th	独居石

溶剂萃取是食品微量元素分析中最常用的分离富集手段。以吡咯烷二硫代氨基甲酸铵（APDC）、甲基异丁基甲酮（MIBK）为代表的螯合物萃取体系已用于多种食品的分析。例如，蔬菜、菜叶、鱼粉、牛奶中镉和铅的测定，牛奶中铜的测定、啤酒中铁的测定均以 APDC—MIBK 系统萃取。

（二）甲基异丁酮（MIBK）萃取技术

MIBK 已用于 AAS 法中的萃取剂，近年来这方面仍有不少的报道。pH = 5 时，用二硫腙—MIBK 萃取 Pb，FAAS 法测定水中 Pb[11]，利用吡咯烷二硫代氨基甲酸铵（APPC）—铜试剂（DDTC）—MIBK 萃取水样中铅和铬（Ⅵ），可进行空气乙炔火焰 AAS 法测定[12]。pH = 3 的介质中，用 APPC—MIBK 萃取分离稀土氧化物后，可测验定稀土氧化物中 Zn[13]。地质样常用 $HClO_4$—HF—王水分解后，制成 1mol/L HCl-3g、KI-2g，抗坏血酸的介质经 MIBK 萃取，可测试样中 Tl[14-15] 以及在 pH = 3.8 时，用 APPC 与 DDTC 为螯合剂，用 MIBK 与二甲苯混合液作萃取剂，HNO_3 反萃取后，可测水中微量 Cu、Zn、Fe、Mn[16]。在 pH = 3.0 时，APPC—MIBK 可萃取 Cu，并可在有机相中直接测定 Cu[17]。

（三）反萃取技术

反萃取技术现已用于食品分析的分离富集。样品经混合酸消解后，将消解液调至 pH = 9，以打萨腙—氯仿萃取后再用盐酸反萃取，应用原子吸收法可以测定土豆、糖、香肠、鸡蛋皮、肉和大米中的镉，回收率为 85% ~ 110%。离子缔合物萃取体系和反萃取技术相结合用于石墨炉原子吸收可测定食品中一些痕量元素。例如，面粉、小米、南瓜和薯干经混合酸消解后，在 5mol/L 盐酸介质中用 Kl-MIBK 萃取后用稀氨水反萃取，可以测定低至 1μg/L 的碲。

（四）溶剂萃取优点

溶剂萃取的在线化有效减少了污染源，提高了分析精密度，省去了离线萃取多步操作的烦琐，而且其密闭体系降低了有机溶剂对人和环境的毒害。以抗有机试剂能力强的 AAS 作为检测技术时的在线溶剂萃取容易实现，对于以抗有机试剂能力弱的 ICP 为检测技术，有时需要结合反萃取操作或者超声波萃取装置，使进样系统变得复杂，有关此方面的研究报道较少，尤其是在线溶剂萃取与 ICP—MS 联用自 1991 年 Shabani[18] 等的开创性研究以来，仅有数篇文献报道，其中包括最近 Wang 等建立的在线萃取—反萃取—ICP—MS 测定尿样中 Cu 和 Pb 的分析方法[19]。相对而言，ICP—OES 的抗有机试剂的能力要稍微强于 ICP—MS，不会有 ICP—MS 中因炭沉积导致采样锥的堵塞问题，因此有人通过控制有机溶剂的使用量（200pL）而实现在线萃取—ICP—OES 的直接有机溶剂进样分析。此外，相分离是在线溶剂萃取的薄弱环节，除了早些年方肇伦等设计的锥形腔重力分相器以及他们改进的夹膜分相器外[20]，最近 Anthemidis A N 等设计了一种新型的分相器[21]，该分相器具有使用寿命长以及能允许大的水相/有机相流速比的优点，如图 6-1 所示。在针对微量样品分析或者在降低有机溶剂的消耗量方面，最近发展了单滴微萃取技术（SDME）。严格意义上讲，该技术早在 20 世纪 90 年代中期被建立用于有机色谱分析的样品预处理，只是最近几年才被尝试用于原子光谱分析中的无机元素的分离富集，吴英亮等[22] 和 Xia 等[23] 分别建立了 SDME 结合 ETV—ICP—OES 和 ETV—ICP—MS 用于测定模拟水样中的 La 以及生物样品中的 Be、Co、Pd 和 Cd。

（五）溶剂萃取技术的操作特点

在不足 1mL 的空腔内有机萃取剂由微量进样器针管注出形成一个数微升或数十微升体积的液滴，当样品溶液由外管导入流经空腔时与微滴接触，被分析物富集其中，富集过程束后，富集相重新抽回进样器，转移进行分析。其装置示意如图 6-1 和图 6-2 所示。由于通常只涉及有机相的萃取操作，而且所获得的富集相体积极微，不易对其进行进一步的后处理，因此要求所结合的原子光谱分析技术具有适合微量有机试剂的进样系统和直接测定能力。

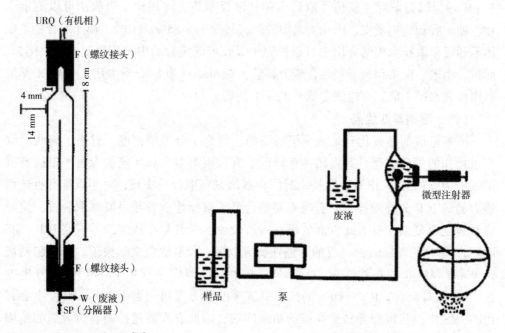

图 6-1　玻璃重力分相器[20]　　　　图 6-2　单滴空间头微萃取[21]

二、液膜萃取技术

液膜萃取广泛用于冶金分离工艺，在分析中的应用主要是指连续流支撑液膜萃取，该方法从建立早期大量用于与色谱检测结合进行有机组分的分离与分析，近些年来逐步在原子光谱无机元素分离分析中找到新的用途。

（一）液膜萃取原理

以萃取剂浸渍的 PTFE 多孔膜将样品溶液与受体（洗脱）溶液隔离，在连续流动中，分析物以中性螯合物分子形式透过萃取膜进入受体溶液并被即时带走。典型的连续流支撑液膜萃取的萃取装置以及萃取工作原理示意如图 6-3 所示。它与固相萃取有一定的相似性，但是由于萃取和反萃取同时进行，因此它不存在膜过载的现象，由于受体（洗脱）液与样品溶液分处不同管路，因而不容易被样品溶液污染，以及萃取膜中的萃取剂不易流失因而有更多的重复使用次数。Lorraine 等人对如图 6-3 所示的平板型萃取装置进行了改进，设计了如图 6-4 中左图所示的圆盘萃取装置，有效缩小了装置的体积，成功用于尿样中 Cr 的形态分离分析。

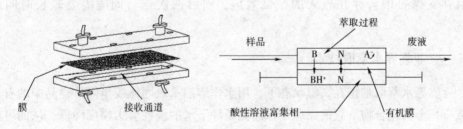

图 6-3　支撑液膜萃取装置及工作原理[29]

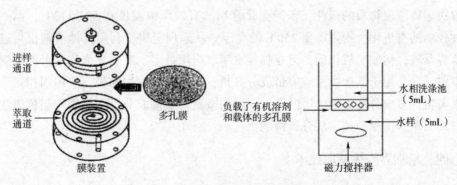

图 6-4　新型液膜支撑萃取装置[20,22]

（二）应用实例

以磷酸异辛酯为流动载体，富集碱金属盐中痕量 Cu、Cr、Ni 有机相供 FAAS 直接测定上述三元素[24]。P_2O_4—N_2O_5—煤油—HCl—H_2SO_4 液膜体系可分离富集高纯稀土氧化物中 Cu、Co、Ni、Ca、Mg 等杂质，供 FAAS 法测定[25]。用 4%～6% 的 P_2O_4 迁移 Pb（Ⅱ），迁移与解吸同步进行，Pb 的回收率达 90% 以上，FAAS 可测矿泉水、果汁中 Pb[26]。经 span—P_2O_4—煤油—HCl 液膜体系富集 Cd 后，再经 HCl 解吸，可用 FAAS 法测定水中痕量 Cd[27]，P_5O_7—N_2O_5 液体石蜡体系富集痕量 Ni、FAAS 法可测水中痕量 Ni[28]。

随后又设计了如图 6-4（b）所示的一种全新的探针液膜萃取装置，可避免平板萃取装置中的相渗漏的危险，而且该装置结构简单，由于搅拌力的存在大大提高了萃取效率，减少了样品用量。该装置成功用于生物样品中 Mn 的形态分离分析[30]。尽管连续流动支撑液膜萃取装置的结构特征使其适宜与检测技术在线联用，比如在有机痕量组分定性分析方面与液相色谱联用的应用十分活跃，但是在无机成分定量分析方面，这种联用的成功报道并不多，原因主要在于低的传质速率导致低分离效率，大的富集倍数需要很长的富集时间，或大的样品处理量，而且在支撑膜中会存在较大的记忆效应，前后两次运行间隔需要较长时间的清洗。

三、亚临界水萃取技术

亚临界水萃取是指在高温状态下，用水作溶剂萃取固体或半固体样品中的有机物或有机金属化合物。它的原理是在高温条件下水的极性会大幅度降低，从而可用于萃取极性或非极性有机化合物。水萃取的效率主要取决于萃取温度，压力对萃取效率影响不大，只要压力能使水在高温萃取条件下仍保持液态即可。温度的设定主要取决于被萃取物质的极性，苯酚类化合物的有效萃取温度在 50～113℃，而一些极性较弱的有机化合物则需要 250℃ 的高温。从原理上讲，利用其他溶剂也可进行亚临界萃取，例如二氧化碳，但亚临界水萃取应用最多。亚临界水萃取可以与固相微萃取结合，用于某些微量或痕量成分分析，有良好的应用前景。应用固相微萃取技术可将许多成分富集 103 倍以上。萃取的微量、痕量成分可直接用气相色谱法进行分离，然后由原子光谱法分析检测。

四、超临界流体萃取技术

（一）超临界流体萃取原理

超临界流体萃取是利用在临界温度及临界压力附近具有特殊性能的溶剂进行萃

取的一种分离方法。其主要特点是传质速度快，穿透能力强，萃取效率高，操作温度低，选择性好，污染小，不破坏成分的结构或形态，样品消耗少以及无溶剂残留等。超临界流体是指超过临界温度与临界压力状态的流体，气体处于临界温度之上，无论压力多高也不能液化，此时称为超临界流体。

（二）超临界流体萃取特点

超临界流体萃取提供了替代传统溶剂萃取方法的可能性。除用于有机化合物的提取外，超临界流体萃取已被应用于痕量金属元素形态分析的固体样品处理。超临界流体萃取还具有其他一些特点，精确控制超临界流体的密度变化，还能得到类似精馏的效果，使溶质逐一分离。超临界萃取过程具有萃取和精馏双重功能，有可能分离一些难以分离的物质。超临界流体如二氧化碳用于一些热敏性物料的萃取，可以不必使用有毒溶剂。

超临界流体兼有气、液两重性，密度接近液体，而黏度和扩散系数又与气体相似，能迅速透入固体样品。常用的超临界流体有二氧化碳、乙烯、乙烷、丙烷、丙烯和氙等。二氧化碳最常用，因为它具有较易实现的临界温度（31℃）及压力（7.4MPa），毒性和活性低，纯度高，价格低廉。特别是生物样品中的某些成分，如某些有机金属化合物，由于相对分子质量较大，挥发度较小，通过水蒸气蒸馏过程难以蒸发，但通过超临界流体萃取，则很容易提取出来。另外，超临界流体萃取技术很容易与其他分析技术在线联用。可以与色谱技术（气相色谱、超临界流体色谱、高效液相色谱以及薄层色谱等），傅立叶变换红外光谱，原子光谱（如原子吸收、等离子体发射光谱等）以及核磁共振等实现联用[31]。

（三）超临界流体萃取的方式

1. 静态萃取

除痕量物质外，一般不会引起污染。

2. 动态萃取

一般比静态萃取更完全，但需要大量超临界流体，而且对流体纯度要求很高，因为流体中的污染物最终会在收集器中富集。

3. 静动结合萃取

目前比较有效的方式是先静态萃取，再动态萃取，这种结合模式的优点是：

（1）收集方法通常有液体收集和固体表面收集两种，收集温度、流速、萃取物挥发性、溶剂种类、萃取时间以及改性剂浓度等对收集效率都有重要影响。

（2）超临界萃取的缺点，主要是操作过程要在高压下进行，仪器成本较高。另外，超临界状态下物质的物性数据还有待进一步研究。

五、微波辅助萃取技术

（一）微波辅助萃取技术原理

微波频率与许多分子的振动频率相同，物质分子在微波电磁场作用下会发生瞬时极化。微波可以穿透玻璃、塑料、陶瓷等绝缘体制成的容器。当微波作用于水和酸性物质时，将被极性分子所吸收，因而物质很快被加热。微波加热不是以热传导、热辐射等方式由外向里加热，而是通过偶极子旋转和离子传导两种方式里外同时加热。就原子光谱分析而言，微波辅助技术有固体样品直接微波处理、微波萃取以及微波消解。

（二）微波辅助萃取技术的特点

固体样品直接微波处理包括烘干、灰化、熔融、炽灼残渣等。微波萃取是通过萃取剂及微波发生条件的选定，使固体或半固体样品中的某些成分与基体物质有效分离，但不发生分解，以适应定性、定量分析的要求。微波酸消解是利用酸与样品中极性分子在微波作用下生成的大量热能，导致强的热对流，使试样与酸的接触面不断更新，从而加速样品的分解。目前，一般商品微波装置的功率都很高（百瓦级），能导致样品中绝大部分有机物发生分解，因此仅适用于元素总量测定，无法用于元素形态分析。为适应固体样品中有机化合物的提取以及金属元素的形态分析，有人提出，低功率聚焦微波技术。LPFM 主要是通过对某些条件的优化，包括微波功率、作用时间、微波传播介质以面张力，有利于溶剂溶质间的相互作用，加及萃取增强试剂如酸或络合剂等，将低能量微波（60～150W）聚焦在样品上，以实现某种成分的选择性定量萃取。

六、超声波辅助萃取（UAE）技术

（一）UAE 原理

UAE 是能量从外部向内部传递的过程。超声波并不能使样品分子极化，而是使溶液形成气泡，气泡爆裂时在相邻界面处产生极高的温度和压力，从而增强化学反应能力。另外，超声波的高频振荡可使固体样品分散，增大样品与萃取溶剂的接触面积，提高传质速率，使待测物质快速转入液相。超声波在对非均相化学体系比对均相化学体系效果更好，因为超声波可以促进乳化及两相间的热传递，从而提高萃取效率。通常经典方法需要几十分钟乃至数小时的萃取过程，超声波辅助技术几分钟即可完成。

（二）UAE 特点

UAE 的优点是价廉快速，简便安全，处理批量样品可以无人看守等。

UAE 的缺点是萃取效率取决于搅动力度，溶剂特性（如黏度、蒸气压及溶解空气的浓度）对声阻抗有一定的影响等，UAE 已被应用于环境样品分析中重金属的萃取。

七、加速溶剂萃取（ASE）—固体、半固体样品预处理技术

ASE 法主要用于固体或半固体样品中有机物的分离，也可用于有机金属化合物形态分析时的样品处理。ASE 方法可以完全取代人们所熟知的传统萃取方法，ASE 快速溶剂萃取技术具有时间短（仅用 15min）、溶剂少（萃取 10g 样品仅用 15mL 溶剂）、萃取效率高等特点。由于 ASE 的特点显著，极大提高了萃取的工作效率，在它推出的很短时间内就被美国国家环保局批准为 EPA3545 号标准方法。ASE 的应用涉及环境、食品、制药和聚合物领域。

（一）ASE 的基本原理

ASE 是将固体样品封装于充满有机萃取液的样品柱内，在高于有机溶剂沸点温度（50~200℃）和压力（10.3~20.6MPa）条件下，用溶剂对固体或半固体样品进行萃取的方法，使用常规的溶剂、通过提高温度和增加压力来提高萃取的效率，其结果大大加快了萃取的时间并明显降低萃取溶剂的使用量。静态萃取 5~15min；再利用压缩气体将萃取物从萃取池转移至收集杯中。从原理上讲，ASE 与亚临界萃取有本质不同。

（二）ASE 的影响因素

1. 温度

在高温条件下，溶剂的溶解能力增强。温度从 50℃升高到 150℃时，蒽的溶解度可以增加 13 倍，某些碳氢化合物的溶解度可增加几百倍。其次，萃取温度提高可使扩散速率加快。温度从 25℃增加到 150℃时，扩散速率可增加 2~10 倍。高温可以削弱分子间力、氢键及溶质分子吸引等溶质—基体间的相互作用。另外，在高温条件下溶剂黏度降低，渗透能力及萃取能力明显增强。温度从 25℃升到 200℃时，异丙醇的黏度可以降低 90%。

2. 压力

高压可以保持溶剂的亚临界状态，即高于沸点时仍保持液态。另外，高压也有利于对基体微孔中分析物的萃取，可以使溶剂与基体的各个表面更充分地接触。

（三）ASE 的特点

1. ASE 的优点

与索氏提取、超声、微波、超临界和经典的分液漏斗振摇等传统方法相比，ASE 的有机溶剂用量少，10g 样品仅需 15mL 溶剂，减少了废液的处理；快速，完

成一次萃取过程的时间一般仅需 5～15min（表 6-2）；基体影响小，可进行固体半固体的萃取（样品含水 75% 以下），对不同基体可用相同的萃取条件；由于萃取过程为垂直静态萃取，可在充填样品时预先在底部加入过滤层或吸附介质；方法发展方便，已成熟的用溶剂萃取的方法都可用快速溶剂萃取法作；自动化程度高，可根据需要对同一种样品进行多次萃取，或改变溶剂萃取，所有这些可由用户自己编程，全自动控制；萃取效率高，选择性好；使用方便、安全性好。

表 6-2　现有的萃取技术与 ASE 使用的溶剂量和时间比较

萃取技术	平均溶剂使用量（萃取 10g 样品）（mL）	平均萃取时间
索氏提取	200～500	4～48h
自动索氏提取	50～100	1～4h
UAE	150～200	0.5～1h
微波萃取	25～50	0.5～1h
ASE	15～45	5～15min

2. ASE 的缺点

不适用于热不稳定成分的萃取。因此，ASE 的萃取过程与温度或压力对溶剂萃取的作用可提高被分析物的溶解能力；降低样品基质对被分析物的作用或减弱基质与被分析物间的作用力；加快被分析物从基质中解析并快速进入溶剂；降低溶剂黏度有利于溶剂分子向基质中扩散；增加压力使溶剂的沸点升高，确保溶剂在萃取过程中一直保持液态。

八、固化悬浮有机液滴微萃取（SFO—LPME）[34]技术

SFO—LPME 技术集采样、萃取、浓缩于一体，是一种新型样品预处理技术，与传统的萃取方法相比，该方法操作简单、成本低、无交叉污染、仅需使用少量的有机溶剂，是环境友好型的样品预处理方法。SFO—LPME 可以与 HPLC、AAS 联用，更易于与 GC 联用，所以 SFO—LPME 成为一种应用广泛的样品新型预处理技术。

（一）SFO—LPME 原理

悬浮固化液相微萃取相当于微型化的液液萃取，是基于目标分析物在样品溶液中和小体积的萃取剂之间平衡分配的过程。不同之处是悬浮固化液相微萃取所用萃取剂的熔点接近室温且密度较低，便于萃取剂与样品溶液的分离。该方法对于亲脂

性高或中等的分析物较适用，而对于高度亲水的中性分析物并不适用。在实际分析中，根据分析物的结构选择合适的萃取条件，可以提高分析物的富集倍率和回收率，从而提高方法的灵敏度和准确度。

（二）SFO—LPME 萃取剂

对于 SFO—LPME，萃取剂需要满足以下基本条件：萃取剂与水不互溶，并不易挥发，对分析物的萃取率高，萃取剂的熔点接近室温（10~30℃），萃取剂的密度要低于水溶液密度。常用的萃取剂见表 6-3。

表 6-3 固化悬浮有机液滴微萃取常用萃取剂

有机溶剂	十一醇	1-十二醇	2-十二醇	1-溴代十六烷	正十六烷	1,10-二氯癸烷
熔点（℃）	13~15	22~24	17~18	17~18	18	14~16

（三）SFO—LPME 操作要点

1. 温度

通常萃取温度在 55~65℃。

2. 萃取剂的体积

一般加入 10~150μL 萃取剂。

3. 搅拌速率

应选择适宜的搅拌速率，既要保持较高的萃取率，又要防止破坏萃取体系的稳定性。

4. 萃取时间

必须保证在萃取时间内待测物在有机溶剂和样品溶液中达到分配平衡，使待测物最大程度进入到萃取剂中，进而提高方法检测的精确度和灵敏度。

（四）SFO—LPME 应用[35-36]

1. SFO—LPME—超声辅助反萃取—AFS 测量水中硒（Ⅳ）

将 SFO—LPME 结合超声辅助反萃取与 AFS 联用，建立了测定水样中痕量硒（Ⅳ）的方法。该方法以十一醇为萃取剂，硒（Ⅳ）与水溶性络合物形成疏水性螯合物后萃取于十一醇中，萃取剂经冷却固化后与基体分离，硒（Ⅳ）再经超声波震荡后反萃取于水溶液中，富集后的样品溶液与 $NaBH_4$ 溶液形成氢化物后被原子荧光分析法测定。在最佳的实验条件下，本法线性范围为 0.01~5.0μg/L，检测限为 7ng/L，相对标准偏差为 1.72%（$n=11$，$C=1.0$μg/L）。当样品溶液为 10mL 时，富集系数为 15。利用该法成功地测定了标准样品和实际水样中的硒（Ⅳ），并进行加标回收实验，结果令人满意。

2. 磁性混合半胶束固相萃取—顺序注射—ETAAS 测定水样中痕量钴

将磁性混合半胶束固相萃取与电热原子吸收检测联用，在顺序注射系统上建立了测定水样中痕量钴的一种新型方法。该方法以被表面活性剂修饰的 Fe_3O_4/Al_2O_3 磁性纳米粒子为吸附材料，在外在磁场的作用下，不需阻塞物就可将吸附材料固定于微柱中。分析物的萃取、洗脱、检测在顺序注射系统上进行，这种在线萃取技术具有分析速度快、样品与试剂消耗少、操作简单等优点。在最优条件下，线性范围为 $0.01 \sim 5.0 \mu g/L$，检测限为 $6 ng/L$。样品体积为 $2 mL$ 时，富集系数为 30。运用此法已成功地对水样及两种标准物质中的钴元素进行检测。

第三节　沉淀及共沉淀富集分离

沉淀或共沉淀分离基体或富集待测元素是原子光谱痕量元素分析中被广泛使用的经典分离富集方法，尤其是共沉淀分离富集，具有设备简单，操作简便，试剂消耗量少，富集倍数大等优点。根据所使用的沉淀或共沉淀剂的性质，可分为有机试剂沉淀/共沉淀和无机试剂沉淀/共沉淀两大类。

一、无机共沉淀剂的富集分离

(一) 无机沉淀剂[31]
通常无机沉淀剂与金属离子作用，主要形成氢氧化物沉淀和硫化物沉淀。

1. 形成氢氧化物沉淀富集分离

利用生成氢氧化物沉淀进行分离，是分析工作中广泛应用的富集分离方法之一。很多金属离子能与 NaOH 生成氢氧化物沉淀。如 Fe（OH）$_3$、Mg（OH）$_2$、La（OH）$_3$、Sm（OH）$_3$、Ce（OH）$_4$、Sc（OH）$_3$、YPO_4、$LaPO_4$ 等。某些金属元素如硅、钨、铌、钽等，在一定条件下，常以水合氧化物形式沉淀析出，如钨酸、铌酸和钽酸等，它们是难溶于水的含氧酸。

2. 形成硫化物沉淀富集分离

大约有 40 多种金属离子可以生成硫化物沉淀，而且各种硫化物的溶解度相差悬殊，因而可通过控制溶液中 S^{2-} 的浓度以使硫化物沉淀分离。在原子光谱分析中，硫化物沉淀法主要用来捕集分离金属离子或除去某些干扰金属离子。如用 CuS 作捕集沉淀剂共沉淀富集分离磷石膏中痕量 Cd 等。此外，还有一些沉淀为硫酸盐、磷酸盐、草酸盐和碳酸盐。

3. 稀土类无机共沉淀剂

稀土类无机共沉淀剂在以 AAS 为检测器时，对大多数待测元素而言是一种良好的基体改进剂。除此之外，其他新型无机共沉淀剂还包括以 $NbPO_4$、$CePO_4$ 和 $GaPO_4$ 共沉淀 Pb、Cd、Cu 和 Ni 等；以抗坏血酸为还原剂，Pd 作为 Au、Ag、Te、Se 等元素的还原共沉淀剂，或者以硫酸肼为还原剂，通过介质类型选择和溶液酸度调控实现 Se 元素的形态分离，以 $Pb_3(CrO_4)_2$ 作为 Ba 的新型混晶共沉淀剂，由于该共沉淀剂与尼龙材质的编结反应器内壁有很好的附着力，而适宜进行在线共沉淀操作。

4. 人造沸石共沉淀剂

用人造沸石共沉淀水样中的 Ga，人造沸石（Al_2O_3 和 SiO_2 为主要成分）首先被溶解于硝酸中制备成溶液，然后加入样品溶液中，通过调节 pH，生成一种 Al-Si 无定形沉淀，选择性地吸附或包裹待测元素；以 $Ti(OH)_4$-$Fe(OH)_3$ 联合共沉淀地质样品中的稀散和稀土元素。

（二）无机沉淀剂应用实例

1. 采用 $Fe(OH)_3$ 共沉淀 Te 和 As

$Fe(OH)_3$ 可同时作为 AAS 测定 Te 的基体改进剂，分别以 $Fe(OH)_3$ 共沉淀 Cr（Ⅵ）和 $Fe(OH)_2$ 共沉淀 Cr（Ⅲ），实现了 Cr 的形态分离分析[32]。

2. 硫酸铁铵作共沉淀剂预富集微量砷或铅元素

在氨性介质中，以硫酸铁铵作共沉淀剂，预富集硫酸铜中的微量砷、铅，ICP—AES 测定砷、铅的含量[33]。称取 1.0~5.0g 样品于 250mL 烧杯中，加 100mL 超纯水，使样品溶解完全，加热至近沸，加入 3.0~5.0mL 硫酸铁铵溶液，在不断搅拌下，用浓氨水调节至氢氧化铜沉淀完全溶解后再过量 2mL；在室温下，静置 3h，用滤纸过滤，用约 40℃氨水溶液洗涤沉淀及烧杯各 2~3 次，再用 80~90℃热水各洗涤 2~3 次，弃去滤液。沉淀用 2mL 盐酸（1+1）溶液溶解，并用 5%盐酸洗涤 1~2 次，再用热水洗涤 2~3 次，滤液收集于 25mL 比色管中，定容。用 ICP—OES 测定。

3. 用 $Mg(OH)_2$ 沉淀富集水样中的铅和镉

FAAS 法直接测定[37]，分别取待测水样 500mL 置于量筒中，加入 $MgCl_2$ 溶液 5mL，边加边用玻璃棒搅拌，稳定 10min 后，用滴管加 NaOH 溶液，同样边加边搅拌，$Mg(OH)_2$ 慢慢析出，在搅拌过程用 pH 试纸检测溶液的酸碱度，当 pH>11 时，停止加 NaOH，停止搅拌，静置沉淀。待沉淀量全部达到量筒底部时，用虹吸法吸出上层清液，下层溶液用 HNO_3（1+1）溶解，此步骤要控制好 HNO_3 用量。最后把溶液转移至 100mL 容量瓶中，用 1%的硝酸稀释至刻度定容，摇匀，用 FAAS 测定。

二、有机类沉淀或共沉淀剂富集分离

（一）有机类沉淀或共沉淀剂

1. 二硫代氨基甲酸盐类

二乙基二硫代氨基甲酸钠（DDTC），砒咯烷二硫代氨基甲酸铵（APDC）和二苯基二硫代氨基甲酸盐得到广泛应用。此时载体金属离子包括 Bi、Fe、Pd、Ni 和 Pb。在以 APDC 作为共沉淀剂时，通过加入 H_2O_2 将其氧化成过氧化二酸二异丙酯（DPDC），无须添加载体金属离子便可实现自身载体共沉淀。其他如 8-羟基喹啉、萘及壳聚糖作为共沉淀载体也有一定的应用。

2. 新型热敏高聚物

最近 Saitoh 等人合成了一系列新型热敏高聚物作为共沉淀捕集剂，该类热敏高聚物的主骨架为聚（N-异丁基丙烯酰胺），其特点是在常温下溶于水，当温度升高至某临界点（50℃左右）以上时，在适当的 pH 范围内逐渐凝固成一个体积很小的沉淀。通过在该高聚物上嫁接不同的螯合基团，而实现了对特定金属离子的共沉淀。比如在各自最佳的 pH 条件下，嫁接上咪唑基时能有效共沉淀 Cu、Ni、Co、Pb，嫁接上羧基时对 Cd 离子有很好的共沉淀效果，而嫁接上胍基时能实现对所有这些离子的共沉淀。

（二）有机类沉淀或共沉淀剂应用实例

1. APDC—Co（Ⅲ）共沉淀富集水样中铜、铅、镉

用 FAAS 测定[38]。样品处理：取 1000mL 水样于烧杯中，加入 6mol/L HNO_3 5mL，Co 标准溶液 3.0mL，NH_4Ac 缓冲溶液 10mL，调节 pH=4 同时连续搅拌加入 APDC 6mL，待沉淀形成后静置 15min，然后将上述溶液及沉淀分次倒入超滤器中，通入氮气抽滤（压力为 2kg），沉淀即收集在滤膜上，再将滤膜取出放入培养皿中，用 6mol/L HNO_3 在 60℃恒温水浴锅上溶解沉淀，并在调温电炉上将溶液蒸至近干，最后定容至待测，可根据实际情况，可以调节水样的体积和最后的容积，以达到所需富集的倍数。

2. 以 Ni（Ⅱ）-4-（2-吡啶偶氮）-间苯二酚共沉淀体系分离富集 Cu

采用 FAAS 测定钢中 Cu[39]。样品处理：准确称取 0.2000g 钢标准样品 35MoVALTiRE 第 8-2 号和 35MoVALTiRE 第 8-3（上海第五钢铁厂），置于 50mL 烧杯中，加 10.0mL 硝酸（1+3），加热溶解，此时溶液中有少许杂质。趁热用漏斗过滤，并用水反复冲洗定量滤纸若干次，此时溶液澄清透明，稍冷，将其移至 250mL 容量瓶中定容，摇匀。取 25.0mL 溶液，依次加入 2.0mL 4-（2-吡啶偶氮）-间苯二酚（PAR）乙醇溶液，1.0mL Ni（Ⅱ）标准溶液，适量 Cu 标准工作溶液，在 pH

计上用 HAc—NaAc 缓冲溶液调到 pH=4.0，静置 20min 后，离心分离。小心将上层清液去除，沉淀用 1.0mL HNO₃溶解，在比色管中定容至 10.0mL 供 FAAS 测定，同时按照操作程序做空白试验。

三、采用离线或在线操作的沉淀及共沉淀分离富集

（一）离线操作的沉淀及共沉淀分离富集

采用离线操作的沉淀及共沉淀分离富集的优点是设备简单，并且可根据需要确定试剂的用量。离线沉淀在操作方式上力求简化，对于收集的有机沉淀直接采用悬浮进样[25]或固体进样，避免了沉淀的消解操作，或者通过沉淀剂的定量加入并通过检测载体离子的回收率，以数学修正法确定待测离子的回收率，而无须沉淀收集完全。

（二）沉淀或共沉淀在线化

沉淀或共沉淀在线化时，沉淀的快速生成与溶解、沉淀的有效收集方式以及对沉淀未经进一步处理，必须针对所选用的检测技术选择合适浓度的洗脱液，因此在实际应用中相对而言受到一定限制，表现在应用数量上，比离线沉淀或共沉淀少得多，适宜进行沉淀或共沉淀在线化的沉淀剂。

1. 无机沉淀剂

无机沉淀剂主要为一些容易为稀土矿物酸溶解的胶状沉淀，如 Mg（OH）₂、La（OH）₃、Ni（OH）₃等。

2. 有机沉淀剂

由于有机沉淀能快速生成，在水溶液中有低的溶解度及对有机表面有强的亲和力，而更适宜用于在线沉淀或共沉淀，但此时检测器多局限于抗有机试剂能力强的原子吸收光谱法。

3. 沉淀收集器

沉淀收集器有不同材质，如尼龙、聚乙烯类，聚四氟乙烯类的编结反应器应用广泛，优点是：

（1）能有效降低管路背压，其二次流所产生向心力更益于沉淀的沉降。

（2）为增加沉淀的收集效率还可以在下管路安置过滤装置，滤膜过滤，或者用超声波来改善沉淀在反应器壁上的沉降与附着等。由于沉淀和共沉淀操作上的特点，其主要应用于环境样品中简单基体（如水样）中的重金属或毒性元素分析，包括单元素以及多元素同时检测，其他样品分析的一些应用见表 6-4。此外，还可以进行 Cr、As 和 Se 等元素的形态分析。

表 6-4　沉淀和沉淀分离富集

沉淀剂/共沉淀剂	待测元素	操作模式	基体	检测技术	文献
铜铁试剂	Ti、V、Zr、Nb、Mo、Ta	离线	高纯铁	ICP—MS	[40]
Te	Au、Pt 和 P	离线	地质样品	ICP—MS	[41]
Te	Au、Pt 和 Pd	离线	大气飘尘和公路尘土	ICP—MS	[42]
Fe (OH)₃	Te	离线	人发	HG-AFS	[43]
Fe (OH)₃	Au、Bi 和 Te	离线	铜电极	ICP-OES	[44]
	Te 和 As	离线	原油	FAAS	[45]
YPO₄	Pb	离线	CoSO₄	FAAS	[46]
APDC	Cd	离线	KCl 和 CaCl₂	FAAS	[46]
Mg (OH)₂	Pb	在线	地质样品	HG-AFS	[47]

四、共沉淀分离及其他分离

共沉淀分离法是经典的分离法，至今仍在应用 Fe (OH)₃共沉淀可浮选分离痕量 Cr (Ⅲ) 及 Cr (Ⅵ)，用 1+1 HCl 溶解后可用 AAS 测定水中痕量 Cr (Ⅲ) 及 Cr (Ⅵ)[27]。Mg (OH)₂共沉淀可分离水中 Cd、Pb、Cu[28]。碳酸锶共沉淀可富集 Cd，特征浓度为 0.044g/mL[29]。硫化物沉淀分离富集后测钢铁废水中 Bi[30]。利用螯合剂 PAN 富集高纯锰中的微量杂质 Fe、Co、Ni、Cu、Pb 等，使之生成有色螯合物，用活性炭吸附微量杂质元素的螯合物，在一定酸度下解吸，供 AAS 测定[30]。利用 A 型聚苯并 15-C-5 醚和多种阳离子络合物常数不同，在非碱性溶液中，以 KI 为介质，HCl 洗脱，AAS 测定 Cd[32]。A 型聚苯并 15-冠—5 分子筛的玻璃分离柱，可用于水中痕量 Cd 的预富集，可测水中痕量 Cd[33]。用高分子胺纤维柱，可分离氯化钴溶液中的 Zn，ZnCl₄⁺ 被胺纤维柱吸附并从样品中分离出来进行测定，可测 66μg/L Zn。用甲醛处理过的绿茶，在 0.01mol/L 乙酸钠在 pH＝6 的条件下，可吸附水样中 Cd、Cu、Pb、Zn、Ni 等，用 1.0mol/L HCl 洗淋后，用 FAAS 测定上述微量元素[35]。氮蓝藻可分离富集 Cr (Ⅲ) 及 Cr (Ⅵ)，即在 pH＝3.5 时，富集 Cr (Ⅵ) 于藻沉积物中，如果以二苯巴肼掩蔽 Cr (Ⅵ) 后，在 pH＝2.6 时，可富集分离 Cr (Ⅲ) 于藻沉积物中，但均需以 0.5% HNO₃制成悬浮液，供石墨炉 AAS 测定[36]。

第四节 固相萃取技术

一、离心和沉淀

果汁中常含有颗粒物质，在直接测定时往往影响雾化，需要预先除去这种颗粒物质。果汁离心 15min（4500r/min），则可直接喷雾测定镉、铅、铬、锰、镍，锡和锌。样品经干灰化（470℃），在银的存在下将铅沉淀为硫化铅，然后将硫化铅溶于硝酸—酒石酸中。如汞、铜、锌、锡等金属元素都可将其以硫化物形式从消解液中分离出来以原子吸收法测定。蒸馏和挥发蒸气蒸馏也是从食品中分离出分析成分的有效方法，鱼样经消解后，用水，硫酸铜—盐酸处理，通过蒸气蒸馏，将馏出液收集于含有 NH_4NO_3、浓 H_2SO_4 和 $K_2S_2O_3$ 的吸收液中，以冷原子吸收法测定汞。这种蒸气蒸馏方法，目前仅用于汞的分析。饮料分析常需预先除去其中的二氧化碳和乙醇，通过加热即可去除。汽水经加热将除去二氧化碳之后，可测定镉和铬，啤酒除去二氧化碳后可测定铜和锌，酒除去乙醇后可以测定其中的铬和铜。

二、离子交换

根据吸附机理的差异，固相萃取技术可分为简单吸附、离子对吸附、螯合吸附以及离子交换吸附 4 种形式。在操作方式上，可以直接利用吸附树脂本身的螯合和离子交换能力吸附待测离子（直接吸附）；或者在样品溶液中加入含螯合基团的有机试剂，将待测离子预先转化有机金属络合形态，再被固定相吸附（间接吸附）。如果不考虑树脂制备过程，前者比后者的分析流程更加简洁。固相萃取技术的进展大体可从 4 个方面进行归纳：

（1）新型固定相或吸附树脂的制备与应用。

（2）用于金属离子螯合（络合）其他有机试剂的应用新尝试。

（3）一些已有树脂（固定相）或传统有机试剂的用途扩展，主要指应用于新的分析对象。

（4）分离装置更加多样化，比如以柱、微柱、圆盘甚至编结反应器分别与原子光谱测定技术的在线、离线联用。

由于螯合离子交换树脂的发展，使离子交换方法在食品分析中更为有用。离子交换树脂，亚氨二醋酸盐螯合树脂 Chelex100 在原子光谱分析中应用最多。如大米、土豆、蔬菜、香肠、鸡蛋皮、牛奶、糖、橘子汁、梨，谷物和鱼样品经酸消解后，消解液通过 Chelex100 树脂柱，以原子吸收可以测定镉元素。还可以测定牛奶、鱼、面粉、蔬菜中的铜，苹果、鱼、牛奶中的锰，牛奶、鱼、蔬菜中的锌和蔬菜中的镍及铅等多种元素。由于离子交换过程较慢，因此这种方法不如溶剂萃取方法应用广泛。

（一）壳聚糖分离富集

甲壳（CTn）又名甲壳质，壳多糖等，广泛存在于节肢动物的外壳及低等动物的细胞壁，主要成分的无机组分为 $CaCO_3$，有机组分为蛋白质和 CTn。而改性壳聚糖（CCTS）不但在环保、纺织、食品工业，还在美容、医药等领域获得广泛应用，在分析化学上的应用也引起研究者足够的兴趣。以 CTn 为原料，经环氧氯丙烷作用，引入羟基叔胺基团，合成了以壳聚糖（CTS）为母体的螯合树脂，使 Ag 的富集率大大提高，GFAAS 法可测 $0.2 \pm 0.02ng/mL$ 的 Ag[41]。如果 CTS 与 N，N-二乙基胺环氧丙烷作用，生成凝胶树脂，对 Au 有很强的吸附，经超声富集后，可供 FGAAS 测定 Au[48]。CCTS 对分离富集 Cd 有良好的性能，在 pH=5.6 的溶液中，Pb（Ⅱ）和 Cd（Ⅱ）的吸附率为 98%，经 1～2mol/L HCl 解吸后，可供测定天然水中 Pb（Ⅱ）和 Cd（Ⅱ）[49]，其解吸率达 98%。CTS 可多次再生使用，其吸附性能不变。洗脱液为 H_2SO_4、HCl 或 HNO_3。CTS 还用于水中富集痕量 Cu（Ⅱ）[50]和环境样品中采用 FAAS 法测定铜和锰[51,53]。

（二）黄原酯棉和巯基棉富集分离[52-53]

黄原酯棉和巯基棉在 AAS 的应用是分析工作者所熟知的分离富集技术。文献报道了借黄原酯棉富集分离矿泉水、植物果实[41,43]、汽油和白酒中的 Cu、Pb、Cd[14-16]，该试剂还用于吸附金属镍中的铅[17]，被黄原酯棉吸附的金属离子一般要用一定浓度的 HNO_3 解脱后，用 AAS 测定。巯基棉也用在白酒中微量 Pb 的富集[18]及水中微量铁的富集，经适当浓度的 HCl 先洗脱后进行 AAS 测定。pH=9～10 时，磺化棉可完全富集水样中微量 Cd、Co、Ni、Bi、Cu、Zn，吸附率达 95%以上，经 HNO_3 洗脱后，进行 AAS 测定[20]。

（三）生成氢化物

使被测定成分以氢化物形式从样品基体中挥发出来，这是目前分离富集的有效方法。样品消解液调至合适的酸度，以硼氢化钠作还原剂，将被分析元素生成相应的氢化物。牛奶经 HNO_3—H_2SO_4—H_2O_2 消解，鱼样品经高温干灰化，蔬菜用聚四氟乙烯弹（40% HCl，150℃）消解，继以氢化物—原子吸收法测定砷。果叶和牛肝以 HNO_3—H_2SO_4—$HClO_4$（4＋1＋1）消解，用氢化物—原子吸收法测定锑。玉米、土豆、大豆和小麦中痕量硒的测定也可借助混合酸消解和氢化物法。生成氢化物这种分离富集方法仅适用于易形成共价氢化物的元素，如砷，锡、硒、碲、锑、铋、铅等元素。

第五节　室温离子液体萃取剂分离富集

一、离子液体萃取剂的理化特性

室温离子液体是在室温或室温附近完全由离子组成的有机液体物质。根据有机阳离子母体的不同，可将离子液体分为二烷基咪唑离子型、烷基吡啶离子型、烷基季铵离子型和烷基季鏻离子型 4 类。由于烷基的不同，可以衍生出各式各样的离子液体阳离子，不同的阴、阳离子可以组成很多种离子液体，因而，其理化性质可以通过变换结构进行有效调节。随着对离子液体研究的不断深入，已将离子液体的范围扩展为熔点低于 100℃ 的离子化合物。研究发现，通过对离子液体中阴、阳离子进行功能化调节，可以改变其相应的物理和化学性质，从而扩展其应用范围。目前，用于原子光谱分析的阳离子主要为烷基咪唑离子，而阴离子则常用六氟磷酸根离子和三氟甲基磺酰亚胺根离子，由此组成的水不溶性离子液体，具有液态温度范围宽、溶解能力强、稳定性高、黏度大、导电性良好等一系列独特的性质。已有大量的离子液体用于液/液萃取、分离和富集。用于原子光谱分析的室温离子液体有：1-丁基-3-甲基咪唑六氟磷酸盐（C_4MIM）PF_6，1-己基-3-甲基咪唑六氟磷酸盐（C_6MIM）PF_6，1-辛基-3-甲基咪唑六氟磷酸盐（C_8MIM）PF_6，1-丁基-3-甲基咪唑四氟硼酸盐（C_4MIM）BF_4，1-十六烷基-3-甲基咪唑氯化物（C_{16}MIM）Cl，四氟硼酸丁基吡啶（C_4Py）BF_4，丁基吡啶溴化物（C_4Py）Br，1-丁基-3-甲基咪唑溴化物（C_4MIM）Br，1-乙基-3-甲基咪唑溴化物（C_2MIM）Br，四丁基溴化胺（N_{4444}）Br，四丁基四氟硼酸铵（N_{4444}）BF_4，N-丁基吡啶四氟硼酸盐（Nbupy）BF_4，1-丁基-3-三甲基硅烷咪唑六氟磷酸盐（C_4tmsimPF_6）和 1-丁基-3-甲基咪唑双三氟甲磺酰亚胺盐（C_4MIM）TF_2N。其中代表性室温离子液体及其理化特性见表 6-5。

表 6-5　原子光谱分析中代表性室温离子液体及其理化特性

室温离子液体	熔点（℃）	密度（g/mL）	黏度（MPa·s）	溶解度（g/mL）
1-丁基-3-甲基咪唑六氟磷酸盐（C_4MIM）PF_6	10，-8	1.36~1.37（25℃）	148~450（25℃）	1.88（水）
1-乙基-3-甲基咪唑六氟磷酸盐（C_4MIM）PF_6	-61	1.29~1.31（25℃）	560~586（25℃）	0.75（水）

室温离子液体	熔点（℃）	密度（g/mL）	黏度（MPa·s）	溶解度（g/mL）
1-辛基-3-甲基咪唑六氟磷酸盐（C₄MIM）PF₆		1.2~1.23（25℃）	682~710（25℃）	0.2（水）
1-乙基-3-甲基咪唑六氟磷酸盐（C₄MIM）PF₄	15	1.15（30℃）	37（25℃）	易溶
1-丁基-3-甲基咪唑六氟		1.36~1.37（30℃）	233（30℃）	易溶
磷酸盐（C₄MIM）PF₄	-81	1.21（25℃）	180（25℃）	

二、离子液体萃取剂用于分离富集金属离子

以离子液体作为萃取相，影响萃取分离效率的因素主要有离子液体种类与结构、介质酸度，萃取温度与时间、络合剂的特性和分析物的性质。离子液体萃取主要有以下 4 种[54]。

（一）液液萃取（liquid-liquid extraction，LLE）

用普通的离子液体萃取水中的金属离子，金属离子的分配系数（D）一般小于 1。普通离子液体难以从水溶液中有效萃取、分离金属离子，主要在于它和金属离子之间的相互作用力太弱。提高金属离子的萃取分离效率主要有以下 3 条途径：利用功能化离子液体、添加特定萃取剂的离子液体和利用螯合反应—离子液体萃取—反萃取。

1. 基于咪唑环和添加剂的共轭作用液液萃取

Visser 等[55]通过对疏水性的离子液体（CₙMIM）PF₆（$n=4$，6，8）进行改性，在取代基上引入不同的配位原子或结构（脲、硫脲、硫醚），合成一类特殊的离子液体，用来从水相中液—液萃取 Cd^{2+} 和 Hg^{2+}。无论离子液体是被单独作为萃取相还是与（CₙMIM）PF₆按 1∶1 的比例混合作为萃取相，金属离子的分配系数都比未改性时增长了几个数量级，而且改性离子液体的所占比例越大，金属离子的 D 值就越大。其中脲和硫脲修饰的离子液体对 Hg^{2+} 和 Cd^{2+} 的分配系数分别可达到 210 和 360。将功能化离子液体添加到常规离子液体中，可选择性分离某些金属离子，如咪唑环和冠醚的共轭作用可增强萃取的选择性和分配系数[56]。

2. 基于咪唑环与添加剂的协同液液萃取

Hirayama 等[57]研究了用 4,4,4-三氟-1-（2-噻吩）-1,3-丁二酮作萃取剂与 3 种离子液体（C₄MIM）PF₆、（C₆MIM）PF₆ 与（C₈MIM）PF₆ 和 3 种传统有机溶剂（硝基苯、氯仿与甲苯）一起萃取水相中的金属离子，结果显示除了对 Cu^{2+} 和 Pb^{2+}

以外，离子液体比上述传统有机溶剂具有更高的萃取能力。对金属离子萃取选择性有如下规律：对于离子液体（C_4MIM）PF_6，顺序为 $Cu = Ni \geqslant Co > Zn > Mn > Pb = Cd$；对于离子液体（$C_6MIM$）$PF_6$，顺序为 $Cu = Co > Pb = Ni = Zn > Mn > Cd$；而离子液体（$C_8MIM$）$PF_6$，顺序为 $Cu > Co > Ni = Zn \geqslant Mn > Cd > Pb$。对这 3 种离子液体而言，很明显均有 $Co > Zn > Mn > Cd$。由于 RTIL 相含有大量的可交换离子物种，M^{2+} 能以中性络合物、阳离子或阴离子物种进入 RTIL 相。当 M^{2+} 同 mHtta 分子形成络合物而被萃取时，萃取方程可描述如下，下标（e）为萃取相。

（1）阳离子物种（$n < 2$）：$M^{2+} + mHtta_{(e)} + (2-n) Rmim_{(e)}^+ \Longleftrightarrow M (tta)_n (Htta)_{m-n(e)}^{(2-n)+} + nH^+ (2-n) Rmim^+$。

（2）中性物种（$n = 2$）：$M^{2+} + mHtta_{(e)} \Longleftrightarrow M (tta)_n (Htta)_{m-n(e)} + nH^+$。

（3）阴离子物种（$n > 2$）：$M^{2+} + mHtta_{(e)} + (n-2) PF_{6(e)} \Longleftrightarrow M (tta)_n (Htta)_{m-n(e)}^{(n-2)} + nH^+ + (n-2) PF_6$。

3. 基于螯合萃取—反萃取的液液萃取

用于离子液体萃取的络合试剂有二硫腙（Dithizone）、2-（5-溴代-2-吡啶偶氮）-5-二乙（5-二乙氨基酚）（5-Br-PADAP），1-（2-吡啶偶氮）-2-萘酚（PAN），5-对甲氧基苯基偶氮水杨基荧光酮（p-MOPASF），1-（2-噻唑）-2-萘酚（TAN），吡咯烷二硫代甲酸铵（APDC），二乙氨基二硫代甲酸钠（DDTC）。这些试剂与金属离子发生螯合反应生成相应的络合物，如 Pb-5-Br-PADAP、Cd/Pb-Dithizone、Ni-PAN、Hg-CDAA、Hg-5-Br-PADAP、Mo（Ⅵ）-p-MOPASF、Cd-5-Br-PADAP、Pb-APDC、Cd-DDTC 和 Mn-TAN。溶液酸度、反应温度与时间，试剂的用量均对螯合的生成效率有一定影响。螯合物被离子液体萃取，离子液体相经水溶液反萃取，水相用于原子光谱分析。用二硫腙作螯合剂与重金属形成中性的重金属—二硫腙化合物，在（C_4MIM）PF_6 与水相之间具有高的分配比，这些重金属离子在离子液体与水间的分配系数主要由水溶液的 pH 决定。通过调节溶液的 pH，在（C_4MIM）PF_6 中加入二硫腙萃取溶液，可有效萃取 Cu^{2+}、Hg^{2+}、Pb^{2+}、Cd^{2+} 和 Ag^+ 等重金属离子[58]。文献[59]报道，（C_4MIM）PF_6 溶液表面张力随着浓度的增加而降低，饱和（C_4MIM）PF_6 溶液的临界胶束浓度和表面张力分别为 1.59×10^{-3}mol/L 和 65.95Nm/m，这表明离子液体具有高的表面活性，能保证离子液体与水相中的络合物或 CDAA 充分作用。由于表面活性剂的独特胶束萃取功能，络合物则容易被萃取入离子液体相。（C_4MIM）PF_6 水间界面处双电子层存在的正电荷，将在 Hg_2CDAA 络合物或 CDAA 物种与离子液体表面之间产生强的交换作用。上述两种因素致使离子液体比普通的有机溶剂具有较高的萃取效率。CDAA 的萃取效率依碱性、中性、酸性介质的顺序而降低。由于 CDAA 是一种弱有机酸，在水中分解成 3 种试剂物种（RH_2、RH^-、R^{2-}），CDAA 被 RH_2 替代。在强碱溶液中，试剂物种主要是 R^{2-}，它带有强的负电荷，容易萃取入离子液体。

（二）分散液—液微萃取（DLLME）

分散液—液微萃取相当于微型化的液液萃取，是基于目标分析物在样品溶液和小体积的萃取剂之间平衡分配的过程。在待测溶液中先加入金属离子螯合剂，使待测金属离子生成螯合物，然后加入合适的萃取剂和分散剂，或者将金属离子螯合剂、萃取剂和分散剂一起加到待测溶液中，振荡后溶液形成乳浊液，待测金属离子与螯合剂生成金属螯合物并被萃取到萃取剂中，离心后取出萃取剂进样分析。这种方法的富集因子高，并且传质速度快，可迅速达到萃取平衡，萃取平衡时间可低至几秒[74]。超声波能有效地加快在分离和萃取过程中均化、乳化和不互溶相间的质移。超声协助萃取和超声协助乳化萃取用于液液萃取，可在短时间内达到萃取平衡。基于超声波的作用，与传统的分散液—液微萃取相比，超声辅助分散离子液体液–液微萃取（IL-based USA-DLLME）程序不存在有机溶剂的挥发问题，并无须使用分散试剂[60]。离子液体（C_6MIM）PF_6 被超声 1min，像云状一样分散到水相。此时形成的疏水性 Cd-DDTC 络合物被萃取到（C_6MIM）PF_6 细液滴中，经过离心，沉积相中富集的镉，直接用电热原子吸收法测定。萃取溶剂、pH、螯合试剂的浓度、萃取时间与盐效应对络合物的形成和微萃取均有一定的影响。考虑到（C_6MIM）PF_6 具有相对高的疏水性和低黏度而被选作萃取溶剂，其用量以 73μL 为宜。使用介质酸度 pH = 5.6 和 $Na-DDTC \cdot 3H_2O$ 质量浓度为 0.05%，有利于稳定的 Cd-DDTC 络合物生成。（C_6MIM）PF_6 的高黏性减慢了分析物通过界面的质量转移。在超声辅助分散离子液体液—液微萃取程序中，云状溶液的形成，致使萃取溶剂和水相间的界面显著地被扩大，短时间即可达到萃取平衡。当萃取时间大于 2min，萃取效率保持恒定。0~60g/L NaCl 对 Cd 的萃取会产生盐效应，不存在共存离子对水样中 Cd 的测定的影响。

（三）单滴微萃取（SDME）

单滴微萃取是基于分析物在不同相中分配系数不同而达到萃取的目的，微滴体积、介质酸度、搅拌速度和萃取时间均在一定程度上影响萃取效率。Manzoori 等[61]提出了一种改进的单滴微萃取程序用于测定微量铅和锰。铅与 APDC 络合[60]，锰与 1-（2-噻唑基偶氮）-2-萘酚（TAN）络合[62]，分别萃取入离子液体（C_4MIM）PF_6 微滴中，直接进样石墨炉原子吸收。TAN 在低 pH 时主要以离子化形态存在，用于 Mn-TAN 络合物的去质子化的 TAN 的量是有限的，而亲水的金属离子又趋向于分布在水相中，因此导致低的萃取效率，选用 pH = 9.5 为宜。由于溶剂液滴周围界面层的厚度影响分析物的质移，则样品的搅拌速度会明显改善萃取效率，但是搅拌速度的急剧增加又将导致微滴脱离注射针头和降低微滴体积，选用 550r/min 的搅拌速度具有良好的萃取效率。

(四) 冷致聚集微萃取 (CIAME)

Baghdadi 和 Shemirani[63] 于 2008 年提出了一种基于离子液体微萃取的新方法，命名为冷致聚集微萃取。极少量的离子液体 (C_6MIM) PF_6 和 1-丁基-3-甲基咪唑双三氟甲磺酰亚胺盐 (C_4MIM) TF_2N 作为萃取溶剂，溶解在含有抗粘剂 TritonX-114 的样品溶液中，然后在冰浴中冷却，形成了云状的溶液。离心后其萃取相的细液滴处于圆锥底玻璃离心管的底部。CIAME 是一种简单和快速从水相中萃取和预富集金属离子的方法，能够用于盐浓度高的水样和易与水混合的有机溶剂，而且该方法较有机溶剂萃取安全。以硫代米氏酮 (TMK) 作为络合试剂，在离子液体和表面活性剂的种类和用量、络合试剂的浓度、介质酸度、温度等参数的最佳条件下，测定汞的检出限为 0.3ng/mL，相对标准偏差为 1.32%。最近，这种冷致聚集微萃取方法已用于测定水样中的钴[64]。

三、离子液体萃取剂分离富集在原子光谱中的应用

(一) 火焰原子吸收

Martinis 等[65] 提出了一种基于离子液体液液萃取在线预富集镉的火焰原子吸收分析新方法。样品经消解后，往 20mL 样品溶液中加入 0.15mL 1×10^{-3}mol/L 5-Br-PADAP，0.4mL 50g/L TritonX-100，0.4mL 2mol/L 缓冲溶液 (pH = 9.0) 和 0.7g (C_4MIM) PF_6，则 5-Br-PADAP 与镉形成络合物 (Cd-5-Br-PADAP)。混合液硅胶微填充柱，被保留在填充柱上的含有 Cd-5-Br-PADAP 的离子液体富集相，直接淋洗入火焰原子吸收雾化器。对于 20mL 样品，富集因子可达 39。检出限 (LOD) 为 6ng/L，相对标准偏差 (RSD) 为 3.9%，线性范围 6~50μg/L，相关系数为 0.9998。测定了塑料包装材料中的镉，回收率为 98%~103%，并用电热原子吸收法验证了本方法。疏水离子液体 (C_6MIM) PF_6 在高温下能够分散成无数液滴，在低温下聚集成大液滴，基于这种现象，文献[66] 提出了一种用于铅的液相微萃取预富集新方法。铅与二硫腙形成的络合物在高温下分散成无数液滴，用冰水浴冷却和离心后，铅的络合物富集入离子液滴。pH、螯合剂用量、离子液体用量、萃取和离心时间对萃取率均有一定的影响，样品中共存离子对回收率不产生负影响。测定了水样中的铅，其线性范围为 10~200ng/mL，相关系数 0.9951，回收率为 94.8%~104.1%，检出限 9.5ng/mL，RSD 为 4.4%。Dadfarnia 等[67] 以 PAN 作为络合剂，从 10mL 水溶液中将 Ni—PAN 络合物萃取到 500μL (C_4MIM) PF_6 离子液体中，Ni—PAN 络合物反萃取到 250μL HNO_3 溶液中，考察了 pH、PAN 浓度，萃取时间与温

度，离子强度，HNO_3浓度对萃取效率的影响。在 pH 为 6~7 时，回收率近于常数。若络合反应在较低 pH 条件下进行，由于 H^+ 与分析物的竞争而降低了镍的回收率。在最佳条件下，富集因子可达 42.2。100μL 萃取液用于流动注射火焰原子吸收分析，检出限（LOD）和定量限（LOQ）分别为 12.5g/L 和 41.0g/L。测定水样、米粉和黑茶中的 Ni，其回收率为 96.9%~102%。

（二）蒸汽发生原子吸收

一种室温离子液体 1-丁基-3-三甲基硅烷咪唑六氟磷酸盐（C_4tmsim）PF_6 已用于液液萃取无机汞。5-Br-PADAP 与汞形成中性的 Hg-5-Br-PADAP 络合物，快速萃取入离子液体相，然后用硫化钠溶液反萃取入水相。用硅胶微填充柱分离室温离子液体富集相，萃取和反萃取效率分别为 99.9% 和 100.1%，线性范围 10~120ng，相关系数 0.9998，检出限（LOD）为 0.01ng/mL。用冷蒸汽原子吸收法测定天然水中的无机汞，并测定（C_4tmsim）PF_6 溶液的 Zeta 电位和表面张力，进而解释了（C_4tmsim）PF_6 体系的萃取机理 Martinis[65]，将 Hg-5-Br-PADAP 络合物萃取至离子液体相（C_4MIM）PF_6，用 500μL 9.0mol/L 盐酸反萃取，水相用流动注射冷原子吸收法测定了矿物水，自来水、河水和海水中的汞。对于 20mL 1μg/L Hg^{2+} 水样，Hg^{2+}、Cu^{2+}、Zn^{2+}、Pb^{2+}、Ni^{2+}、Mn^{2+} 和 Fe^{3+} 的允许量至少为 2500μg/L，水样中的碱金属和碱土金属，因其在 pH<9.2 时，不能与 5-Br-PADAP 络合而不被萃取，水样中常见的阴离子也不干扰萃取。该方法的回收率为 95%~105%，线性范围为 10~2500ng/L，相关系数 0.9997。定量限为 2.3ng/L，RSD 为 2.8%。

（三）石墨炉原子吸收

由于透析液中铅浓度很低，与之共存的无机盐浓度却非常高，常规分析方法包括石墨炉原子吸收光谱法、电感耦合等离子体原子发射光谱法，质谱和光度法都难以直接测定。为了提高分析方法的灵敏度和选择性，各种铅的分离与富集技术被广泛研究和使用，其中以液—液萃取最为实用，由于离子液体在通常情况下没有可检测到的蒸汽压，可替代易挥发的有机溶液应用于液—液萃取，文献中一种经典的室温离子液体（C_4MIM）PF_6 已用于金属离子和有机物的萃取，然而，其水溶性较大，用于溶剂萃取时富集倍数不高。尽管增加咪唑氮原子相连接烷基碳链长度可有效地降低离子液体在水中的溶解度，但离子液体饱和溶液的表面张力将随碳原子数目的增加而大幅度下降，使萃取过程中相分离更加困难。

为了克服以上不足，单海霞和李在均[68]合成了一种新的室温离子液体 1-丁基-3-三甲基硅烷咪唑六氟磷酸盐（C_4tmsim）PF_6。这种离子液体用于透析液中超痕量铅的预富集，具有高效、快速和环保等显著特点。以二硫腙作为螯合剂使透析液（≥1000mL）中存在的铅离子形成中性的铅—二硫腙配合物，摒弃传统的有机萃取剂四氯化碳，代以（C₄tmsim）PF₆为绿色萃取剂来萃取铅配合物。收集含有配合物的下层离子液体相，加入硝酸分解铅络合物，使铅离子进入水相，其水溶液中的铅含量直接用石墨炉原子吸收法测定。此富集体系明显优于传统有机溶剂四氯化碳和经典离子液体（C₄MIM）PF₆萃取体系，铅的一次萃取率和富集倍数分别在99%和200以上。预富集，结合GFAAS应用于透析液中超痕量铅的测定，线性范围是0～100ng/L，相关系数$r^2 = 0.9998$，测得方法的检出限为1.0ng/L，萃取富集因数可达200倍以上，铅的回收率在97%～102%内。

陆娜萍等[69]合成一种具有良好的疏水性的荧光酮衍生物，5-对甲氧基苯基偶氮水杨基荧光酮（p-MOPASF）。室温离子液体（C₈MIM）PF₆具有更好的疏水性，适合大面积样品中微量组分的富集。在阳离子表面活性剂CTMAB存在下，钼（Ⅵ）与p-MOPASF反应形成稳定的红色络合物，在显色后的溶液中，加入室温离子液体（C₈MIM）PF₆，将钼的络合物迅速萃入离子液体相，再用4.0mol/L NaOH溶液将钼（Ⅵ）从离子液体相反萃取至水中，此反萃取液可以直接应用于石墨炉原子吸收光谱法测定钼的含量。平均回收率为95.0%～105.5%。工作曲线的线性为0.05～110μg/L，方法检出限为0.001μg/L。离子液体仅能萃取中性络合物，萃取体系的选择性取决于金属离子与p-MOPASF的反应情况。共存离子的干扰实验表明：钼的一次萃取率接近100%，该萃取体系具有良好的选择性，能用于环境水中超痕量钼的预富集。当样品量为500mL时，钼的富集倍数达100倍，可实现水样中超痕量钼的高效富集，从而大大提高分析方法的灵敏度和选择性。与传统的分散液—液微萃取（DLLME）相比，超声辅助分散离子液体液—液微萃取（IL-based USA-DLLME）程序无挥发性有机溶剂，无须分散试剂。离子液体HMIMPF₆被超声1min，像云状一样分散到水相。此时，形成的疏水性Cd-DDTC络合物被萃取到HMIMPF₆细液滴中，经过离心，沉积相中富集的镉，直接用电热原子吸收法测定自来水、井水、河水和湖水中的镉。以73μL（H₆MIM）PF₆作萃取剂可从10.0mL水样中将1.0ng Cd定量回收，回收率为87.2%～106%，线性为1000～10000ng/L，相关系数0.9957，富集因子达67，检出限7.4ng/L，特征质量0.02pg，RSD为3.3%。

Manzoori等[70]以室温离子液体（C₄MIM）PF₄为挥发性有机溶剂用于单滴微萃取。Mn与1-（2-噻唑）-2-萘酚（TAN）络合后，Mn离子从水相被萃取到离子液体液滴中，该液滴直接注射石墨炉。考察了高温分解，原子化温度，pH，络合物浓度，提取时间和搅拌速度对萃取率和原子吸收信号的影响，在最佳条件下，线性为0.1～3.00μg/L，相关系数0.999，富集因子为30.3，检出限0.024μg/L，RSD为5.5%。此方法已用于自来水、地下水、泉水和河水中Mn的测定，回收率为95%～105%。应用标准参考物质（NISTSRM1643e）验证了本方法。

Martinis 等[71]报道用室温离子液体（C_4MIM）PF_6测定自来水与河水中四价钒和五价钒的痕量分析。用1,2-环己酸（CDTA）掩蔽 V（Ⅳ），当 CDTA 浓度达到$5×10^{-5}$mol/L 时，可以把 V（Ⅳ）完全掩蔽，5-Br-PADAP 与 V（Ⅴ）螯合，以离子液体分散液相微萃取，离子液体相用于 ETAAS 法测定 V（Ⅴ）含量。用过氧化氢将 V（Ⅳ）氧化到 V（Ⅴ），然后测定总 V，二者的差值为 V（Ⅳ）。该方法的富集因子达40，线性为4.9~5000ng/L，相关系数等于0.996。V（Ⅳ）和 V（Ⅴ）的回收率分别为97.9%~101.6%和97.7%~101.9%。检出限为4.9ng/L，RSD 为4.3%。以 Cd-5-Br-PADAP 络合物形式可快速被萃取入（C_4MIM）PF_6离子液体相，然后离子液体相中的镉用 500μL 0.5mol/L HNO_3溶液反萃取。对于 20mL 的样品，富集因子可达40。LOD 为3ng/L，RSD 为3.5%，线性为3~5μg/L，相关系数等于0.9997，回收率96.7%~105%。以 ETAAS 测定了河水与自来水中的镉，并用标准加入法和标准参考物质验证了本方法[88]。

一种改进的单滴微萃取程序用于 ETAAS 测定微量铅[75]。铅与 APDC 络合，萃取入7μL 离子液体（C_4MIM）PF_4微滴中，直接进样石墨炉。考察了灰化温度、原子化温度、pH、APDC 浓度、萃取时间、液滴体积、搅拌速度对微萃取效率和原子吸收信号的影响。检出限和富集因子分别为0.015μg/L 和76，RSD 为5.2%，若未经富集，其检出限为0.66μg/L。线性为0.025~0.80μg/L，相关系数等于0.9988，测定了标准参考物质和实际水样中的铅。锰与 TAN 络合，萃取入离子液体（C_4MIM）PF_4微滴中，直接进样石墨炉[77]。检出限和富集因子分别为0.024μg/L 和30.3，RSD 为5.5%。若未经富集其检出限为0.66μg/L。在最佳条件下，线性范围为0.1~3.0μg/L，相关系数等于0.999。测定标准参考物质（NISTSRM1643e）和天然水样中的锰，其回收率为95%~105%。

（四）离子液体在原子荧光光谱中的应用

离子液体对化学蒸气发生的增强效应已用于原子荧光光谱分析。室温离子液体（Nbupy）BF_4可以使铜，银和金的蒸气发生效率分别达到67%，53%和40%，分别改善4.8、2.7和3.6倍，其蒸气发生效率等于或优于它增感试剂，并且可以降低 Zn（Ⅱ）、Fe（Ⅲ）、Co（Ⅱ）、Ni（Ⅱ）、Pb（Ⅱ）、Se（Ⅳ）和 As（Ⅲ）的干扰。室温离子液体还可以抑制金属纳米离子进一步聚集，可防止挥发性金属的损失。Cu、Ag、Au 的检出限分别为19、15、6.3mg/L，RSD 分别为4.4%、5.2%、4.7%[72]。二乙基二硫代氨基甲酸钠（DDTC）对镍的化学蒸气发生效率的增感作用优于室温离子液体1-丁基-3-甲基溴化物（C_4MIM）Br。若将 DDTC 与离子液体（C_4MIM）Br 合用，则对镍的化学蒸汽发生效率产生加合作用[73]。DDTC 的增感机理类似于8-羟基喹啉和邻二氮菲对镍、DDTC 对金的化学蒸汽发生的增感作用。由于 DDTC 在酸性介质中是不稳定的，易分解成 S_2而失去其络合能力。因此，需首先将标准和样品溶液与 DDTC 混合以保证络合反应完成，然后再与 HCl 和离子液体（C_4MIM）Br 混合。交换 DDTC 和 HCl 的加入程序将明显降低蒸气发生—原子荧光信号。一种新的流动注射—蒸气发生—原子荧光光谱系统用于测定生物样品中的痕量镍，11 次测定 $20\mu g/L$ Ni 溶液，其 RSD 为 3.4%，检出限为 $0.65\mu g/L$。文献[74]比较了 8 种室温离子液体（C_4Py）BF_4、（C_4Py）Br、（$C_{16}MIM$）Cl，（N_{4444}）Br、（C_4MIM）Br、（C_2MIM）Br、（C_4MIM）BF_4、（N_{4444}）BF_4 对金的化学蒸气发生的影响。这些离子液体将金的灵敏度改善 3~24 倍，其改善程度取决于离子液体的性质。对于相同阴离子的室温离子液体，室温离子液体与短链阳离子结合比烷基链长结合或复杂的支链结合要有更好的增强作用；对于相同的阳离子室温离子液体，室温离子液体与溴离子结合有很好的增强效应。室温离子液体影响贵金属的化学蒸气发生形成，阳离子型室温离子液体和金属阴离子之间的离子对通过静电相互作用，阴离子室温离子液体替换金属中 Cl^-，可以有效增强化学蒸气发生，使金属从混合物中快速分离出来。在室温离子液体（C_4MIM）Br 效果最好，并且可以降低贵金属和过渡金属的干扰，进而提出了流动注射—化学蒸气发生—原子荧光光谱法测定地质样品中微量金的新方法。其线性为 $25~300\mu g/L$，检出限和精密度分别为 1.9g/L 和 3.1%。

（五）离子液体在原子发射光谱分析中的应用

Whitehead 等[75]首次将室温离子液体用于电感耦合等离子体—原子发射光谱分析（ICP—OES）。结合有 Cl^-，BF_4^-，HSO_4^- 或 N（CN）$_2^-$ 阴离子的 1-丁基-3-甲基咪唑阳离子的离子液体的特性。多数离子液体的存在主要因为提高了液体的黏度而改变了雾化效率和样品传送特性，金的原子化信号强度和表观浓度往往受到抑制。但是对于离子液体（C_4MIM）BF_4，较低的表面张力和较高的黏度之间存在相反的作用。加入低浓度的离子液体（C_4MIM）BF_4，提高了金的表观浓度，但加入较高浓度的（C_4MIM）BF_4，溶液黏度的增大致使表观浓度降低。作者研究了盐效应，应用标准加入法可有效补偿基体效应。

综上所述，室温离子液体作为萃取剂可结合多种萃取模式有效分离富集金属离子。离子液体与传统有机溶剂有很大差异，具有极高的萃取效率，可以提高分析的灵敏度和选择性，并且安全性较高。离子液体在原子光谱中主要是以 PF_6^- 阴离子的咪唑类离子液体（C_nMIM）PF_6 用作金属离子萃取和富集，研发具有特殊功能的新型室温离子液体是非常必要和完全可能的。离子液体的使用对于提高原子光谱分析方法检测能力已呈现出其独特的优越性，但是，有关应用研究刚刚起步，存在着广阔的应用拓展空间。另外，不同类型的离子液体具有不同的理化性质，应用于原子光谱分析的离子液体，其物理和结构方面的参数还不完备，在一定程度上限制了离子液体的进一步开发和应用。

第六节　其他分离富集方法

一、吸附法

吸附法可分为静态吸附和动态吸附两大类，吸附机理随吸附剂的结构、性能不同而不同，利用吸附剂特有的功能团、表面净电荷、表面键能、表面特定孔径等与待分离富集元素形成配位化合物、离子缔合物或形成物理吸附，可达到分离富集特定元素特定形态的目的。如利用巯基棉富集 GC—AAS 联用测定水中丁基锡；利用聚酰胺富集分离 Cr（Ⅲ）和 Cr（Ⅵ）、无机汞等；利用藻和浮萍分离富集 Cr（Ⅲ）和 Cr（Ⅵ）、Se（Ⅳ）和 Se（Ⅵ）。20 世纪 90 年代，注重对吸附剂的改性，以提高分离富集的选择性，如利用甲醛改性绿茶分离富集无机汞、烷基汞和苯基汞，利用交联壳聚糖（甲壳素改性产物）进行铬、锑、硒的形态分离富集。

二、流动注射预富集法

近年来，流动注射系统因其简单、快速、试剂和试样的消耗量少、仪器结构简单、操作简便、能与多种检测手段联用而受到重视，其方法是将液体样品注入流动的、非间隔连续载流中，形成一个带，传送到检测器中进行分析。

流动注射是一种高效率的溶液处理技术，可将溶液和显色剂、氧化还原剂的混合，分析溶液的输送结合为一体。将其与分离富集技术联用，可用于分离检测元素的各种化学形态，如用流动注射在线固相萃取预富集 AAS 法测定铁的价态等，用 FI—CEM（阳离子交换微柱）检测 μg/L 级的 Cu（Ⅱ）；用 FI—AAS 检测粉尘中的 Cr（Ⅵ）和总铬。图 6-5 所示为流动注射预富集分离流程图。

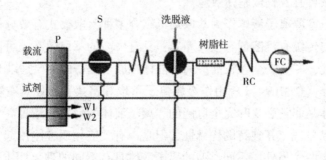

图 6-5　流动注射富集分离流程图

P—蠕动泵　S—试样溶液　W1—废液　W2—废液　RC—反应盘管　FC—检测器

三、衍生化及色谱法

（一）衍生化

衍生化是将原始分析对象转化为具有更高产率和较大分离系数物质的过程，一般是将离子态或高极性的形态衍生为非极性的物质，从而易于进行原子光谱分析。

（二）GC 或 LC 和 VGAFS 联用

高效液相色谱分离能力强，样品预处理较复杂，需要衍生，对一些热不稳定的形态不适合 LC，预处理比较简单，目前在分离中应用普遍。

参 考 文 献

[1] GUPTA B, DEEP A, MALIK P. Liquid-liquid extraction and recovery of in dium using Cyanex 923[J]. Analytica Chimica Acta, 2004, 513: 463-471.

[2] DUAN T C, LI H F, KANG J Z, et al. Cyanex 923 as the extractant in a rare earth element impurity analysis of high purity cerium oxide[J]. Ana lytical Sciences, 2004, 20: 921-924.

[3] REDDY B R, KU MAR J R, REDDY A V. Liquid-liquid extraction of tetravalent zirconium from acidic chloride solutions using Cyanex272[J]. Anartical Sciences, 2004, 20: 501-505.

[4] MHASKE A, DHADKE P. Extraction studies of platinum group metals with Cyanex 925 in toluene-role of in(Ⅱ)chloride in their separation[J]. Separation Science and Technology, 2002, 37: 1861-1875.

[5] SARKAR S G, DHADKE P M. Liquid-liquid extraction of tin(Ⅳ) with Cyanex302[J]. Indian Journal of Chemistry, Section A: Inorganic, BioInorganic, Theoretica l & Analytical Chemistry, 2002, 41A: 996-998.

[6] AGRAWAL Y K, SUDHAKAR S. Extractive spectrophotometric and inductively coupled plasma atomic-emission spectrometric determination of titanium by using dibenzo-18-crown-6 [J]. Talanta, 2002, 57: 97-104.

[7] AKDOGAN A, DENIZ M, CEBECIOGLU S, et al. Liquid-liquid extraction of transition metal cations by nine new azo derivatives of calix[n]arenas[J]. Separation Science and Technology, 2002, 37: 973-980

[8] LUO H M, DAL S, BONNESEN P V. Solvent extraction of strontium(Ⅱ) and caesium(Ⅰ) based on room temperature ionic liquids containing monoaza-substituted crown ethers[J]. Analytical Chemistry, 2004, 76: 2773-2779.

[9] CAMAGONG C T, HONJO T. Use of dicyclohexano-18crown-6 to separate traces of silver (Ⅰ) from potassium thiocyanate in hydrochloric acid media, and determination of the silver by atomic[J]. Analytical and Bioanalytical Chemistry, 2002, 373: 856-862.

[10] SHRIVESTAV P, MENON S K, AGRAWAL Y K. Selective extraction and inductively coupled plasma atomic-emission spectrophotometric determination of thorium using a chromogenic crown ether[J]. Journal of Radioanalytical and Nuclear Chemistry, 2001, 250: 459-464.

[11] 张传高, 邵丽骅. 双硫腙萃取—火焰 AAS 法测定水中 Pb[J]. 安徽化工, 2000(3): 34-35.

[12] 张秀香, 王旭珍, 金海英. 萃取—AAS 法测水中铅与铬(Ⅵ)[J]. 电镀与涂饰, 1999, 18(3): 50-53.

[13] 霍广进. 萃取—AAS 法测定高纯氧化铕、氧化钐中锌[J]. 分析试验室, 2000, 19(4): 69-70.

[14] 付爱瑞, 罗志定, 刘桂玲. 萃取火焰 AAS 法测定地质试样中痕量铊[J]. 地质实验室, 1995, 11(2): 91-92.

[15] WU YAOQING, ZHANG FENGLEI, CHEN QIFAN. Research on Electrochemical Polymerization of Conductive Heteroaromatic Polymers[J]. Advanced Materials Research, 2014, 900: 352-356.

[16] 冷鹃. 火焰原子吸收光谱法测水样中微量 Cu、Zn、Fe、Mn[J]. 理化检验(化学分册), 1995, (3191): 48-50.

[17] 王锋, 杨建华. 萃取—AAS 法测海水中痕量 Cu[J]. 光谱实验室, 2001, 18(5): 621-623.

[18] SHABANI M B, MASUDA A. Sample introduction by on-line two-stage solvent extraction and back-extraction to eliminate matrix interference and to enhance sensitivity in the determination of rare earth elements with inductively coupled plasma mass spectrometry[J]. Analytical Chemistry, 1999, 63: 2099-2105.

[19] WANG J H, HANSEN E H. Flow-injection/sequential-injection on-line solvent extraction/back extraction preconcentration coupled to direct injection nebulization inductively coupled plasma mass spectrometry for determination of copper and lead[J]. Journal of Analytical Atomic Spectrometry, 2002, 17: 1284-1289.

[20] 方肇伦等, 流动注射分析法[M]. 北京: 科学出版社, 1999: 108-109.

[21] ANTHEMIDIS A N, ZACHARIADIS G A, STRATIS J A. Development of an on-line solvent extraction system for electrothermal atomic absorption spectrometry utilizing a new gravitational phase separator. Determination of cadmium in natural waters and urine

samples[J]. Journal of Analytical Atomic Spectrometry, 2003, 18: 1400-1403.

[22]吴英亮, 江祖成, 胡斌. 微滴溶剂萃取/低温电热蒸发 ICP-AES 联用新技术用于超痕量元素分析[J], 高等学校化学学报, 2003, 24: 1793-1794.

[23]XIA L B, HU B, JIANG Z C, et al. Single drop microextraction combined with low-temperature electrothermal vaporization ICP—MS for the determination of trace Be, Co, Pd and Cd in biological samples[J]. Analytical Chemistry, 2004, 76: 2910-2915.

[24]于惠芬, 王爱霞, 徐书绅. 液膜富集—火焰原子吸收法测定碱金属中 Cu、Cr、Ni[J]. 分析化学, 1994, 22(9): 973-974.

[25]于惠芬, 蒋桂华, 许晓村. 利用液膜富集与分离技术测啤酒中痕量铁、锰、铜[J]. 现代商检科技, 1994(394): 253-255.

[26]陈瑞战, 王晓菊, 刘海音. 痕量铅的液膜分离富集与火焰吸收光谱法的测定[J]. 冶金分析, 2001, 21(1): 46-47.

[27]节龙家, 陈树榆, 吴纯德. 液膜富集火焰 AAS 法测定水中痕量 Cd[J]. 环境科学, 1994, 15(1): 88-91.

[28]王献科, 李玉萍, 李莉芬. 液膜分离富集测定水中痕量 Ni[J]. 浙江冶金, 1999(4): 41-43.

[29]JAN ALKE JOE NSSON, MATHIASSON L. Liquid membrane extraction in analytical sample preparation I[J]. Principles Trends in analytical chemistry, 1999, 18: 318-325.

[30]SOKO L, CHIMUKA L, CUKROWSKA E, et al. Extraction and preconcentration of manganese(II) from biological fluids(water, milk and blood serum) using supported liquid membrane and membrane probe methods[J]. Analytica Chimica Acta, 2003, 485: 25-35.

[31]段太成. 分离富集技术在原子光谱分析中的应用[D]. 长春: 中国科学院长春应用化学研究所, 2004.

[32]SOKO L, CUKROWSKA E, CHIMUKA L. Extraction and preconcentration of Cr(VI) from urine using supported liquid membrane[J]. Analytica Chimica Acta, 2002, 474: 59-68.

[33]SOKO L, CHIMUKA L, CU KROWSKA E, et al. Extraction and preconcentration of manganese(II) from biological fluids (water, milk and blood serum) using supported liquid membrane and membrane probe methods[J]. Analytica Chimica, 2003, 485: 25-35.

[34]王莹莹, 赵广莹, 常青云, 等. 悬浮固化液相微萃取技术研究进展[J]. 分析化学, 2010, 38(10): 1517-1522.

[35]CHANG C C, HUANG S D. Determination of the steroid normone levels in water samples by dispersive liquid-liquid microextractiun with solidification of a floating organic drop followed by high-performore liquid chromatogrophy[J]. Anal. Chim. Acta, 2010, 662

（1）：39-43.

[36] 蔺英红, 胡艳, 王婷, 等. 分散液液微萃取—上浮溶剂固化/高效液相色谱法测定沉淀物中的+溴联苯醚[J]. 分析化学, 2010, 38(1)：62-66.

[37] 李银保, 彭湘君, 张道英, 等. 沉淀富集—火焰原子吸收光谱法测定水中的铅和镉[J]. 光谱实验室, 2009, 26(3)：599-601.

[38] 徐引娟, 袁惠娟. 共沉淀富集饮用水中铜, 铅, 镉的原子吸收分析[J]. 上海大学学报：自然科学版, 1998(4)：406-410.

[39] 林建梅, 姚俊学. 镍(Ⅱ)-4-(2-吡啶偶氮)-间苯二酚共沉淀分离富集-原子吸收光谱法测定钢中铜[J]. 冶金分析, 2013, 33(7)：73-76.

[40] IDE K, NA KAMURA Y, HASEGAWA S, et al. Determination of trace refractory metal elements in high-purity iron by inductively coupled plasma massspectrometry[J]. Bunseki Kagaku, 2003, 52：931-937.

[41] HUANG Z Y, ZHANG Q, HU K, et al. Determination of ultra-tracegold, palladium and platinum ingeochemical samples by co-precipitation ICP/MS [J]. Guangpuxue Yu Guangpu Fenxi, 2003, 23：962-964.

[42] GOMEZ M B, GOMEZ M M, PALACIOS M A. ICP—MS determination of platinum, palladium and rhodium in airborne and road dust after tellurium coprecipitation[J]. Journal of Analytical Atomic Spectrometry, 2003, 18：80-83.

[43] TAMARI Y. Determination of tellurium in human hair by hydridegeneration-AAS following the iron(Ⅲ) coprecipitation method[J]. Bunseki Kagaku, 1999, 48：499-504.

[44] LI Y S, AN S, YU J Q, et al. Determination of lead, bismuth and tellurium in pure copper cathodes by ICP—AES after coprecipitation with ferric hydroxide[J]. Lihua Jianyan, Huaxue Fence 2000, 36：124- 125.

[45] NAKAMOTO Y, IWATANI N, MATUSAKI K. Determination of tellurium and arsenic in crude oils by oxyhydrogencombustion/iron(Ⅲ)coprecipitation/graphite furnace AAS[J]. Bunseki Kagaku 2003, 52：513-517.

[46] MAN H X, SU Y D, WANG Y K, et al. Flame AAS determination of cadmium in chlorides-separation by coprecipitation with ammonium 1-pyrrolidine dithiocarbamate and DPTD[J]. Lihua Jianyan Huaxue Fence, 2003, 39：18-19.

[47] 梁勇, 汤又文, 汪朝阳. 以甲壳素为母体的螯合树脂富集—悬浮液进样 GFAAS 法测定水中痕量银[J]. 分析试验室, 1999. 18(5)：41-43.

[48] 汤又文, 梁勇, 汪朝阳. 以壳聚糖为母体的螯合树脂富集 GFAAS 法测定痕量金[J]. 冶金分析, 2000, 20(3)：26-28.

[49] 杨宇民, 邵健, 姚成. 巯基壳聚糖富集火焰 AAS 法测天然水中 Pb (Ⅱ)和 Cd (Ⅱ)

[J]. 分析测试学报, 2000, 19(5): 38-40.

[50]孟昭荣, 吴瑶庆, 洪哲, 等. 丹东地区蓝莓中硒的形态分析[J]. 江苏农业科学, 2011, 39(6): 535-538.

[51]李斌, 崔慧. 壳聚糖富集 FAAS 法测定水中痕量铜[J]. 理化检验: 化学分册, 2001, 37(6): 253-253.

[52]蒋爱芳, 钱沙华, 黄涂泉. 交联壳聚糖富集分离火焰原子吸收法测定环境样品中微量锰[J]. 环境科学与技术, 2000, (4): 32-34.

[53]吴瑶庆, 孟昭荣, 李莉, 等. 蓝莓中蛋白硒形态的富集分离及测定方法[J]. 营养学报, 2011(05): 37-40.

[54]吴瑶庆, 杜春霖, 高友. 超声波形态硒分离器: 中国, 104324520. [P]. 2016.

[55]孙汉文, 冯波, 吴远远, 葛旭升. 室温离子液体在原子光谱分析中的应用研究进展[J]. 河北大学学报: 自然科学版, 2010(02): 109-117.

[56]杜甫佑, 肖小华, 李攻科. 离子液体在样品预处理中的应用[J]. 化学通报, 2007, 9: 647-654.

[57]VISSER A E, SWATLOSKI R P, RECHERT W M, et al. Task-Specific Ionic Liquids Incorporating Novel Cations for the Coordination and Extraction of Hg^{2+} and Cd^{2+}: Synthesis, Characterization, and Extraction Studies[J]. Environ Sci Technol, 2002, 36: 2523-2529.

[58]LUO HUIMIN, DAI SHENG, BONNESEN P V, et al. Separation of fission products based on ionic liquids: Task-specific ionic liquids containing an aza-crown ether fragment[J]. J Alloy Compo, 2006, 418: 195-199.

[59]HIRA YAMAN, DEGUCHI M, KAWASUMI H, et al. Use of 1-alkyl-3-methylimidazolium hexafluorophosphate room temperature ionic liquids as chelate extraction solvent with 4,4,4-trifluoro-1-(2-thienyl)-1, 3-butanedione[J]. Talanta, 2005, 65: 255-260.

[60]WEI GUORTZO, YANG ZUSING, CHEN CHAOJUNG. Room temperature ionic liquid as a novel medium for liquid/liquid extraction of metal ions[J]. Anal Chim Acta, 2003, 488: 183-192.

[61]LI ZIJUN, WEI QIN, YUAN RUI, et al. A new room temperature ionic liquid 1-butyl-3-trimethylsilylimidazolium hexafluorophosphate as a solvent for extraction and preconcentration of mercury with determination by cold vapor atomic absorption spectrometry[J]. Talanta, 2007, 71: 68-72.

[62]MANZOORI J L, AMJADI M, ABUL HASSANIJ. Ultra-trace determination of lead in water and food samples by using ionic liquid-based single drop microextraction-electrothermal atomic absorption spectrometry[J]. Anal Chim Acta, 2009, 644: 48-52.

［63］MANZOORI J L, AMJADI M, ABUL HASSANIJ. Ionic liquid-based single drop microextraction combined with electro - thermal atomic absorption spectrometry for the determination of manganese in water samples[J]. Talanta, 2009, 77: 1539-1544.

［64］BAGHDADI M, SHEMIRANI F. Cold - induced aggregation microextraction: a novel sample preparation technique based on ionic liquids[J]. Anal Chim Acta, 2008, 613: 56-63.

［65］GHAREHBA GHI M, SHEMIRANI F, FARAHANI M D. Cold-induced aggregation microextraction based on ionic liquids and fiber optic-linear array detection spectrophotometry of cobalt in water samples[J]. Journal of Hazardous Materials, 2009, 165: 1049-1055.

［66］MARTINIS E M, OLSINA R A; AL TAMIRANO J C, et al. On-line ionic liquid-based preconcentration system coupled to flame atomic absorption spectrometry fortrace cadmium determination in plastic food packaging materials[J]. Talanta, 2009, 78: 857-862.

［67］BAI HUAHUA, ZHOU QINGXIANG, XIE GUOHONG, et al. Temperature-controlled ionic liquid liquid-phase microextraction for the pre-concentration of lead from environmental samples prior to flame atomic absorption spectrometry[J]. Talanta, 2010, 80: 1638-1642.

［68］DADFARNIA S, SHABANI A M H, BIDABADI M S, et al. A novel ionic liquid/microvolume back extraction procedure combined with flame atomic absorption spectrometry for determination of trace nickel in samples of nutritional interest[J]. Journal of Hazardous Materials, In Press, 2009.

［69］单海霞, 李在均. 新型离子液体预富集—石墨炉原子吸收法测定透析液中超痕量铅[J]. 光谱学与光谱分析, 2008, 28 (1): 214-217.

［70］陆娜萍, 李在均, 李继霞, 等. 室温离子液体萃取—石墨炉原子吸收光谱法测定超痕量钼[J]. 冶金分析, 2008, 28 (7): 28-32.

［71］MANZOORI J L, AMJADI M, ABUL HASSANIJ. Ionic liquid-based single drop microextraction combined with electrothermal atomic absorption spectrometry for the determination of manganese in water samples[J]. Talanta, 2009, 77: 1539-1544.

［72］MARTINIS E M, OLSINA R A, AL TAMINANO J C, et al. Sensitive determination of cadmium in water samples by room temperature ionic liquid based preconcentration and electrothermal atomic absorption spectrometry[J]. Anal Chim Acta, 2008, 628: 41-48.

［73］ZHAN G CHUAN, LI YAN, CUI XIAOYAN, et al. Room temperature ionic liquids enhanced chemical vaporgeneration of copper, silver andgold following reduction in acidified aqueous solution with KBH4 for atomic fluorescence spectrometry[J]. J Anal At Spectrom, 2008, 23: 1372-1377.

[74]ZHAN G CHUAN, LI YAN, WU PENG, et al. Synergetic enhancement effect of ionic liquid and diethyldithioCarbamate on the chemical vaporgeneration of nickel for its atomic fluorescence spectrometric determination in biological samples[J]. Anal Chim Acta, 2009, 652: 143-147.

[75]ZANG CHUAN, LI YAN, WU PENG, et al. Effects of room-temperature ionic liquids on the chemical vaporgeneration of gold: Mechanism and analytical application[J]. Anal Chim Acta, 2009, 650: 59-64.

[76]WHITEHEAD J A, LAWRANCE G A, McCLUSKEY A. Analysis of gold in solutions containing ionic liquids by induc-tively coupled plasma atomic emission spectrometry[J]. Aust J Chem, 2004, 57: 151-155.

第七章 无机元素形态原子光谱分析中样品预处理技术

第一节 概　述

随着现代科学的迅猛发展，形态分析是目前环境科学、生物化学和生命科学领域中颇为活跃的前沿性课题，对元素形态分析的需求有了爆炸性的增长。科技工作者发现，一种元素的生理、毒理影响以及生物利用度、环境行为和迁移性，在很大程度上取决于它的化学形态，因此，仅测量体系中元素的总量已不能满足科学家在生物、环保、临床医学、毒理学等各个研究领域的需要。人们迫切需要知道元素在样品内的实际状态以及化学活性、生物活性和毒性等重要信息，从而形成了元素形态分析需求增长的内部动力；另外，由于现代分析技术的飞速发展，不断推陈出新的气相、液相色谱和毛细管电泳等高效分离手段，结合原子光谱、质谱等高灵敏度检测器，为元素形态的分析提供了良好的技术平台，一般能够快速准确地获得所需要的数据，因此可满足大规模、多批量进行元素形态分析的外部条件。

一、元素形态及部分元素常见形态

2000 年，IUPAC 对元素形态概念作了最新定义：某种元素分布在一个体系中的各种特定的化学形式，即元素的形态是指某种元素在实际样品中以不同的同位素组成、不同的电子组态或价态以及不同的分子结构等存在的特定形式。元素形态又分为物理形态和化学形态，其中物理形态是指元素在样品中的物理状态，如溶解（溶液）态、胶体和颗粒状（沉淀）等，化学形态是指元素在该样品中的化合价态、有机金属衍生物类型、生物活性状态等，即以某种离子或分子的形式存在，其中包括元素的价态、结合态、聚合态及结构等。一般意义上所说的元素形态泛指化学形态，元素形态不同于元素价态，同一元素的相同价态可能有多种形态，如价态为五的砷元素，其元素形态可分为无机态和多种有机态的砷形态；硒元素的无机形态通常为四价硒 [Se（IV）] 和六价硒 [Se（VI）]，而有机形态又分为蛋白硒或多糖硒。各种元素的主要常见形态见表 7-1。

表 7-1 各种元素的主要常见形态

元素名称	元素形态
As	三价无机砷 [As（Ⅲ）]，五价无机砷 [As（V）]，一甲基砷 [MMA（V）]，二甲基砷 [DMA（V）]，砷甜菜碱（AsB），砷胆碱（AsC），砷糖（AsS）等
Hg	无机汞 [Hg（Ⅱ）]，一甲基汞 [MeHg（Ⅰ）]，二甲基汞 [（Me）$_2$Hg]
Cr	三价铬 [Cr（Ⅲ）]，六价铬 [Cr（Ⅵ）]
Se	四价硒 [Se（Ⅳ）]，六价硒 [Se（Ⅵ）]，硒代胱氨酸（SeCys），硒代蛋氨酸（SeMet），多糖硒，多肽硒，蛋白硒等
Pb	二价铅 [Pb（Ⅱ）]，三甲基铅（TriML），四乙基铅（TetrEL）等
Sn	二丁基锡（DBT），三丁基锡（TBT）等

元素存在的形态不同，物理、化学性质与生物活性不同，使其在环境和生命过程中表现出不同的行为，如 Cr（Ⅲ）是维持生物体内葡萄糖平衡以及脂肪蛋白质代谢的必需的元素之一，而 Cr（Ⅵ）是水体中的重要污染物，具有包括致癌作用在内的多种毒性。不同形态的砷，其毒性大小顺序为：砷化氢>亚砷酸>三氧化二砷>砷酸盐>砷酸>砷，砷甜菜碱与砷胆碱的毒性小于甲基胂和乙基胂。水中铜的毒性形态有 Cu^{2+}，$CuOH^+$(aq)，$Cu(OH)_2$(aq)，而 $Cu(CO_3)_2^{2-}$、$CuHCO_3^+$、CuEDTA 等则是无毒的。不同元素形态的存在取决于它们的不同来源及其进入环境介质后与介质中其他物质发生的各种相互作用。由于具有不同的物理性质、化学性质和生物活性，在环境和生命科学领域发挥着不同的作用。

二、元素形态分析

元素形态分析是分析科学领域一个极其重要的研究方向，元素的化学形态分析就是测定样品中某一元素单个的物化形式，所有这些单个的物化形式的浓度之和就是元素的总浓度。IUPAC 将其定义为：定量测定确定环境与生物样品中与生命有关的特定元素（常为金属、类金属）的样品中一个或多个化学形态的定性、定量分析过程，即指对元素的各种赋存形式，包括游离态、共价结合态、络合配位态、超分子结合态和有机态等定性和定量的分析方法。曾有人根据 Tessier 连续萃取法将土壤中的元素形态分为可交换态、碳酸盐结合态、铁—锰氧化物结合态、有机物结合态和残渣态等五种。

经过二十多年的发展，元素形态分析已经成为分析科学领域的一个重要分支，随着这一技术的不断发展，已经为环境科学、生命科学、临床医学、营养学、毒理学、农业科学等领域提供了越来越多的有用信息。

三、元素形态分析的意义及必要性

(一) 元素形态分析意义

人们首次认识到甲基汞的危害是在 1955 年，在日本的 Minamata，因孕妇食用遭受甲基汞污染的鱼类，造成 22 名新生儿严重脑损伤。在 1971~1972 年，伊拉克发生了大面积甲基汞中毒事件，原因是当地人食用了经过甲基汞处理的小麦做成的面粉。环境科学家和生命科学工作者认识到无机元素，特别是痕量重金属的环境效应和微量元素的生物活性，不仅与其总量有关，更大程度上由其形态决定，不同的形态，其环境效应或可利用性不同。

1. 在污染物迁移转化规律中的研究意义

环境化学研究的对象为，环境样品中元素的形态信息可用于环境危害性评价，阐明污染物在环境中的迁移和转化机理及最终归宿是环境科学的重要研究内容之一。但污染物在环境中的迁移转化规律，并不取决于污染物的总浓度，而是取决于它们化学形态的本性。例如，在森林土壤中，Pb^{2+} 很少由于降水作用被淋溶而迁移，而 Pb^{4+} 则容易流失，显然，仅以 Pb 的总量来研究森林土壤中 Pb 的迁移行为是不科学的；此外，土壤中 As^{3+} 比 As^{5+} 易溶 4~10 倍；又如，以甲基化或烷基化形式存在的金属，使金属的挥发性增加，提高了金属扩散（迁移）的可能性。因此，只有借助于形态分析才有可能阐明化学污染物进入环境的方式及迁移、转化过程的本质；阐明化学污染物在水、气和土壤循环中的地球化学行为，可为区域环境污染的综合防治提供重要的科学依据。甲基汞的毒性远高于无机汞，并且具有极强的生物亲和力，同时无机汞易于在生物体内富集并转化为甲基汞。Cr（Ⅲ）是维持生物体内葡萄糖平衡以及脂肪蛋白质代谢的必需元素之一，而 Cr（Ⅵ）却对生物体具有很大的毒性和致癌作用，原因在于其具有更强的氧化性、化学活性及迁移性；砷是一种有毒元素，但是不同形态砷的毒性却差别比较大，一般无机态砷毒性比较大，三价砷的毒性要大于五价砷；而有机态的砷中，甲基砷的毒性要强于其他有机态砷，以砷化合物的半致死量 LD50 计，其毒性依次为 $H_3As>As$（Ⅲ）（大于 10000mg/kg）> As（Ⅴ）（大于 8000mg/kg）>MAA（甲基胂酸，6500mg/kg）>DMAA（二甲基胂酸，700~2600mg/kg）>TMAO（三甲基胂氧，700~1800mg/kg）>AsC（砷胆碱，20mg/kg）>AsB（砷甜菜碱，14mg/kg），表明不同形态砷的毒性不同，无机砷的毒性最大，有机砷的毒性较小，而 AsB 和 AsC 常被认为是无毒的，砷甜菜碱、砷胆碱和砷糖等则基本上没有毒性。对汞、锡和铅等重金属元素来说，有机态的化合物毒性要远远高于无机态。作为人体必需的铁元素，铁元素只有在二价时才能被生物体吸收和利用，食品中的总铁含量并不能代表可吸收利用的有效铁；硒是人体必需的元素，但是吸收过量会导致硒中毒，不同形态硒的生物可利用性和毒性差别较大；铝的毒性也和其形态密切相关，自由态的铝离子、水化羟基化合物 $Al(OH)_2^+$ 等是致毒形态，多核羟基铝也具有一定的毒性，而铝的氟络合物以及有机态络合物则基本无毒。根据传统分析方法所提供的元素总量的信息已经不能对某一元素的毒性、生物效应以及对环境的影响做出科学的评价，为此，分析工作者必须提供元素的不同存在形态的相关信息。元素形态具有多样性、易变性、迁移性等不同于常规分析对象的特点，因此其分析方法也成为一个崭新的研究领域，即元素形态分析。

2. 在环境毒理学、环境医学及生命科学中的研究意义

生物样品的元素形态分析有助于人们从元素化学形态水平上了解微量元素与人类健康和疾病的关系，探讨与健康和重大疾病相联系的痕量元素的化学形态变化等。

（1）不同化学形态的重金属，其毒理特性的一般规律。

①重金属以自然态转变为非自然态时，毒性增加。如，天然水在正常 pH 下，铝处于聚合的氢氧化铝胶体形态，对鱼类是无毒的；但是，若天然水被酸雨酸化时，铝则转化为可溶性有毒形态 $[Al(OH)_2^+]$，$Al(OH)_2^+$ 可与鱼鳃的黏液发生反应，阻碍必需元素氧、钠、钾等通过生物膜的正常转移，造成鱼类大量死亡。

②离子态的毒性常大于络合态。近年研究发现，铝离子能穿过血脑屏障进入人脑组织引起痴呆等严重后果。而 AlF_4^- 没有这种危险。黄淦泉[1]等研究茶水中铝的形态发现：尽管茶水中铝的含量较高，但由于氟含量较高，氟铝络合物是茶水中铝的主要形态，有毒的单体羟基铝不存在，由此，茶叶的营养价值不受铝含量高的影响。大约在一百年前就已发现，给动物注入活性染料，全身组织都会染上色，唯独脑组织却不会染色，但是如果把染料直接注入蛛网膜下腔，则脑组织迅速被染色。以后的大量实验研究表明；有些物质完全不能由血进入脑组织间液，有些物质进入很缓慢，而有些物质的进入颇为迅速。总之，在血—脑之间有一种选择性地阻止某些物质由血入脑的"屏障（barrier）"存在，称为血脑屏障（BBB）。血脑屏障的功能在于保证脑的内环境的高度稳定性，以利于中枢神经系统的机能活动，同时能阻止异物（微生物、毒素等）的侵入而有保护作用。

③金属有机态的毒性大于金属无机态。甲基汞的毒性是无机汞的 100 倍，无机锡是无毒的，而三丁基锡毒性极大，它对水生生物的毒性水平为 2~10ng/L，二甲基镉的毒性大于氯化镉。

④价态不同，毒性不同。Cr^{6+} 的毒性比 Cr^{3+} 的毒性高 100 倍左右，而亚砷酸盐（As^{3+}）的毒性比砷酸盐（As^{5+}）大 60 倍。

⑤金属羰基化合物常常剧毒。如 $[Fe(CO)_5]$ 五合羰基铁，$[Ni(CO)_4]$ 四合羰基镍均为毒性极强的化合物。

（2）不同的化学形态对生物体的意义。

①金属药物与生物分子的相互作用及其引起的金属物种的变化研究，对于理解药物的作用机理和指导新药物的设计具有重要意义。

②在食品科学及营养学领域，元素形态分析可以帮助人们了解人体吸收和生物可利用性与元素化学形态之间的关系，以便改善人体必需元素或降低有毒元素的生物可利用性。如氮的还原态，蛋白质中的氨基酸是生物所需要的，而氮的氧化物是生物不需要的。又如，极稳定的金属络合物，不与生物体等起反应，因而是无毒的；然而，当人体必需的元素以极稳定的金属络合物形式存在时而变得不能被利用（不被生物体所吸收），便会导致生物体对这些必需元素的短缺。可见研究元素的形态比研究实际总浓度对生命物质影响的意义更为重要。只有借助于形态分析，才能确切了解化学污染物对环境生态、环境质量、人体健康等的影响；认识元素在无生命和有生命系统中的循环以及它们的生理功能，阐明地方性疾病的来源，从而进行有效地防止。如震惊世界的公害事件之一，水俣病（烷基汞中毒）的调查与防止，汞的形态分析起了关键作用。因此，弄清元素的化学形态与毒性的关系，对于制订商品中有毒元素限量的新标准具有重要意义。

（二）元素形态分析的必要性

1. 食品及农产品中重金属形态砷污染物限量

砷作为常见的有毒、有害元素，一直倍受人们关注。砷摄入过多可引起急性中毒，长期低剂量暴露可引起慢性砷中毒，诱发各种皮肤病并可导致肝肾功能受损，甚至导致癌症。GB 2762—2017《食品中污染物限量》中规定，贝类及虾蟹类水产品（鲜重）的无机砷限量标准为 0.5mg/kg。GB 5009.11—2014 提供了食品中总砷和无机砷的测量方法，为有毒的无机砷检测提供了技术手段。

2. 食品及农产品中重金属砷形态检测分析现状

近年来，国内质检机构一直依据 GB 5009.11—2014 来检测食品中的无机砷。继广西检出大量紫菜中无机砷超标以来，国家工商局又报道了 44.9% 的紫菜、海带中无机砷超标，甚至引发了紫菜、海带能否安全食用的讨论。紫菜属海生植物型食品，其中砷主要是以 AsS 的形式存在，几乎不含无机砷。植物性海产品中，砷元素主要以砷糖（AsS）的形式存在，此外还含有少量的二甲基砷酸（DMA）。如果依照 GB 5009.11—2014 的样品预处理方法，采用 6mol/L 的盐酸进行提取，则植物性海产品中的 AsS 会部分分解，转化为 DMA。标准中所采用的原子荧光检测方法，是以蒸气发生化学反应作为基础的，其检测过程如下，样品中的五价砷在进样前被还原剂还原成三价无机砷；在进样后和 KBH_4 反应，生成 AsH_3 和 H_2；AsH_3 经过气液分离后，在氩气和氢气的携带下，进入原子化器；AsH_3 最终在 Ar-H 火焰中解离，生成砷原子；砷原子受到特征谱线的辐照，其外层电子受到激发，跃迁至较高能级，在其返回至基态时，发出共振荧光；共振荧光被检测器所接收，经过前置放大后，转化为电信号，输出至控制软件中，进行定量计算。

由于 DMA 也会和 KBH_4 反应，生成气态的 As（CH_3）$_2$H，而 As（CH_3）$_2$H 也会在 Ar-H 火焰中解离，生成砷原子，所以 GB 5009.11—2014 的样品预处理方法造成的 AsS 分解所产生的 DMA 以及样品中原有的 DMA 均会以无机砷的形式检出，得到"假阳性"的分析结果。因此，海带、紫菜中大规模检出无机砷超标的结果是错误的。其原因，主要在于其预处理方法使以无毒有机砷存在的 AsS 被当作无机砷被检出。

3. GB 5009.11 的标准方法存在的问题

（1）样品预处理问题：6mol/L 的盐酸使得紫菜、海带类样品中的 AsS 部分分解，其方法值得商榷。

（2）检测方法的问题：由于采用蒸气发生—原子荧光检测方法，样品中的有机砷（如 DMA 和 MMA）也会生成氢化物，被误认为是无机砷被检出。

因此，该方法对无机砷检测而言，不是特异性检测方法，部分有机砷形态也会同时干扰测量，造成结果偏高的现象。因此，针对上述两个问题，只能采用高效液相色谱—原子荧光联用的方式解决，将所测量的砷形态经过色谱分离后，再检测，就不会存在上述问题。

四、元素形态分析的技术特点

元素形态分析技术主要由样品采集、样品制备、分离、富集、定性、定量和分析报告等五部分组成。在整个形态分析过程中，利用各种提取、消解和分离程序把指定形态从样品介质中分离出来，最后把分离出来的组分中的形态按照元素的原子性质进行测定。样品制备过程是形态分析的关键环节，需要注意保持待测元素形态，同时避免污染，这使得样品制备过程较常规总量分析更加复杂和困难。因此，对操作人员提出了更高的要求，同时延长了预处理时间。此外，由于元素的某一形态仅仅是元素总量的一部分，甚至是极少的一部分，因此，对分析方法的灵敏度提出了更高的要求，只有高灵敏的检测技术才能满足元素形态分析的要求。此外，用于元素形态分析的标准物质和标准参考物还需要依赖进口，目前大量的研究还限于分离技术和原子检测技术方面，在一定程度上影响了形态分析技术的推广。

（一）要求超痕量分析，高灵敏度、检出限低的分析方法

由于环境样品中待测污染元素的含量极微，一般在 $\mu g/L$ 甚至 ng/L 水平，因此要区分出它们的不同形态，需要灵敏度更高、检出限更低的分析方法。

（二）要求高选择性的分析方法

形态分析要求所采用的分析技术必须仅能以某一特定形态得到响应信号。现有的分析方法很少能直接鉴定元素的形态，必须与形态的预分离、富集方法相结合，而这种分离、富集技术也必须有较高的特效性，并且能防止形态重新分配。

（三）必须尽可能避免样品中原来存在形态平衡的破坏与变动

由于元素在环境中以多种化学形态存在，各种化学形态处于动态平衡中，因此在样品取样和分析过程中必须尽可能为了避免样品中原有形态平衡的破坏与变动，最理想的是能够进行原位实时检测。但由于仪器和技术上的困难，很多情况下无法做到现场分析，测定工作只能在实验室完成，这样试样的采集与保存就成了形态分析中的重要一环。在采样中必须考虑形态分析的基本要求，如取样要有代表性；样品能保持原来状态，不污染、不变化；保存与运输方法适当等。采样计划也要围绕着这些要求来制定。取水样时，如果待测成分随时间改变，则应注意记录取样日期、时刻、位置、深度、大气情况、所用方法和设备等。沉积物、土壤的取样应尽量避免与其他物质接触，力求保持其原状态。样品的保存也是一个较为复杂的问题，由于样品中某些痕量元素化合物的不稳定，增加了其保存难度，来自环境、试剂、器具等对样品的污染及挥发、吸附、化学变化、生物作用等均可引起被测成分损失和变化。如玻璃试样瓶的玻璃对溶液中的"自由"金属离子有一定吸附作用，聚乙烯或聚四氟乙烯试样瓶的这种作用则明显减少。用于形态分析的水样不能酸化后冷冻保存，因为这些处理可能使元素的形态发生变化。首先酸度可改变金属的水解平衡，从而改变游离金属离子的浓度，其次 H^+ 与金属离子对有机或无机试剂的竞争，改变络合平衡，此外酸度还是影响吸附过程（金属氢氧化物的共沉淀、生物表面吸附等）的主要因素。

例如：溶解态砷的含氧酸在水中存在下列离解平衡

$$H_3AsO_4 \xrightarrow{k_1} H_2AsO_4^- + H^+$$

$$H_2AsO_4^- \xrightarrow{k_2} HAsO_4^{2-} + H^+$$

$$HAsO_4^{2-} \xrightarrow{k_3} AsO_4^{3-} + H^+$$

显然，酸化将会改变其形态。水样一般需于 4℃ 下原样短期保存。如以冷冻保存水样，金属离子会连续浓缩在未冻结的溶液中，从而产生不可逆的水解和聚合，

使元素形态发生变化。可见，元素的形态分析比元素总含量的测定要困难得多，是一个难度很大的分析领域，是分析工作者所面临的前沿课题之一。

第二节　元素形态分析中预处理技术

一、元素形态分析样品预处理所需仪器

（一）物理预处理仪器

匀浆机、中药粉碎机、冷冻干燥仪。

（二）提取仪器

恒温混旋仪：转速、温度、时间可控，样品处理个数多，时间短，样品量不能太大；

水浴摇床：样品量大，时间长；

超声波清洗器：功率小，提取不够充分；

聚焦超声装置：功率强，提取完全，样品个数不够；

微波萃取仪：温度不好控制。

（三）控温混旋提取装置

TMS-200：30~100℃控温，可调节混旋转速，一次处理24个样品，体积小，便于携带。[1]

（四）常用的提取剂

根据提取的元素形态和样品基体选择合适的提取剂。常用的提取剂有：酸，盐酸、硝酸、磷酸、高氯酸等；碱，氢氧化钾、氢氧化钠等；有机溶剂，甲醇、醋酸等；无机溶解，水、磷酸盐、醋酸盐等；络合配体，硫脲、2-巯基乙醇、半胱氨酸、柠檬酸等。

二、元素形态分析样品预处理技术

（一）样品中待测元素形态分析的预处理

1. 样品中目标元素形态初级预处理（物理预处理）

将样品中的各种形态，采用温和提取条件，机械、物理的手段提取样品的目标元素，消除基体干扰，最大限度并且在相互不转化的情况下提取到溶液中。

2. 溶解

将生物样品制成溶液，常用碱水解、酸水解或酶水解的方法，样品基质还存在于溶液中。

3. 采用仪器提取

样品净化后，采用提取剂，浓缩富集等方法，在消解样品的过程中使样品匀质化，与提取剂充分接触，提高提取率；

液体通过离心、过滤（水、尿液）；固体通过粉碎过筛使样品匀质化（食品、中药材）。

4. 样品净化目的

净化的目的是去除样品中的基体干扰，一般基体（如纤维素、淀粉）可通过离心、过滤的方法改善分离效果。

（1）油脂基体（肉、蛋、奶）：用丙酮或正己烷脱脂。

（2）高盐分基体（植物性海产品）：透析除盐外等复杂基体，含色素样品（土壤、中草药）通过固相萃取柱（SPE 柱）分离净化。

（3）浓缩富集：样品含量低于检出限，需大体积浓缩或富集达到可检测的目的。

浓缩：甲醇+水提取，氮吹或旋转蒸发。

富集：水中汞，ppt 级。

巯基棉富集：吸附、洗脱。

SPE 柱富集：活化—DDTC 或 2—ME 改性—50% 乙腈清洗—流动相洗脱。

有机溶剂萃取：二氯甲烷萃取—含硫配体反萃取。

（二）元素形态分离方法

1. 过滤、超滤、渗滤和渗析分离法

（1）过滤，用于分离气体和水样中的颗粒物，常用 $0.45\mu m$ 的滤膜，当要进行 HPLC 分析时，则需要过 $0.2\mu m$ 的滤膜。

（2）超滤、渗滤、渗析分离：超滤膜、透析膜的孔径分别为 $1\sim15nm$、$1\sim5nm$，元素胶体态的直径为 $10\sim500nm$，因此，利用超滤、渗滤、渗析可以分离元素的胶体态与离子态。

2. 萃取分离

在常温或低温下利用合适的溶剂，将分析物从样品基质中萃取分离出来，适应性强、选择性高、分离效果好。

（1）浸提：固—液萃取，用于从固体样品（土壤、沉积物或生物组织）提取要分析的形态。在金属配合物的形态分析中应用很多。当要避免被分析物形态的改变而不能用溶解的方法时，浸提也是一种很好的选择。如 GB 5009.11 中无机砷的测定，用盐酸（1+1）溶液于 $60℃$ 水浴浸提 18h。

（2）脂溶性金属化合物的分离：脂溶性金属化合物是重金属可能的极毒形态，

在脂肪中的溶解度大，能迅速扩散穿过生物膜进入生物体组织内，并且容易积累。烷基汞化合物、黄原酸酮（选矿剂）、8-羟基喹啉酮（农药中存在）即为这类化合物。采用萃取法，将脂溶性化合物萃取到有机相与其他形态分离后，再进行检测。萃取法也可用于同一元素的不同价态分析。例如，用二乙基二硫代氨基甲酸盐—甲基异丁酮（DDTC—MIBK）萃取体系分离 Cr^{6+}、Cr^{3+}。DDTC 与 Cr^{6+} 生成络合物，被 MIBK 萃取，与 Cr^{3+} 分离，用原子吸收光谱法测定。

（3）对于水样，直接萃取。

（4）沉积物和土样，先将分析物从样品表面释放出来。

（5）对于生物样品，需完全溶解，常用碱水解或酶水解。

（6）用氢氧化四甲基铵于 60℃ 水解几小时，进行有机锡分析。

（7）用脂肪酶—蛋白酶的混合物于 pH=7.5 在 37℃ 水解 24h，可进行有机锡和有机硒的分析。

3. 加速萃取

（1）加速溶剂萃取：萃取沉积物中的有机锡化合物，用 1mol/L 乙酸钠和 1mol/L 乙酸—甲醇溶液作为溶剂，萃取池的温度在 5min 内加热到 100℃，萃取 3~5 次，每次 5min，每萃取一次补充 4mL 溶剂，平均回收率为 99%。

（2）固相萃取：主要有：液固萃取、微柱萃取、圆盘萃取和固相微萃取（SPME）四种类型。SPME 具有操作简便、分析时间短、样品需要量小、无须萃取溶剂、适合现场分析等优点，已用于分离富集水中不同形态的汞。

（3）超临界萃取（SFE）：以超临界流体作为提取溶剂，既具有类似气体的性质，又具有类似液体的性质，常用 CO_2 作为超临界流体萃取剂。已用于有机锡化合物的萃取。

（4）微波辅助萃取：微波辅助萃取是利用微波加热均匀、高效、选择性好的特点对目标物进行萃取分离。具有快速（仅需 3min）、高效、节省溶剂等特点。已用于有机锡、有机汞和有机砷化合物的测定。

（5）萃取法的局限性：步骤多，烦琐，时间长，溶剂消耗量大，提取率低，重复性差。

4. 螯合提取、离子螯合树脂交换法[2-3]

常用的螯合试剂为新鲜的二乙基二硫代氨基甲酸盐（DDTC），离子型的有机铅、有机锡、有机汞经 DDTC 处理后都可被有机溶剂定量萃取，金属胶体态和离子态的区分常用这一方法，主要是通过化学作用，离子态被树脂交换、胶体态不被交换，而达到分离的目的。例如，将水样通过 Cheiex-100 螯合树脂吸附，用 1mol/L HNO_3 洗脱，于洗脱液中测量离子态金属的含量，而胶体态金属不被树脂截留，可于流出液中测量其含量。

5. 冷阱分离

冷阱分离是利用元素形态间差异进行元素形态的分析，通用方法是先对元素的各种形态、组态进行有效分离，然后再进行检测。近年来，人们在追求元素形态分析方法的高灵敏度、高选择性的同时，也一直在致力于提高分析过程的效率，缩短分析过程的时间，力图实现整个分析过程的自动化。传统的元素形态分析方法将元素形态的分离与测定分别进行，使得操作过程比较烦琐，同时在操作过程中可能会造成样品的损失以及元素形态的变化，对最终的测定结果产生比较大的影响。将分离方法和高灵敏度检测方法联用，将高效的分离技术与高灵敏的检测技术有机结合，元素形态经过分离后通过在线"接口"直接进入检测器进行检测，这样灵敏度、准确度和分析过程的效率都得到很大提高。

（1）冷阱分离：只能分离有限的几种形态，做一些简单的样品，如水和尿。

（2）利用形态间差异分离：

①利用低分子量化合物形态的自然挥发性质差异，经 GC—AAS 联用进行鉴定。如汞、砷、硒、锡的甲基化合物。

②对于高分子量金属络合物形态，采用 HPLC、凝胶色谱，结合其他分离方法进行分离，再用原子光谱技术分析已分离组分中的形态。

（三）形态分析中样品的采集和保存注意事项

注意避免原有形态平衡的破坏和变动，避免污染，选择合适的容器。

三、几种元素形态分析的样品预处理

（一）砷元素形态分析的样品处理

1. HPLC/ICP—MS 分析中成药中砷元素形态[2]（表 7-2）

（1）样品处理：准确称取 1.0g 中药样品，加入 10mL 甲醇：水 = 1：1 混合溶剂，超声提取 30min，4500r/min 离心 15min，提取液用一次性注射器经 0.45μm 滤膜过滤。中药样品经上述过程共提取 3 次，滤液合并，用氮气吹至滤液少于 15mL，用超纯水定容至 30mL 待测。样品溶液如不能及时测定，应保存于 0℃；。

（2）色谱分离：高效液相系统包括国产高效液相泵，一个带 10μL 定量环的六通进样阀 Dinox IonPac AS14 阴离子交换柱（4.0×250mm）及配套的保护柱，通过一根内径 0.14mm、长 90cm 的 PEEK 管连接到 ICP—MS，流动相为含 0.2mmol/L EDTA—2mmol/L NaH$_2$PO$_4$，pH = 6.0，流速为 1.0mL/min。表 7-2 所示为 HPLC/ICP—MS 分析中成药中砷元素形态分析结果。

表 7-2　HPLC/ICP—MS 分析中成药中砷元素形态分析结果

样品	As（mg/kg）	MMA（mg/kg）	As（mg/kg）
牛黄解毒片	128.3	BLD	467
补肾片	7.5	0.54	2.3
十二太宝丸	0.4	BLD	3.1
保婴丹	0.72	BLD	0.38
明眼丸	0.58	BLD	0.62
正心丹	3.1	1.4	9.9
发宝丸	BLD	BLD	BLD
乌鸡白凤丸	BLD	BLD	BLD
鼻敏清	0.58	BLD	0.90

注　BLD：低于检出限。

（二）汞元素形态分析的样品处理—无机汞与有机汞[3]

1. 采用不同还原剂

采用不同还原剂可将无机汞和有机汞分开，如 $SnCl_2$ 只将 Hg^{2+} 还原为 Hg，而不能还原甲基汞，可利用此方法测定废水中的有机汞和无机汞。

2. 无机汞的测定

取 5mL $SnCl_2$ 溶液加入空气搅拌器皿中，加入 0.2~2mL 样品溶液，反应生成的汞蒸气与载气一同进入单路样品池中，在此记录已分离出的汞的数据信息。样品与标准系列一同测定，求得无机汞的含量。

3. 总有机汞的测定

取 0.02~0.2mL 样品放入样品匙中，将样品匙推入加热的原子化器中，生成的汞蒸气随载气一起进入单路样品池，在此处记录已分离出的汞的数据。样品与标准系列一同测定，求得总汞的含量，再减去无机汞的含量，得出总有机汞含量，见表 7-3。

表 7-3　样品分析结果及回收率

样品	无机 Hg				有机 Hg			
	原始量（ng/mL）	加入量（ng/mL）	测得量（ng/mL）	回收率（%）	原始量（ng/mL）	加入量（ng/mL）	测得量（ng/mL）	回收率（%）
工业废水	4.07	2.00	6.06	100	ND	2.00	1.89	94
化学废水	8.62	2.00	10.66	102	0.88	2.00	2.68	90
生活污水	ND	2.00	1.90	95	ND	2.00	1.96	98
实验室废水	2.37	2.00	4.25	94	ND	2.00	2.02	101
综合水质	2.02	2.00	4.08	103	0.99	2.00	2.89	95

4. 汞元素形态分析的样品处理—甲基汞的测定

（1）用 GC—MIP—AES 测定甲基汞，可用二氯甲烷萃取，并用水反萃取，然后通过乙基化，收集乙基化汞进行测定。

（2）用微波提取沉积物中的甲基汞，用 GC—AFS 测定。

（3）对于生物样品，可用碱消解法提取甲基汞，用 GC—AFS 测定。

（三）铅元素形态分析的样品处理—四乙基铅的测定

1. 水中铅元素形态预处理与分析

在氯化钠存在下，水中四乙基铅可由三氯甲烷萃取，再与溴反应，生成 $PbBr_2$，加入硝酸生成易溶于水的硝酸铅，然后用 GFAAS 测定。检出限可达 $0.1\mu g/L$。

2. 大气中铅元素形态的分离

大气中烷基铅一般用冷冻捕集法采集，然后经加热被气流载入色谱仪，用 GFAAS 测定。

（四）铬元素形态测定中的样品处理[4]

1. 铬元素的形态分析

铬的主要价态是三价和六价，农产品和食品种类的复杂性决定着分析预处理的复杂性。各种预处理方法均有一定的适用性，应根据检测样品的类型选择合适的预处理方法。近年来农产品和食品中总铬及铬元素形态分析的预处理技术[5]见表7-4。

表7-4 总铬和铬元素形态分析预处理方法

处理方法	铬形态	优点	缺点	文献
微波消解	总铬	完全、快速、低空白；用酸量少，符合环保、节能的工作理念，单次样品处理量大，重现性好	有高压或者过压的隐患，易产生酸雾，白值偏高，较易引起误差	[5]
干灰化法	总铬	操作简单，试剂用量小、本底值低、对环境污染少	消解样品具有选择性，不适宜易挥发样品消解，炭化以及消解时间较长	[8, 10]
高压消解	总铬	压力罐消解设备简单，适合日常分析测试	易产生酸雾，环境污染大，回收率不易控制	[9]
酸化消解	总铬	实用性较强，适合任何基质样品；操作简单、成本低	需要根据样品选择合适的酸体系，易引入干扰物质，效率有待提高	[10, 14]
浊点萃取	总铬 Cr（Ⅲ）	成本低、简便快速、准确灵敏、精密度好，对环境污染较小，具有较高的富集率和萃取率	与许多检测技术未进行联用或者联用技术不成熟，目前该应用局限于实验阶段，未形成标准化方法	[11]

续表

处理方法	铬形态	优点	缺点	文献
固相萃取	总铬 Cr（Ⅵ）	萃取效率高、选择性好、适用范围广、操作简单和省时	提取形态的种类受限，固相萃取小柱成本较高，操作需专业人士	[12]
超声提取	Cr（Ⅲ）	干扰小，铬的形态不易发生转变	易造成样品沉淀而导致回收率低	[13，14]

（1）适应不同形态铬含量分析的预处理方法主要有超声提取、微波萃取、加速溶剂萃取、浊点萃取、固相萃取等，而微波消解、干灰化法、高压消解以及酸化消解等，目前适用于总铬含量的测定。

（2）微波萃取在当前食品中铬形态分析应用是最有优势的提取方法，不仅提取效果好，而且速度快，适合大批样品的处理。

（3）浊点萃取、固相萃取是当前发展势头迅猛的预处理方法，目前还局限于实验应用阶段，需要加强研究，尽快形成适用于于企业、市场的快速、便捷、高效的预处理方法。

（五）硒元素形态分析的样品处理[6-7]

1. 螯合萃取

在 pH＝4 醋酸缓冲溶液中，Se（Ⅳ）与二乙基二硫代氨基甲酸酯形成络合物，用 CCl_4 萃取，用 AAS 测定。

2. 硒元素形态分析的样品处理

氯仿—甲醇—水萃取，HPLC 与 AAS、ICP—MS 联用，可分析各种硒的形态。

（六）锡形态分析的样品处理

1. 锡元素形态萃取剂的选择

根据不同形态锡的极性，选择适宜的萃取剂，如多烷基形态（三烷基锡），可用非极性溶剂（正己烷、苯、甲苯和氯仿）从样品中直接萃取。高极性的单、二甲烷或丁基锡化合物，需添加 DDTC。用四乙基硼酸钠做衍生化试剂，用 GC-FAAS 测定天然水中一丁基锡、二丁基锡、三丁基锡。

2. 锡元素形态分析的样品处理

（1）通过反相液相色谱分离沉积物和海水中的无机锡和有机锡，用 ICP—MS 测定，6min 内完成分离。

（2）微波辅助浸出有机锡，然后萃取—衍生，与多毛细管色谱联用，用 ICP—MS 测定，2min 浸出+5min 衍生+3min 色谱分离，快速、有效。

（七）锑元素形态分析的样品处理

1. 样品中锑 Sb（Ⅴ）用 L-半胱氨酸预处理与分析

用 L-半胱氨酸将 Sb（Ⅴ）还原为 Sb（Ⅲ），通过 HG—ICP—AES 对 Sb（Ⅴ）和 Sb（Ⅲ）进行分析。

2. 样品中锑 Sb（Ⅴ）用 EDTA 络合流动相的阴离子交换色谱 Sb（Ⅴ）和 Sb（Ⅲ）

用 EDTA 作为络合流动相的阴离子交换色谱分离 Sb（Ⅴ）和 Sb（Ⅲ），其样品制备容易，分析时间短，用 HPLC—ICP—MS 同时检测 Sb（Ⅴ）和 Sb（Ⅲ），可检出 1.0μg/L 锑的形态。

综上所述，对于样品中元素形态分析来说，样品预处理程序取决于所选用的分析技术和样品类型。原则上要尽量利用简单、快速和可靠的步骤进行萃取和衍生，在样品预处理时要考虑被分析物的稳定性。对几种元素同时进行形态分析是一项重要任务，发展实现样品全形态分析的新单一仪器设备也是将来的一个重要目标。

参 考 文 献

[1] 吴瑶庆, 杜春霖, 孟昭荣. 一种样品分析预处理装置: 中国, CN 207095947 U[P]. 2018-03-13.

[2] 孙杰. 浒苔中. 无机元素及其砷形态化合物提取分离工艺优化与检测方法的研究[D]. 青岛: 中国海洋大学, 2015.

[3] 谷静. 食品中汞形态分析技术的研究与应用[D]. 南京: 东南大学, 2010.

[4] 陈德勋, 李玉珍. 环境水样中铬形态分析方法研究[J]. 岩矿测试, 1999, 18(3): 171-175.

[5] 李冰茹, 杜远芳, 王北洪, 等. 食品中总铬和铬形态分析的前处理技术概述[J]. 食品安全质量检测学报, 2018, 9(09): 82-88.

[6] 吴瑶庆, 孟昭荣, 李莉, 等. 蓝莓中蛋白硒形态的富集分离及测定方法[J]. 营养学报, 2011(05): 37-40.

[7] 孟昭荣, 吴瑶庆, 洪哲, 等. 丹东地区蓝莓中硒的形态分析[J]. 江苏农业科学, 2011, 39(6): 535-538.

[8] 徐小艳, 孙远明, 苏文焯, 等. 微波消解-石墨炉原子吸收光谱法连续测定水果和蔬菜中铅铬镉[J]. 食品科学, 2009, 30(10): 206-208.

[9] 沙博郁, 孟亚楠, 孙开奇, 等. 食品及空心胶囊中铬测定的前处理方法的研究[J]. 中国食品卫生杂志, 2017, 29(1): 59-62.

[10] 王祝, 苏思强, 邵蓓, 等. 高压密闭消解-电感耦合等离子体原子发射光谱/质谱法测定鸡蛋中 16 种元素的含量[J]. 理化检验: 化学分册, 2017, 53(4): 474-478.

［11］孙长霞，张美婷，刘海学. 预处理方法对测定荠菜中金属元素含量的影响［J］. 食品研究与开发，2011，32(8)：62-64.

［12］王尚芝，孟双明，关翠林，等. 浊点萃取—火焰原子吸收光谱法测定面粉中痕量铬［J］. 山西大同大学学报：自然科学版，2012，28(3)：32-34.

［13］席永清，庄惠生. 离心式微流控固相萃取光盘的研制及其在铬价态分析中的应用［J］. 分析化学，2010，38(10)：1523-1527.

［14］李丹，俞晓峰，寿淼钧，等. 在线离子交换富集—电感耦合等离子体原子发射光谱法测定明胶胶囊中铬(Ⅵ)含量［J］. 理化检验：化学分册，2014，50(7)：805-808.

第八章　元素形态原子光谱分析中的定量手段

第一节　概　述

一、元素形态在原子光谱分析中的作用

元素的形态分析是基于元素的不同形态有着不同的物理、化学特性，用适当的方法进行相关样品的预处理，形态分析是指测定样品中构成元素总量的单独形式的浓度。

色谱有出色的分离优势，但是对于元素形态分析定量有一定的局限性，原子光谱有出色的定量优势，但其元素的几种形态分析的分离则有着明显不足。最先进的形态分析方法是色谱分离和光谱检测的联用技术，特别是色谱和电感耦合等离子—质谱（ICP—MS）的联用。这种联用技术大幅提高元素形态分析的样品预处理效率，从而提高原子光谱分析的精度。但在许多情况下，联用技术的设备投入大、运行成本高，难以在常规实验室中推广应用。采用非色谱分离方法对样品进行处理，可以得到足够的元素形态信息。非色谱分离、原子光谱测定的元素形态分析方法费用低、操作简单，因此易于推广应用，如图8-1所示。

图8-1　原子光谱法在形态分析中的作用

二、元素形态原子光谱分析的计算法

由于一种元素存在几种甚至几十种元素形态，因此分析方法已不同于传统的总量分析。在预处理方法上需要保持元素的现有形态，因此也不能沿用传统的酸消解方法。在测定方法上，形态分析也远不同于传统的总量分析，对方法的检出能力和稳定性提出了更高的要求。早期的形态分析方法一般采用差减法进行测定，通过控

制某些测量条件，实现总量和某些元素形态的测量，通过差减的方法得到其他元素形态的含量信息。如通过测定总砷和三价砷，二者相减即可得到五价砷的浓度；通过四价硒 [Se（Ⅳ）] 和总硒的测定，即可测得六价硒 [Se（Ⅵ）] 的含量。差减法相对比较简单，整个分析过程对实验条件的要求不高，但是该方法仅仅适用于元素形态较少的条件，且操作较为烦琐。

采用计算法的前提是，假定被研究体系是封闭体系、介质处于热力学平衡状态；已知所有组分的总浓度，所分析元素和各组分之间发生的全部化学反应的平衡常数，这样便可通过对一系列代表这些反应的方程组求解而计算出分析元素的形态。如采用计算法求海水中汞元素无机络合物主要存在形态的生成分数。

三、元素形态原子光谱分析的实验方法

对于比较简单的化学形态分析，某些方法可直接完成，如用分光光度法分析同一元素的不同价态，阳极溶出伏安法分离分析稳定态与不稳定态金属等。而对于复杂的化学形态分析，则需要测定方法与分离富集方法相结合，并且是多种分离富集、分析方法的联用。用于形态分析的实验方法（包括检测和分离富集技术）通常有如下几种。

（一）元素形态原子光谱分析方法

1. 元素形态分析中的分光光度法

作为一种传统的分析方法，分光光度法可直接分析同一元素的不同价态，在显色时对元素的形态有特定要求，可以利用这一特性进行形态分析，如 Cr^{6+}、Cr^{3+} 的分析。在一定条件下，二苯碳酰二肼与 Cr^{6+} 显色生成紫红色络合物，而与 Cr^{3+} 不显色，用分光光度法测量 Cr^{6+} 的含量，再将 Cr^{3+} 氧化成 Cr^{6+} 后，用同一方法测定 Cr 的总量，通过差减法求出 Cr^{3+} 的含量。分光光度法还可用于 Fe^{2+}、Fe^{3+}、As^{3+}、As^{5+} 等元素的价态分析。

2. 元素形态分析中的荧光光谱法（AFS）

气态原子吸收特征波长的辐射后，外层电子从基态或低能态跃迁到高能态，在 $10^{-8}s$ 后，跃回基态或低能态时，发射出与吸收波长相同或不同的荧光辐射，在与光源成 90 度的方向上，测定荧光强度进行定量分析的方法。原子荧光是光致发光，也是二次发光。当激发光源停止照射之后，再发射过程立即停止。原子荧光光谱分析具有很高的灵敏度，比吸收光度法高 103~104 倍，且光谱线简单，选择性好，已应用于形态分析；校准曲线的线性范围宽，能进行多元素的同时测定。这些特点使它在冶金、地质、石油、农业、生物医学、地球化学、材料化学、环境化学等各个领域获得了相当广泛的应用。另外，原子荧光光谱还可直接用来进行元素形态分

析，方法简便。如采用荧光猝灭法研究天然水中铜与腐殖酸的相互作用，测定天然水中铜的形态、氢化物无色散原子荧光法测定水中痕量 Sb（Ⅲ）和 Sb（Ⅴ）、流动注射冷蒸气原子荧光法顺序测定天然水中的无机汞和甲基汞。AFS 形态分析技术测量 As、Se、Hg、Sb 等元素的灵敏度高。VG 系统很适于作为 HPLC 和 AFS 的接口；该技术的难点：HPLC 和 AFS 流速不匹配，对一些不能直接发生氢化物的形态须在线消解处理，这将影响其他形态的分析，AFS 测量时水汽影响很大。因此，VGAFS 测量灵敏度足够高，仪器和运行成本较低，操作简便；由于产生氢化物对元素的形态有一定的要求，可以利用这一特点进行形态分析，比如说有机砷几乎不会和硼氢化物生成氢化砷，VGAFS 不能直接检测有机砷，而无机砷能和硼氢化物进行反应而被探测到，利用这一特点可以测量某些元素的不同形态。该方法的特点是灵敏度很高，不足之处是特异性强，只能分析有限几种元素中某些形态，应用不广。

3. 元素形态分析中的原子吸收光谱法

火焰原子吸收光谱法（FAAS）和石墨炉原子吸收光谱法（GFAAS）均只能检测元素的总量，不能直接用于元素的形态分析，但利用它们具有简便、快速（如 FAAS）、灵敏度高（如 GFAAS）的特点，常与其他分离富集技术相结合测量元素的不同形态。即先将元素的不同形态分离后，再以 AAS 测定。氢化物原子吸收光谱法（AAS 与氢化物发生技术联用）则可直接用于能生成氢化物的某些元素的价态分析，加入 As、Se、Sb 等。利用这类元素的某一价态在一定的酸度条件下与硼氢化钾生成氢化物，而另一种价态在此条件下不发生此反应，将所生成的氢化物导入吸收管后加热分解为蒸气原子，通过测量原子对特征谱线的吸收程度求得其含量。另一种价态的含量可通过改变生成氢化物的条件或通过测总量后用差减法得到。

4. 元素形态分析中的原子发射光谱法（ICP—OES/MS）

原子发射光谱法的等离子体光源有电感耦合等离子体（ICP）、直流感耦合等离子体（DIP）、磁感耦合等离子体（MIP）。其中 ICP—OES 灵敏度较高，应用较广泛，将其与分离富集技术联用，可用来检测常见元素和 AAS 难以测定的元素，如钒、硅以及稀土元素的形态。ICP—MS 检测灵敏度高、仪器价格和运行费用昂贵，需要专业人员操作。

5. 元素形态分析中的气相色谱法（GC）

采用色谱柱分离不同形态，然后用分光光度或电导等检测器测量，离子色谱法就是比较常用的方法。这一方法由于有预分离处理，干扰比分光光度法小，灵敏度也好。

6. 元素形态分析中的预分离法

先根据元素不同形态的特点，对试样进行预分离，如有机萃取、离子吸附和交换等手段，将某特定形态和其他形态分离后收集，再采用一些光谱的分析方法测量。这种方法灵敏度比较高，但预处理比较复杂，也容易受到干扰。

（二）元素形态原子光谱分析中的联用技术

联用技术常常是将高选择性的分离技术与高灵敏的检测技术结合在一起，与单一的检测技术相比，在灵敏度、准确度和分析速度等方面都有很大的改善。如气相色谱与元素选择性检测器联用技术的迅速发展，使环境过程中的有机金属化合物，如四烷基铅、三烷基铅及二烷基铅（烷基为甲基或乙基）以及四、三、二烷基锡（烷基为甲基或丁基）等的不同分子形式的直接鉴定（即形态分析）成为可能。正是利用这些技术从海底沉积物、水、鱼中发现了烷基铅类化合物，或从其他环境样品（包括污水及泥渣）中发现丁基锡类化合物。

1. 色谱—光谱（质谱）联用法

该方法采用在线色谱分离，分离后各组分直接进入光谱仪器测量。结合了色谱和光谱技术的优点，具有分离效果好、灵敏度高、应用广泛等优点。缺点是设备较昂贵，从色谱到光谱的接口技术需要解决，预处理方法也有待加强研究。不同的色谱和光谱联用技术都有文献报道，主要集中在色谱和等离子体质谱仪（ICP—MS）的联用上，目前常见的有以下几种联用方法。

（1）高效液相色谱（HPLC）与元素选择性检测器联用，自1983年第一台商品仪器问世以来，ICP—MS经过20多年的发展，已经成为各行业用于元素分析和同位素分析最有力的工具，具有极低的检出限（$10^{-12} \sim 10^{-15}$量级）和极宽的线性范围（8~9个数量级）以及极强的多元素快速检测能力。由于检测的是质量/电荷比（m/z），不存在光谱分析中的光谱干扰问题，但存在同量异位素、多原子、分子、离子以及多电荷、离子的干扰问题，如$^{40}Ar^{35}Cl$干扰^{75}As、^{40}Ar、^{40}Ar干扰^{80}Se、^{36}Ar、^{18}O干扰^{54}Fe的测定。

①HPLC—ICP—MS联用技术已经成为分析化学中最热门的研究领域之一，被认为是目前最有效和最有发展前景的形态分析技术，已经得到了较为广泛的应用。但是ICP—MS对色谱分离中普遍使用的高盐组分和高含量有机组分，如甲醇、乙腈等承受能力有限，大大限制了其在与色谱联用中的应用。此外，ICP—MS昂贵的价格、对操作人员的较高要求以及极高的运行和维护成本限制了ICP—MS在元素形态分析领域的广泛应用。

②HPLC—ICP—MS联用技术适用于农产品及食品样品中难挥发化合物的分析。由于液相色谱的流速和ICP—MS的进样速度一致，所以连接非常简单方便，其联用接口非常简单。另外，由于液相色谱的特点，具有进样量小、分析速度快、分离效果好等优点。因此，HPLC与ICP—MS联用技术在各类食品中砷、硒、锡、汞等

元素形态分析领域得到越来越多的应用，相关的研究也最多。在使用该技术时，要注意液相流动相的成分是否符合 ICP—MS 的进样溶液要求。如果有机相比例过高，则需要辅助氧化技术。

③HPLC 及其联用技术只能限于挥发性金属有机物以及能够衍生化成低沸点、稳定的相应物质的金属有机物的分析，而 HPLC 可分析 GC 不能分析的化合物，目前所有和 HPLC 联用的检测系统中以原子光谱和质谱最引人注目，已证实最适用于金属的形态分析。高效液相色谱与原子吸收光谱检测系统联用的关键在于如何解决大体积的流动相（或称 HPLC 流出物）的原子化，以及原子化室（包括火焰原子化、石墨炉及等离子体原子化）是否具有处理流速为 0.1~3.0mL/min 溶剂的能力。通常的做法是雾化法，将 HPLC 的液体流出物转变成气溶胶，以便能引入到火焰、石墨炉中、利用 FAAS 法所具有的高选择性及易接受液体样品的特点，HPLC 与之联用在有机金属化合物的形态分析中应用很多。HPLC—GFAAS 与 HPLC—FAAS 比较，虽然接口技术较为复杂，但灵敏度要高得多。该技术已成功用于测定龙虾、鳕鱼、肝油及人尿中的有毒砷化合物形态分析。高效液相色谱与电感耦合等离子体及质谱联用（HPLC—ICP—MS）是目前人们公认的最灵敏、选择性最高及最可靠的色谱检测系统，尤其适用于元素及同位素分析。HPLC—ICP—MS 联用技术已广泛用于环境化学中金属形态分析，其中包括对 38 种海藻中的砷进行形态分析、鱼组织和尿样中含砷化合物分析，有机锡的分析、金属蛋白中的汞、食品中的镉和血液中的铅的形态分析等。

（2）气相色谱（GC）与元素选择性检测器联用：气相色谱适用于易挥发或中等挥发的有机金属化合物的分离，GC 填充柱和毛细管柱已广泛用于有机金属化合物的分离。对于挥发性金属有机化合物可直接分离，大多数金属有机物（主要是离子型，如二、三烷基铅和锡）不具有挥发性或沸点高，需衍生化成挥发性物质，以适合 GC 分离。常用的衍生化技术是氢化和烷基化，其中氢化只限于砷、锑、铅、锡、硒、锗和碲等，易形成共价氢化物的元素，烷基化应用对象主要是离子型金属有机物，NaBH₄和 Grignard 试剂分别是常用的氢化和烷基化试剂。GC 比较容易与元素选择性检测器联用，如将 GC 流出物用传输线直接引入检测器。这种联用技术可直接进行形态的分离和分析。

①气相色谱与原子光谱联用（GC—OES）技术选择性高并有较高的灵敏度，目前应用最为广泛，可用于大多数金属元素的形态分析。如用 GC—GFAAS 分离、分析烷基锡（甲基锡、二甲基锡、三甲基锡）；气相色谱—冷原子吸收光谱法（GC—CVAAS）分离、分析各种不同形态的有机汞（甲基汞、乙基汞、苯基汞）。

②在气相色谱和原子发射光谱联用（GC—OES）和 GC—ICP—MS 技术中，以 GC—MIP—AES 的应用最为广泛。因为 MIP（磁感耦合）的两个基本特性，便于和

GC 联用。MIP 低的气体温度允许少量样品的引入而不引起熄火，恰好与 GC 的柱流出量相匹配，另外，由于 MIP 的等离子体气和 HPLC 载气相同而使得样品容易引入。GC—MIP—AES 分离、分析金属形态具有较高的灵敏度，如有机锡的最低检出限可达 0.10~6pg。此外，GC—ICP—AES 联用技术也成功应用于大气样品中的甲基汞类化合物及汽油中的烷基铅的分析。

③气相色谱—表面发射火焰光度（GC—FPD）联用检测技术对于挥发性烷基金属化合物的分离与测定具有特效。将洁净石英玻璃表面引发的分子发射原理用于定量分析，用于水样中有机锡、铅、锗的测定，灵敏度较原有检测器检测限提高 100~1000 倍。气相色谱—表面发射火焰光度检测器作为一项具有我国独立知识产权、高选择性、高灵敏度的检测技术，已成为有机锡形态分析的最佳技术之一，并成功用于有机锡等化合物的环境化学行为与生态毒理效应研究。火焰光度检测器是一种常规的气相色谱检测器，虽然最初它用于硫和磷的检测，但现在已成为有机锡主要检测技术之一。早在 1972 年人们就认识到在气相色谱中 FPD 对锡的高灵敏性。Dagnall 等最早证明了，在冷的氮—氢漫射火焰中有机锡化合物可转化成锡化氢，它能在气态下发射波长约为 610nm 的红光，这可用于锡的高灵敏测定。1977 年，Aue 和 Flinn 报道了另一种高灵敏的但是极不稳定和重复性很差的发射模式，此荧光在蓝光区域，其最大发射波长约为 390nm。后来它被鉴定为是石英表面诱导金属发射荧光，其响应与石英的形状和尺寸密切相关，具体的发射机理仍在研究之中。对于锡来说，这种技术比常用的气相色谱荧光模式灵敏 100~1000 倍，检测限达到了亚 pg 级。火焰光度检测器在两种模式下对锡响应的显著差别如图 8-2 所示。但由于这一表面荧光需要比较复杂的装置，而多数商品检测器不具备这种功能，加之火焰很不稳定，易于灭火，因而没有人尝试用它来进行实际的定量分析。

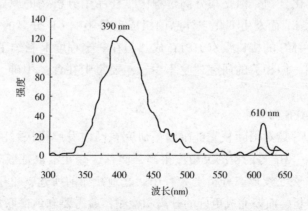

图 8-2 火焰光度检测器在两种模式下对锡响应的显著差别

根据上述机理，中科院环境生态研究中心研制出一种基于石英玻璃表面诱导产生的分子发射现象的新型气相色谱火焰光度检测器，它对有机锡和有机锗非常灵敏。这一技术于 1996 年获得国家发明专利。与常规的气相色谱检测器相比，它具有明显的特点：

a. 燃烧方式为氢气在仪器外部燃烧。

b. 燃烧头配有石英玻璃管，可上下移动。

c. 灵敏波长在 390nm。

d. 具有清洗气体，火焰不易淬灭。

e. 检测限提高 103 倍。

这一新型检测器成功地与气相色谱联用，可有效进行环境有机锡等化合物的形态分析。气相色谱与质谱联用（GC—MS）虽然灵敏度不及上述几种方法，但能实现分离与鉴定一体化，在形态分析中具有不可取代的独到之处。

2. IC—ICP—MS 联用

离子色谱法（IC）作为一种有效的分离和检测技术，已经在金属和非金属离子的测定中得到了较多应用，已成为解决复杂机体中超痕量离子形态分析的有效工具，也是 ICP—MS 相关联用技术研究的热点之一，在食品分析领域具有越来越多的应用，目前相关文献集中在铬、砷、锑、溴、碘等形态的检测研究上。同样，使用该技术时，要注意离子色谱流动相和 ICP—MS 进样的匹配性，流动相的可溶性固体含量不能太高。

3. CE—ICP—MS 联用

毛细管电泳（CE），具有相对于气相和液相色谱分离效率高、消耗样品量少、分离时间快等特点，使用范围广，可分离从简单离子、非离子性化合物到生物大分子等各类化合物。但是在分离过程中，样品中分析物的原始形态可能由于电解质或 pH 的调节而发生变化，样品的组成也是影响 CE 分离的一个重要因素，由于 CE 与 ICP—MS 的接口没有 HPLC 成熟，在一定程度上制约了 CE—ICP—MS 联用技术的应用。但相关的研究还是不少，主要集中在食品中砷、硒、汞等元素形态的分析。

4. HPLC—AFS 联用

由于中国 AFS 技术国际领先，所以该研究在国内发展很快。由于 AFS 对某些元素，如 As、Se、Hg 等的检测灵敏度很高，而且这些元素也是形态分析最关注的元素，所以 AFS 在元素形态分析上大有用武之地。如前所述，单用 AFS 能进行一些特定的形态分析，而要完成更好的分离和检测，就需要和色谱联用。现在主要是和液相色谱联用，已经有多款 HPLC—AFS 仪器上市。该技术的优势在于具备了液相分离的优点，也能利用 AFS 的高灵敏度和元素特异性，仪器的整体价格也不高。其缺点是检测元素受到 AFS 的限制，而且 AFS 检测状态的稳定性也较难保证。

5. HPLC—VG—AFS 联用

原子荧光光谱仪是具有中国特色的分析仪器，它具有分析灵敏度高、线性范围宽、仪器结构简单、成本低廉、易于维护、光谱干扰及化学干扰少等优点。对于 As、Hg、Se、Pb 等元素的特征谱线均处于原子荧光最佳的检测波长范围，采用高效蒸气发生进样技术，具有其他分析手段无可比拟的检出能力，可以获得与电感耦合等离子体质谱（ICP—MS）相当的检出限和灵敏度。VG—AFS 与色谱的联用技术的研究已经开展 30 多年，但由于缺乏理想的商品化仪器，一直没有太大的发展。随着近年来国内原子荧光技术的不断发展和完善，在各项性能上都得到了很大提高，已经具备了与色谱联用的条件。如果将原子荧光的高效检出能力与色谱的高效分离技术完美结合，就可以实现 As、Hg、Se 等元素的形态分析。

（三）土壤、沉积物样品重金属元素形态顺序提取法

1. Tessier 法

（1）Tessier 法：土壤、沉积物样品重金属元素形态顺序提取法流程（图 8-3、图 8-4）。

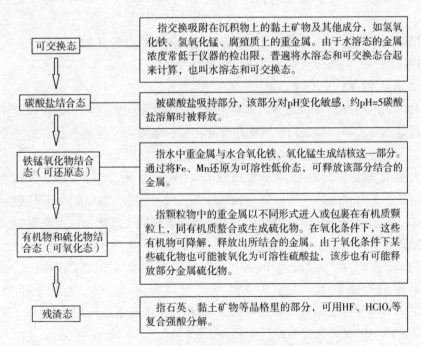

图 8-3 土壤、沉积物样品重金属元素形态顺序提取法

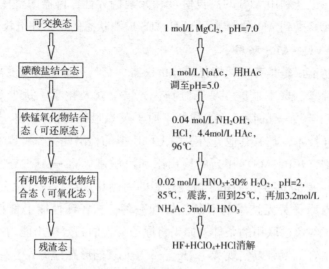

图8-4　Tessier 法具体流程（以 1.0g 样品为例）

（2）Tessier 方法的局限性。

①在可溶态提取步骤中，有可能导致元素结果偏高。由于 Cd 和 Cl 形成的化合物在高浓度氯化物介质中相当稳定（1kg 值为 1.98～2.4），导致可交换态的结果明显偏高。

②提取剂缺乏选择性，提取过程中存在重吸附和再分配现象。

③缺乏统一的标准分析方法，分析结果的可比性差。

2. 欧共体 BCR（SM&T）法

欧共体标准局 BCR（现名欧共体标准测量与检测局 SM&T）为解决由于不同的学者使用的流程各异，缺乏一致性的步骤和相关标准物质，世界各地实验室之间的数据缺乏可比性等问题，在 Tessier 方法的基础上提出了 BCR 三步提取法。

BCR 提取方法按步骤定义为弱酸提取态（B1 态）：水溶态、交换态及碳酸盐结合态；可还原态（B2 态）：铁锰氧化物结合态；可氧化态（B3 态）：有机物及硫化物结合态。为加强对分析质量的控制，还用该方案研制了沉积物标准物质 BCR601，并组织欧盟 8 个国家 20 余个实验室参加，进行了 2 轮比对实验。实验室间的比对结果证明了其正确性。通过长期的研究证实了 BCR 方案良好的重现性。比对实验对提取溶液的检测技术，主要为火焰原子吸收法（FAAS）、电热原子吸收法（ETAAS）、等离子体光谱法（ICP—OES）和等离子体质谱法（ICP—MS），根据数据分析，ICP—MS 的可接受数据比例最高。

用 BCR 法土壤、沉积提取金属元素形态流程如图 8-5 所示。

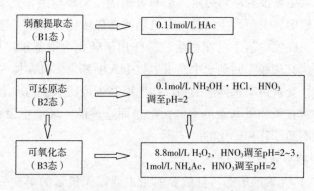

图 8-5 BCR 法土壤、沉积提取金属元素形态流程

第二节 几种元素形态的原子光谱分析

由于元素在基体中以各种化学形态存在，各种化学形态处于动态平衡中，随着基体物理化学条件的变化，各种化学形态不断发生转化，而且有些化学形态的元素浓度极低，有时低至痕量（μg/L）乃至超痕量（ng/L）。所用的方法也必须是选择性好、回收率高、灵敏度高、准确度高、重现性好的痕量或超痕量分析方法，所以一般方法难以检测，这些都增加了化学形态分析的困难。随着化学形态分析方法的不断完善与进步，用各种方法直接分析元素化学形态的范围将不断拓宽，分析的结果越来越准确可靠，但要直接鉴定复杂体系中所有元素的各种化学形态是非常困难的。因此，根据热力学平衡与模式计算化学形态，是获取与了解有关元素价态、络合态等化学形态及其分布信息的重要途径。下面就不同的元素来讨论其化学形态分析方法。

一、汞元素的形态分析

（一）汞元素的形态及毒性

1. 汞元素形态在环境中的迁移转化

一般来说，汞的化合物［Hg（NO$_3$）$_2$除外］溶解度很小，这种性质直接影响它在环境中的赋存形态和迁移性及其迁移转化规律。汞的天然来源为含汞原矿，在风化作用下，汞元素以固体微粒等形态进入环境中，进入土壤中的汞元素可以被植物吸收，也可以挥发进入大气，还可以被降水冲入地面水和地下水中。大气中气态和颗粒态汞随风飘散，又可沉降到地面或水体中。水体中汞元素主要存在于沉积物中，且水中汞元素主要被悬浮物吸附，影响吸附的主要环境因素是 pH 及颗粒物的含量。在河流底质中，汞元素主要是与有机质的迁移转化相联系，悬浮态汞是水中迁移的主要形式。底物中的汞可在微生物的作用下转化为甲基汞（MeHg⁺），甲基汞可溶于水，因此又从底泥回到水中。水生物摄入甲基汞，可在体内积累，并通过食物链不断富集，受汞污染水体中的鱼，体内甲基汞可比水中的多上百倍。水俣病就是人长期食用含有汞和甲基汞的水体污染鱼而造成的。环境中汞在大气、土壤、水之间就是这样不断迁移和转化的。

2. 汞的化合物的毒性

（1）汞（Hg）元素的形态：自然界的汞主要以无机汞的单质汞（Hg）、Hg⁺、Hg²⁺盐及其配合物存在；有机汞有烷基汞、苯基汞、硫柳汞，硫柳汞是一种含汞的有机化合物，长期以来一直被广泛用作生物制品及药物制剂，包括许多疫苗的防腐剂，以预防有害微生物污染所致的潜在危害。

（2）汞元素的毒性：汞对人体和动物的危害与汞的化学形态有直接的关系，不同形态的汞的毒性大小和对生物的作用差异很大。无机汞化合物中的汞有剧毒，甘汞毒性较小。但可溶性无机汞可通过消解道进入人体，容易在肾脏和肝脏中蓄积，就具有较高的毒性。有机汞很容易溶于有机物中，特别是溶于细胞或脑组织的类脂里，其碳—汞共价键不易破坏，对生物体造成极大危害。例如烷基汞化合物能通过胎盘屏障进入胎儿组织，毒害胎儿，造成胎儿死亡、畸形、个体弱小等。

（二）汞元素的形态分析方法

1. 改性绿茶吸附汞[1]

在 pH=5 的溶液中，用改性绿茶吸附无机汞，与有机汞分离；在 pH=1 溶液中吸附有机汞，然后分别以 1.5mol/L、3.0mol/L 和 6.0mol/L 盐酸解吸无机汞、烷基汞和苯基汞，用冷原子吸收光谱法测定汞。测定无机汞、烷基汞和苯基汞的检出限（3δ）分别为 54ng/L、81ng/L 和 50ng/L，变异系数为 3.6%、2.7% 和 3.3%。标准曲线的线性范围为无机汞 0~40μg/L，烷基汞 0~32μg/L，苯基汞 0~28μg/L。冷原子化法主要应用于各种试样中 Hg 元素的测量，原理是将试样中的汞离子用 SnCl₂ 或盐酸羟胺完全还原为金属汞后，用气流将汞蒸气带入具有石英窗的气体测量管中进行吸光度测量。特点是在常温测量，灵敏度、准确度较高（可达 10^{-8}g 汞）。图 8-6 所示为冷原子吸收测汞仪工作流程。

2. 树脂富集—冷原子吸收法测定天然水中痕量无机汞和有机汞[2]

1~4L 水样调 pH 为 2.5，以 15mL/min 流速通过装 1g 树脂的交换柱。用 5% 硫脲酸性溶液，以 0.4mL/min 流速淋洗，收集 25mL 淋洗液。取一部分加入 10mL 5%

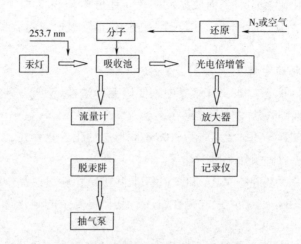

图 8-6 冷原子吸收测汞仪工作流程

硫脲溶液和 10mL 20%氢氧化钠、测无机汞（加 10%氯化亚锡 2mL）和总汞（加入含 6000mg/L 镉的 10%的氯化亚锡 2mL），差减法求出有机汞。测定重蒸去离子水、自来水、雨水和河水，可检出最低平均含无机汞 10ng/L，有机汞 2ng/L，河水中有机汞回收率为 84%，其余在 91%以上，相对误差小于 4%，若以 10L 水样富集，将能测定 0.2ng/L 汞。

二、砷元素的形态分析

（一）砷元素的形态及毒性

1. 砷元素形态在环境中的迁移转化

在自然环境中，砷一般都含在砷硫铁矿和黄铁矿中，因此这些含砷铁矿多成为砷的发生源。地表面的砷大多是由矿物风化后经土壤和水迁移而来，地表水中的砷，除了温泉等自然迁移外，人为地吸取地下水成为其迁移的主要原因。地表水和海水中砷的含量较少，但在像温泉那样溢出地表的地下水中，则大量含有高浓度的有机砷，由于地质不同，砷的化学形态有高价和低价之分，有机砷几乎不存在。砷在生态系统中的存在尽管是微量的但却是大范围的，迁移而至的无机砷大多在生物作用下迅速转化为有机砷。

在陆生生物中，砷的存在量受环境土壤和摄取物的影响，浓度极低。而海生生物则相反、尽管海水中的砷浓度很低，但其生物体内含量却很高。而且大部分以有机砷的形态存在。在水体中，如水中溶解氧含量高，即处于富含氧环境中，其中三价砷可氧化为五价；而处于缺氧状态下，则五价砷又可还原成三价，并与硫结合，生成硫化砷沉淀。当河底淤泥中氧化还原电位很低时，淤泥中的硫化砷就进一步还原为 AsH_3 而溢出，砷酸或砷酸盐还可与水中氢氧化铁结合形成砷酸铁而沉淀。

2. 砷的化合物的毒性

(1) 砷元素的形态：砷在自然界中主要以亚砷酸盐（Ⅲ）、砷酸盐（Ⅴ）、甲基砷酸盐及二甲基砷酸盐 4 种形式存在。

①无机砷：自然界的砷元素能以许多不同形态的化合物存在，主要的无机砷化物有三氧化二砷、亚砷酸盐和砷酸盐等。

②有机砷：一甲基砷酸 MMA 和二甲基砷酸 DMA；在海产品中则主要以砷甜菜碱（AsB）和砷胆碱（AsC）形式存在，还有其他更复杂的砷化合物，如砷糖、砷脂类化合物等。

(2) 砷元素的毒性：一般认为砷化物的毒性主要是由于三价砷的存在，三价砷的毒性比五价砷高 60 倍。虽然五价砷毒性较低，但也不容忽视，因为五价砷离子可以转化成三价砷离子而增强其毒性。有机砷化物的毒性比无机砷化物的毒性要低很多，无机砷的甲基化是机体砷降解的主要途径。不同砷化物由于其溶解度的不同也将导致不同的生物效应。报道称可溶性的亚砷酸盐与不溶性的三氧化二砷相比，其毒性要强 10 倍。也有人认为很小的一部分不溶性砷，可能在引起肺癌中起重要的作用。不同形态砷的毒性顺序为：砷化氢>无机亚砷酸盐（Ⅲ）>无机砷酸盐（Ⅴ）>有机三价砷化合物>有机五价砷化合物>砷化合物>砷元素。对砷的遗传毒性来说，以往的研究表明，无机砷的遗传毒性比较小，也未见二甲砷酸的致突变性。然而最近的研究已确认，当采用不同种类的实验材料时，二甲砷酸则表现出较强的致突变性，而且其与氧分子的反应物也具有致突变性，三甲基砷酸则未见致突变性。不同形态砷单甲基砷酸（MMAA），双甲基砷酸（DMAA），三甲基氧化砷（TMAO），对动物细胞染色体异常的诱发作用大小顺序为：As（Ⅲ）>As（Ⅴ）>DMAA>MMAA>TMAO。

（二）砷元素的形态分析方法

1. 氢化物发生 ICP—AES 测定各种形态砷[3]

用萃取分离环境样品中的有机砷和无机砷，然后用氢化物发生 ICP—OES 测定各种形态砷。As（Ⅲ）、As（Ⅴ）、DMA、MMA 的检测线在 $0.6\sim0.8\mu g/L$，各形态砷的浓度在 $1\mu g/L\sim10mg/L$，呈良好线性关系，相对标准偏差为 $1.4\%\sim2.2\%$。

2. 氢化物—原子吸收法测定饮料中总砷及其价态形态分析（GB 5009.11）

根据 As（Ⅲ）和 As（Ⅴ）与还原剂 KBH_4 反应生成氢化物能力的差异，通过改变氢化物发生时的酸度和介质，在不同条件下生成 AsH_3，来分析饮料中砷的价态，同时利用有机砷在所采用的介质下不能生成 AsH_3 的特性，使有机砷和无机砷相互分离，强氧化性酸消解样品后测定砷总量，从而进行砷的形态分析。

3. 氢化物原子荧光光谱法测定水中痕量砷（Ⅲ）和砷（Ⅴ）[4]

在 pH 为 5.6~6.0 时，As（Ⅲ）与 KBH_4 作用生成气态氢化物（AsH_3），可用原子荧光法测定。在此酸度下，As（Ⅴ）不发生反应。在 2mol/L HCL 溶液中，用硫脲和抗坏血酸还原 As（Ⅴ）为 As（Ⅲ），同法测定砷，用差减法求得 As（Ⅴ）。该方法检出限为 0.1μg/L，相对标准偏差为 4.6%~5.8%，回收率为 93%~104%。

三、铬元素的形态分析

（一）铬元素的形态及毒性

1. 铬元素形态在环境中的迁移转化

在自然界中主要形成铬铁矿，大多以三价铬存在，Cr_2O_3 微溶于水，呈两性，在碱性条件下，可以被 H_2O_2 或 Na_2O_2 氧化，生成 Cr^{6+} 的铬酸盐。铬的六价化合物有 CrO_3、铬酸盐和重铬酸盐，是常用的氧化剂。CrO_3 溶于水生成铬酸 H_2CrO_4，但在酸性溶液中也能形成 $Cr_2O_7^{2-}$。Cr^{6+} 与 Cr^{3+} 之间的转化是重要的化学反应。在海水中，溶解态铬主要以 Cr（Ⅵ）、Cr（Ⅲ）和有机铬等形态存在，Cr（Ⅵ）溶解度较大，而 Cr（Ⅲ）溶解度较小，天然水中某些化学和生物过程可将 Cr（Ⅵ）还原为 Cr（Ⅲ），海水中的有机物也可还原 Cr（Ⅵ）为 Cr（Ⅲ）。此外，生物活动亦可促进海水中 Cr（Ⅵ）还原。Smillie 等发现，沉积物上层水中，Cr（Ⅵ）可被硫酸盐还原菌产生的 H_2S 还原为 Cr（Ⅲ）；Aislabie 等曾对新西兰 Sawyes 湾和 Otago 湾沉积物中细菌与 Cr（Ⅲ）的相互作用进行过系列研究，发现排污口附近沉积物中 Cr（Ⅲ）可被细菌结合在其胞外多聚物上，认为这是导致 Cr（Ⅲ）进入食物链的途径之一。

2. 铬化合物的毒性

（1）铬元素的形态。

①无机铬：Cr（Ⅵ）、Cr（Ⅲ），水合 Cr^{3+}、Cr^{6+}。

②有机铬：吡啶羧酸铬和高铬酵母等。

（2）铬元素的毒性：无机铬的毒性大于有机铬，Cr^{3+} 是最稳定的氧化态，是生物体内最常见的，在肠道中不易吸收，在皮肤表层与蛋白质结合为稳定的络合物，不易引起皮炎或者皮肤溃疡，故其毒性不大，而且 Cr^{3+} 还是人体必需的微量元素，缺铬能导致糖尿病。一般认为 Cr^{6+} 毒性比 Cr^{3+} 大 10 倍，它可影响细胞的氧化还原，能与核酸结合，对呼吸道，消化道有刺激、致癌、诱变作用。

（二）铬元素的形态分析方法

1. 水中铬形态的石墨炉原子吸收分析——双颗粒树脂法[5]

在加热搅拌条件下，用717#阴离子交换树脂颗粒从水中定量分离 Cr（Ⅵ），Cr（Ⅲ）不滞留在树脂上，树脂颗粒直接进入石墨管中进行测定。水中总 Cr 用石墨炉原子吸收法直接测定。Cr（Ⅵ）和总 Cr 的检出限分别为 0.1μg/L 和 0.2μg/L，精密度分别为 3.77% 和 2.64%。该法能有效进行水中铬的形态分析。

2. 氢氧化铝共沉淀浮选

石墨炉原子吸收法测定水中 Cr（Ⅲ）与 Cr（Ⅵ），采用氢氧化铝共沉淀浮选，石墨炉原子吸收光谱法测定水中痕量 Cr（Ⅲ）、再将 Cr（Ⅵ）用硫酸亚铁还原成 Cr（Ⅲ）后，用同样方法测得总 Cr 的含量，然后通过差减法求得 Cr（Ⅵ）的含量。

3. 离子色谱——火焰原子吸收光谱联用测定[6]

Cr（Ⅲ）和 Cr（Ⅵ）采用离子色谱分离，Cr（Ⅲ）不与阴离子树脂交换，首先被带出色谱柱。在记录纸上得到 Cr（Ⅲ）的洗脱峰。Cr（Ⅵ）与树脂交换。后于 Cr（Ⅲ）被（NH_4）$_2SO_4$ 洗脱，得到 Cr（Ⅵ）的洗脱峰，分别测量两个洗脱峰面积，然后用火焰原子吸收光谱同时测定 Cr（Ⅲ）和 Cr（Ⅵ）的含量，该法可分别测定废水中 mg/L 级 Cr（Ⅲ）和 Cr（Ⅵ）。

4. 酶——碱消解——GFAAS 法测定肉类食品中 Cr（Ⅲ）和 Cr（Ⅵ）[7]

用 0.2% 的三种蛋白酶的混合溶液和氢氧化钠消解肉类食品。消解液经 ADPC—TBP 萃取分离后，用塞曼效应石墨炉原子吸收法（GFAAS）分别测定 Cr（Ⅲ）和 Cr（Ⅵ），Cr（Ⅱ）和 Cr（Ⅵ）的回收率为 95%~110%，测定灵敏度分别为 0.023μg/g 和 0.006μg/g。

四、硒元素的形态分析

（一）硒元素的形态及毒性

1. 硒元素形态在环境中的迁移转化[8]

环境中硒的赋存形态，决定了硒的迁移和生物利用度。负二价硒的无机化合物主要以金属硒化物形态存在，其中部分盐，如 CuSe 由于难溶性而几乎不能被植物吸收或迁移。高价硒以亚硒酸、硒酸盐和酸根离子形式存在，其中部分盐，如铁盐 $Fe_2(SeO_3)_3$：$K_{sp} = 10^{-31}$；$Fe_2(OH)_4SeO_3$，$K_{sp} = 10^{-63}$、由于溶解度极低而生物利用度和迁移度均极低，四价硒与倍半氧化物有强烈的亲合作用，因此容易被黏土矿物吸附。六价硒酸盐一般不形成难溶盐，和黏土矿物的作用亦不强烈，因此生物利用度和迁移度均较高。由于在硒的食物链中，通过饮水摄入的硒仅占总摄入量的 1% 左右，所以并不重要。倍半氧化物：氧与其他元素的原子比为 3∶2 的氧化物，但对临界硒摄入状态下低硒带中的地区，饮水中的硒含量和形态则可能是重要的。在水溶性总硒中，不同形态硒的生物利用度也不同，有机硒的生物利用度最低，六价硒酸根离子最高，无机硒的生物利用度比例大致为 $Se_0 : Se_4 : Se_6 = 1 : 400 : 3000$。硒是人和动物必需的微量元素之一，高硒或低硒都会导致人和动物疾病。硒（Se）是生物体系中一种重要元素，但每日的摄取量和中毒值差别很小。据报道，硒对许多金属的中毒具有缓解作用，并与某些元素具有相互作用的关系，目前现代工业给社会带来严重的环境污染，尤其一些重金属对人和动物体极为有害，因此，Se 对保护人类和动物抵抗环境污染起重要作用。

2. 硒化合物的毒性

（1）硒元素的形态。

①无机硒：硒化氢、亚硒酸盐，四价硒的亚硒酸（H_2SeO_3）、硒酸盐。

②有机硒：硒氨基酸及其衍生的蛋白质及甲基硒化合物或二甲基硒、甲基亚硒酸酯、甲基硒和甲基硒离子。

（2）硒元素的毒性：不同形态硒的毒性可依次排列为：天然有机硒>六价硒酸盐>四价硒酸盐>负二价硒化物>合成有机硒化合物。硒元素相对无毒，谷物和植物中有机硒的毒性最大。在无机硒化合物中，毒性最大的是高溶性亚硒酸盐和硒酸盐，硒化物的毒性小于亚硒酸钠和硒酸钠，其中毒性最小的硒化物是非溶性元素硒。

（二）硒元素的形态分析方法

1. 气相色谱—石墨炉原子吸收光谱联机分析

用气相色谱—石墨炉原子吸收光谱（GC—GFAAS）联机系统来分析有机硒形态。该方法测定二甲基硒和二乙基硒的检出限分别为 0.14ng 和 0.28ng，相对标准偏差分别为 1.9% 和 4.7%，标准曲线在 0~20ng 范围内线性良好。

2. 二步萃取—缝式石墨管原子捕集原子吸收法测定水样中的硒（Ⅳ）和硒（Ⅵ）

在 DDTC—MIBK 体系中，选择性萃取和反萃取水样中的硒（Ⅳ）和硒（Ⅵ），再用缝式石墨管原子捕集技术结合火焰原子吸收后，分别测定其含量。该方法在 1.0~80ng/mL 范围内线性关系良好，相对标准偏差 4.0%，检测限为 0.15ng/mL，可用于水体中 ng/mL 水平的硒（Ⅳ）和硒（Ⅵ）的检测。

3. 巯基棉/壳聚糖富集分离 GFAAS 测定[9-11]

以巯基棉、壳聚糖富集分离并洗脱，采用 GFAAS 分析痕量有机硒或无机硒。该方法的最小检测量分别为 0.3ng 和 0.04ng，回收率分别为 97%~105% 和 93%~110%，线性范围为 0~20ng 和 0~6ng，相关系数为 $r = 0.998$ 和 $r = 0.991$，用于蓝莓或软枣猕猴桃等植物样品分析。

4. 荧光光度法分析环境样品中硒的形态[12]

基于 2, 3, -二氨基萘（DAN）试剂对四价硒的选择性测定，同时以 4mol/L 盐酸作为还原剂将溶液样品中六价硒定量还原到四价，用硝酸—高氯酸体系将以负二价硒的形式存在的有机硒氧化到四价后，用荧光光度计分别测定，再用差减法获得样品中不同形态硒的含量，如测定环境水样中的硒。

五、铅元素的形态分析

（一）铅元素的形态及毒性

1. 铅元素形态在环境中的迁移转化

铅是对人体有害的重金属元素，它不但广泛应用于工业、交通等许多领域，而且还普遍存在于自然界；在自然界中，铅的赋存状态以硫化物结合态为主，还包括有机铅化合物结合态、碳酸盐结合态、有机态，离子交换态和水溶态。由于铅在自然界中不断迁移、转化，并因其形态、价态的不同，各种铅化合物的毒性差异很大。例如，作为广泛使用的汽油抗爆剂四烷基铅中的四甲基铅、四乙基铅，是最主要的铅污染源。有机铅化合物对热不稳定的转化规律一般是：由四甲基铅转化为三甲基铅，继而转化为二甲基铅，最终转化为 Pb（Ⅳ）。四烷基铅在自然界水系中也会降解成三烷基铅、二烷基铅，最后成为无机铅离子（一烷基铅极不稳定），也可被人和动物吸入或吸收，在体液或组织中降解成三烷基铅。三烷基铅对哺乳动物的毒性最大，是无机铅离子的 10~100 倍。人体对铅的吸收一般仅限于无机铅化物及四乙基铅，人体对四乙基铅的吸收是双重性的，呼吸道吸收和皮肤吸收，危害极大。

2. 铅化合物及毒性

（1）铅元素的形态：铅的赋存状态以硫化物结合态为主，还包括有机铅化合物结合态、碳酸盐结合态、有机态、离子交换态和水溶态等。Pb 在环境中的有机形态主要是烷基化合物，如四、三、二烷基铅。

（2）铅元素的毒性：有机铅的毒性远比无机铅大，尤以三甲基铅的毒害作用最大。

（二）铅元素的形态分析方法

1. 气相色谱—原子吸收光谱联用分析烷基铅化学形态[13]

以内填 4%OV-1/60~80 目 Chromosorb WAW 的玻璃色谱柱分离烷基铅的各种化学形态，在波长 217.0nm 处用石英炉（Ⅲ型）原子吸收光谱测定其含量。分析结果的相对标准偏差为 3.31%~4.12%，回收率为 94.6%~104.0%。

2. 海洋—江河悬浮颗粒物中 Pb 的化学形态原子吸收分光光度法的测定[14]

采用 Tessier 逐级提取方法，在 AA6501 原子吸收光谱仪上，用石墨炉 STPE 条件对海洋悬浮颗粒物中痕量金属铅作形态分析。该方法测定铅的回收率范围为 93%～104%，相对标准偏差为 3.2%。

3. HPLC—ICP—AES 和 HPLC—ICP—MS 法测定铅的形态

用高效液相色谱分离无机铅和几种无机铅形态：氯化三甲基铅（TML）和氯化三乙基铅（TPbL），然后分别用 ICP—AES 或 ICP—MS 检测。ICP—MS 的检测限比 ICP—AES 低 3 个数量级。

六、锡元素的形态分析

（一）锡元素的形态及毒性

1. 锡元素形态在环境中的迁移转化

（1）锡用作金属的保护涂面，如食品罐头的内层、镀锡电线等。锡常用于焊接金属，用锡的合金（锡锌合金）作为水闸部件保护壳，锡镉合金作为机器部件的涂料。锡的无机化合物常用于纺织工业，如氯化亚锡在白棉布印染中作为还原剂；水合锡酸、偏锡酸钠、水合氯化锡及氯锡酸铵等用作印染的媒染剂。此外，还用于玻璃、搪瓷等工业。在这些行业中的工人均有机会接触锡的无机化合物。而接触机会较多的为开采锡矿的工人及锡冶炼工人。锡矿工人接触的锡大多为二氧化锡（SnO_2），部分为锡的硫化物，如亚锡酸盐矿（Cu_2FeSnS 及 $PbZnSn_2$）。

（2）有机锡化合物主要用作聚氯乙烯塑料稳定剂，也可用作农业杀菌剂、油漆等的防霉剂、水下防污剂、防鼠剂等。四烃基锡为制备其他有机锡化合物的中间体。应用有机锡防污涂料的舰艇等附近的水域可受污染，在作业时，可因防护不当，设备故障或违章操作而致作业者大量接触有机锡，环境中极低含量的有机锡会对生物产生毒性影响。

2. 锡的化合物及毒性

（1）锡元素的形态。

①无机锡：如氯化亚锡、水合锡酸、偏锡酸钠、二氧化锡（SnO_2）、水合氯化锡及氯锡酸铵。

②有机锡：四烃基锡化合物（R_4Sn）、三烃基锡化合物（R_3SnX）、二烃基锡化合物（R_2SnX_2）和一烃基锡化合物（$RSnX_3$），以上通式中 R 为烃基为烷基或芳基等；X 为无机或有机酸根、氧或卤族元素等。

（2）锡元素的毒性：有机锡的化学形态不同，其毒性也有所不同。R_3SnX 的生物活性最大。在 R_3SnX 系列中，当 R 是正烷基、苯基或环己基毒性最大，R_2SnX_2

和 $RSnX_3$ 毒性相对较小，而 R_4Sn 的毒性有后发效应，这可能与其在体内能转化为 R_3SnX 有关。有机锡化合物中以三、四烃基锡毒性最大，主要损害中枢神经系统。据报道，锡污染罐装食品、水果引起急性中毒的最低浓度为 50mg/kg。

（二）锡元素形态分析方法

1. GC—AAS 测定水环境中甲基锡化合物的形态[15]

在 pH=5 左右，用草酚酮—苯溶液萃取，然后加 BuMgBr 格氏试剂进行丁基化反应，分离出有机层后以气相色谱分离各甲基锡化合物的形态，然后用 AAS 测定。测定的 4 种甲基锡化合物的相对标准偏差不超过 4%。

2. GC—AAS 法测定海水中甲基和丁基锡的形态[16]

采用 15cm chromosorbGAW-DMCS 载体和 OV-3 固定液，色谱分离锡的无机、一甲基化合物、二甲基化合物、三甲基化合物、一丁基化合物、二丁基化合物、三丁基化合物，然后以电热原子化器检测。该法在 0.200L 水样中直接测定海水中各种形态锡的检出限分别为 1.9ng/L、1.6ng/L、18ng/L、3.0ng/L、1.3ng/L、1.4ng/L、22.4ng/L；相应的精密度在 9%~11%。

3. 离子交换色谱—电感耦合等离子体质谱（ICP—MS）和荧光光谱法测定丁基锡离子形态

用 30% 的甲醇（含有 5% 的乙酸和 0.05mol/L 柠檬酸铵洗脱液）、离子交换色谱分离一丁基锡离子、二丁基锡离子和三丁基锡离子。低的甲醇含量使得 ICP—MS 和胶束分光光度法检测更灵敏，进样 100μL，检测限（TBT）为 0.2ng 和 1.5ng，相对标准偏差为 3%~7%。

七、锗元素的形态分析

（一）锗的形态及毒性

1. 锗元素形态在环境中的迁移转化

锗（Ge）是准金属元素，位居元素周期表Ⅳ主族。是半导体元素，广泛存在于水、土壤及生物体内。当前国内外对锗的研究主要集中在有机锗化合物，对有机锗的毒性，目前有两种意见：一种是有机锗没有毒性，安全可服，因而认为它是"21 世纪救世锗（主）"，具有滋补强身，增强人体免疫功能、延缓衰老的作用。另一种意见是长期过量服用有机锗，有一定的毒性，并引证了欧、美、日本及世界卫生组织以及中国的大量毒理和临床资料，表明有机锗具有一定的毒性。张树功[18]对各类有机锗化合物的毒性作了详细的报道，得出以下几点结论：

（1）各类有机锗化合物都属于低毒化合物。

（2）不同类型和不同用药途径的毒性剂量有较大差异。

（3）与锗原子联结的有机基团的数目和结构对毒性有很大影响。

（4）锗化合物的慢性毒性可能与部分有机锗在体内代谢分解为无机锗损害肾功能有关。在众多的有机锗化合物中，目前应用最多的是 β-羧基锗倍半氧化物（锗-132），其毒性较低。锗中毒通常认为是无机锗中毒，因此，分析样品中有机锗和无机锗的含量对于研究锗的毒性问题是十分重要的。

2. 锗的化合物及毒性

（1）锗元素的形态

①无机锗形态：Ge（Ⅳ）、一锗酸（H_2GeO_3）、五锗酸（H_2GeO_{11}）。

②有机锗形态：一甲基锗（MMGe）、二甲基锗（DMGe）、三甲基锗（TMGe）。

③土壤中锗元素形态：水溶态、可溶态、交换态、氨水可提有机态、酸可提态、难溶有机态及残渣态。

（2）锗的毒性：无机锗毒性大于有机锗。

（二）锗元素的形态分析方法

1. 光度法测定有机锗制品中的有机锗和无机锗

利用有机锗不能与苯芴酮反应生成有色物，试样消解后，使有机锗转变为无机锗后，用分光光度法测定锗的总量；而无机锗则通过蒸馏的方法分离出来和苯芴酮反应，用分光光度法测定，然后用差减法求得有机锗的含量。

2. 气相色谱—火焰光度法检测甲基锗化合物的形态

采用柱头进样装置和 HP-1 毛细管，在最佳分离条件下，3 种锗化合物可以在 7min 内得到基线分离，然后在火焰光度检测器上测定各种甲基锗化合物的含量，该方法操作简便。仪器灵敏准确、最低检测限分别为：甲基锗（MMGe）100pg❶、二甲基锗（DMGe）70pg，三甲基锗（TMGe）50pg，回收率依次为 86.6%、87.4% 和 96.2%。

3. 土壤中锗元素的形态提取与分离测定

（1）水溶态锗：水溶态锗，包括水溶性的 GeO_3^{2-}，$HGeO_3^-$，H_2GeO_3 和低分子量的有机锗等，可被植物吸收利用。可溶态锗被土壤胶体吸附较弱、易交换的锗酸根阴离子 $HGeO_3^-$、GeO_3^{2-} 等用超纯水提取。

（2）可溶态锗：分别用 0.2mol/L K_2SO_4、0.5mol/L KCl、0.5mol/L $NaNO_3$ 溶液提取。

（3）交换态锗：分别用 0.1mol/L KH_2PO_4、0.1mol/L 草酸铵、0.1mol/L NH_4F 溶液提取。

---

❶ 1pg=1×10^{-12}g。

（4）氨水可提有机态锗：用 0.05mol/L $NH_3 \cdot H_2O$ 溶液提取。

（5）酸可提态锗：分别用 6mol/L HCl、2mol/L H_2SO_4 溶液提取。

（6）难溶有机态锗：用 10mL 30% H_2O_2 于 85℃ 水浴加热，蒸干。再处理一次。然后用 2mol/L 溶液 HCl 提取。

（7）残渣态锗：用 $HF—H_2SO_4—HNO_3$ 消解处理，土、液比均为 1：10，每次提取均用上步残渣水洗后加入提取剂，25℃ 振荡 4h，离心，倾出清液测定。

（8）锗元素的提取：用超纯水、0.2mol/L K_2SO_4、1mol/L NaAc、0.05mol/L NaOH、0.1mol/L KH_2PO_4 共 5 种提取剂溶液对原土分别进行提取试验，提取步骤同上述锗的形态提取。

在选定提取剂的条件下，土壤中锗形态连续提取方法为：

$$土壤样品 \xrightarrow{H_2O} 可溶态 \xrightarrow{KH_2PO_4} 交换态 \xrightarrow{NH_3 \cdot H_2O} 有机态 \xrightarrow{HCl}$$

$$酸可提态 \xrightarrow{HCl—H_2O_2} 难溶有机态 \xrightarrow{HF—H_2SO_4—HNO_3} 残渣态$$

以 GFAAS/ICP—MS 测定。

八、铝元素的形态分析

（一）铝元素的化学形态及毒性

1. 铝元素形态在环境中的迁移转化

铝是地球岩石和土壤矿物组成中的丰量元素之一。在环境中铝的迁移转化规律、可利用性和对生物的毒性，一般不取决于总量，而与其存在形式或化学形态有关。土壤中溶出的活性铝是对生物毒性较大的无机单聚体铝，如 Al^{3+}、$Al(OH)^{2+}$、$Al(OH)_2^+$ 等。铝的形态随溶液酸度的变化而有所不同，对植物毒性也有差异。按照 Marion 等的顺序，研究了不同 pH 溶液中 Al^{3+}、$Al(OH)^{2+}$、$Al(OH)_2^+$ 几种形态单体铝的浓度和比例，在 pH=4.0 以下，溶液中铝主要以 Al^{3+} 形态存在；在 pH=4.0 以上时，随溶液 pH 的上升，Al^{3+} 的含量下降，而 $Al(OH)^{2+}$、$Al(OH)_2^+$ 的含量则升高；当 pH 达到 6.5 时，铝几乎全部以 $Al(OH)^{2+}$、$Al(OH)_2^+$ 的形态存在。

2. 铝化合物的毒性

（1）铝元素的形态：Al^{3+}、$Al(OH)^{2+}$ 和 $Al(OH)_2^+$ 其形态变化随着溶液的酸碱度的不同而变化。

（2）铝元素的毒性：综合环境、毒理和医学的研究成果表明，虽然铝是非营养元素，但铝的某些化学形态对于藻类、鱼类及人类都具有不同类型、不同程度的影响。生物毒性较大的化学形态是铝自由离子和无机单体，它们属于脂相可溶性形态，具有较强的被有机体摄入和吸收的能力，使生物体内部渗透压平衡失控，从而表现出直接的伤害特征。

世界卫生组织的研究表明，人体每公斤体重每天允许摄入的铝不能超过 1mg。我国规定食品铝含量不得超过 100mg/kg，铝并非人体必需元素，过量摄入铝元素将会给人体带来不利影响，损害健康。研究证明，铝对脑神经有毒害作用，会使脑组织发生实质性改变，影响和干扰人的意识和记忆功能，导致老年性痴呆症。含铝的化学物质如果沉积在骨骼中，可使骨组织密度增加，骨质疏松、软化；若沉积于皮肤，会使皮肤弹性降低、皱纹增多；铝还会干扰孕妇的酸碱平衡，使卵巢萎缩，造成胎儿生长停滞；也会引发胆汁郁积性肝病，引起血细胞低色素贫血。到目前为止，已有的研究主要集中在 pH<4.5 条件下单核铝的生物毒性，而关于多核铝的生理生化毒性研究较少，一般认为铝离子为铝的主要致毒形态。

（二）铝元素的形态分析方法

1. Al-Ferron 逐时组合比色法和 Al-NMR 核磁共振法测定铝的水解聚合形态

将配好的 Al-Ferron 溶液在分光光度计上，以 370nm 波长逐时测定吸光度的变化，通过时间 t 和吸光值 A 的变化，制作工作曲线。然后结合标准曲线，求得 Ala，Alb，Alc 三种形态的含量。

2. PCV 络合比色法和 Ferron 逐时络合比色法测定天然水体及生活饮用水中铝的含量及形态

PCV 络合比色法：样品酸降解 24h 后，依次向样品中加入适量的邻菲罗啉混合液、邻苯二酚紫溶液及缓冲溶液，混合均匀并静置 0~4min 后比色测定。

Ferron 逐时络合比色法：按一定比例向样品中适量加入配制的一次性 Ferron 混合比色溶液，并立刻开始逐时络合比色测定，时间周期为 1~120min。

3. 流动注射小柱预富集—石墨炉原子吸收联用分析茶汤和水样中形态铝[17]

以 8-羧基喹啉修饰的玻璃小珠或 AmerlitelXAD-2 聚苯乙烯小球（XAD-2）的流动注射分析的在线预富集分离柱的填充物，在不同的富集分离条件下，样品中的无机态铝，有机疏水铝和总铝可分别与 8-羟基喹啉快速组合，然后分别用石墨炉原子吸收测定。

参考文献

[1] 李顺兴，黄淦泉，钱沙华. 改性绿茶对汞的吸附研究——汞的形态分析[J]. 环境化学，1997(4)：374-378.

[2] 戴树桂，陈甫华，王世柏，等. 树脂富集—冷原子吸收法测定天然水中痕量无机汞和有机汞[J]. 环境化学，1985(6)：51-57.

[3] 蔡明向，钱浩雯. 氢化物发生 ICP—AES 测定各种形态砷[J]. 分析测试学报，1989

(2)：59-61.

[4]陈永辉.氢化物发生原子荧光光谱法测定水中痕量砷[J].福建化工,2005(06)：76-79.

[5]梁桦,张展霞.水中铬形态的石墨炉原子吸收分析—双颗粒树脂法[J].分析化学,1990,18(12)：1142-1144.

[6]吴奇藩,周丽华.离子色谱—火焰原子吸收光谱联用技术及其在分离测定 Cr(Ⅲ)和 Cr(Ⅵ)的应用[J].理化检验：化学分册,1991,27(4)：195-197,200.

[7]邓平建.酶—碱消化、GFAAS 法测定肉类食品中 Cr(Ⅲ)和 Cr(Ⅵ)的研究[J].分析测试通报,1988(03)：38-42.

[8]孟昭荣,吴瑶庆,洪哲,等.丹东地区蓝莓中硒的形态分析[J].江苏农业科学,2011,39(6)：535-538.

[9]吴瑶庆,孟昭荣,李莉,等.蓝莓中蛋白硒形态的富集分离及测定方法[J].营养学报,2011(05)：37-40.

[10]杜春霖,吴瑶庆,孟昭荣,等.丹东地区决明子中微量硒的富集分离与测定[J].湖北农业科学,2009,48(2)：450-452.

[11]王子健,彭安.环境样品中硒的形态分析方法研究[J].分析化学,1988(07)：73-75.

[12]白文敏,汪宜.气相色谱/石英炉(Ⅲ型)原子吸收光谱联用及烷基铅化学形态分析[J].光谱学与光谱分析,1994,14(1)：99-104.

[13]WU YQ, LI L. Distribution characteristics and potential ecological risk assessments and heavy metals in surface sediments and water body of the Yalu river estuary China[J]. Applied Mechanics and Materials, 2014, 522-524：88-91.

[14]戴树桂,黄国兰,蔡勇.水环境中甲基锡化合物的形态分析[J].中国环境监测,1987(06)：3-6.

[15]黄国兰,蔡勇.GC—AAS 联用技术测定水中丁基锡化合物[J].南开大学学报：自然科学版,1993(4)：23-28.

[16]袁东星,IanL,Shuttler.流动注射小柱预富集—石墨炉原子吸收联用分析茶汤和水样中不同形态的铝[J].厦门大学学报：自然科学版,1998(01)：84-91.

[17]张树功.有机锗化合物的毒性[J].化学通报,1993(09)：13-23.

第九章　几种样品中金属元素形态原子光谱分析

第一节　概　　述

一、金属元素形态原子光谱分析的意义

金属元素的化学形态与其毒性、生物可利用性、迁移性密切相关。因此痕（微）量元素的化学形态研究在环境科学、生命科学、食品安全、药学、微量元素各领域引起分析工作者的广泛关注。金属形态原子光谱分析，通常指的是金属与生命有关元素的价态和络合态分析，即测定金属元素的各种价态、络合态及在样品中的含量或分组分类的形态分布。环境科学家和生命科学工作者认识到无机元素，特别是痕量重金属的环境效应和微量元素的生物活性，不仅与其总量有关，更大程度上由其形态决定，不同的形态其环境效应或可利用性不同。

（一）金属元素形态分析在生物医学中的意义

金属元素存在的形态不同，物理、化学性质与生物活性不同。不同化学形态的重金属，其毒理特性的一般规律：

（1）重金属以自然态转变为非自然态时，毒性增加，如天然水在正常 pH 下，铝处于聚合的氢氧化铝胶体形态，对鱼类是无毒的；但是，若天然水被酸雨酸化时，铝则转化为可溶性有毒形态 $[Al(OH)_2^+]$，$Al(OH)_2^+$ 可与鱼鳃的黏液发生反应，阻碍必需元素氧、钠、钾等通过生物膜的正常转移，造成鱼类大量死亡。近年研究发现，铝离子能穿过血脑屏障进入人脑组织，引起痴呆等严重后果。而 AlF_4^- 没有这种危险。黄淦泉等研究茶水中铝的形态发现：尽管茶水中铝的含量较高，但由于氟含量较高，氟铝络合物是茶水中铝的主要形态，有毒的单体羟基铝不存在。由此，茶叶的营养价值不受铝含量高的影响。

（2）金属有机态的毒性大于金属无机态甲基汞的毒性是无机汞的 100 倍；无机锡是无毒的，而三丁基锡是极毒的，它对水生生物的毒性水平为 $2\sim10ng/L$；二甲基镉的毒性大于氯化镉。

（3）价态不同，毒性不同 Cr^{6+} 的毒性比 Cr^{3+} 的毒性高。

（二）金属元素形态和种类

1. 化学种类

化学元素的某种特有形式，如：同位素组成，电子或氧化状态，配合物或分子结构等。

2. 金属元素形态

一种元素的不同物种在特定体系中的分布情况如下。

（1）氧化态：如 Fe（Ⅲ）/Fe（Ⅱ）、As（Ⅴ）/As（Ⅲ）等。

（2）有机形态化合物：如各种有机铅、有机汞、有机砷及其他有机金属化合物。

（3）通过配合键与配体形成的稳定或不稳定络合形式的形态。

（三）金属形态分析及提取

识别和（或）测定某一样品中一种或多种化学物种的分析过程，这些化学物种可以通过核（同位素）组成、电子或氧化态、无机化合物和配合物、金属有机化合物、有机和高分子配合物等形式的不同而相互区分。分步提取又叫顺序提取，根据物理（如粒度、溶解度等）或化学性质（如结合状态、反应活性等）把样品中一种或一组被测定物质进行分类提取的过程，如图9-1所示。

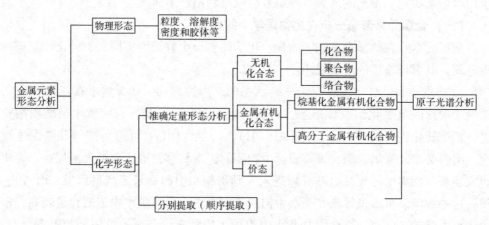

图9-1　金属元素形态分析流程

二、金属元素形态原子光谱分析的必要性

一是环境样品中金属元素的形态信息可用于环境危害性评价，阐明污染物在环境中的迁移和转化机理。二是对生物样品的金属元素形态分析有助于人们从元素化学形态水平上了解微量元素与人类健康和疾病的关系，探讨与健康和重大疾病相连

系的痕量元素的化学形态变化等。三是对金属元素药物与生物分子的相互作用及其引起的金属元素物种的变化研究，对于理解药物的作用机理和指导新药物的设计。四是在食品科学及营养学领域，金属元素形态分析可以帮助人们了解人体吸收和生物可利用性与元素化学形态之间的关系，以便改善人体必需元素或降低有毒元素的生物可利用性。五是弄清金属元素的化学形态与毒性的关系对于制定商品中有毒元素限量的新标准。

第二节　环境样品中重金属元素形态原子光谱分析

自然界的重金属元素中密度 $\geqslant 5.0 g/cm^3$ 的金属元素约有 45 种。而在环境污染研究中的重金属多指 Hg、Cd、Pb、Cr 等，以及 As、Se 等处于金属和非金属之间的、具有显著生物毒性的类金属元素。重金属污染是指其化合物造成的环境污染，主要表现在水体污染中，是由未经适当处理即向外排放的采矿、冶金、化工、石油等多种工业废水、生活污水、受流水作用的废弃物堆放场以及富含重金属的大气沉降物等的输入，使水体中重金属含量剧增，超出水的自净能力而引起。重金属污染物进入水体后不易分解，经过沉淀、溶解、吸附、络合等物化反应后，能够在底泥及动植物体内形成积累，进而产生食物链浓缩，使毒性放大，对人类和其他生物的健康及生存产生严重影响。而重金属在水体中的迁移转化规律、毒性大小以及可能产生的环境危害程度不仅与重金属总量有关，更大程度上取决于其赋存形态，在不同的化学形态下，重金属有着不同的环境效应，如 Cr^{3+} 是人体的必需元素，而 Cr^{6+} 则对人体有明显的毒性。因此，水体重金属化学形态的研究对于控制和治理水体重金属污染，对水环境安全具有重要的意义。

一、天然水中重金属元素形态原子光谱分析

重金属在水环境中的存在形态取决于其不同来源及进入水环境后与水环境中其他物质发生的各种相互作用，由水环境的 pH、氧化还原条件、络合剂含量等容量控制参数决定，天然水中的重金属分为悬浮态（颗粒态）和溶解态两大类。溶解态重金属分为简单水合金属离子、简单无机物络合物、简单有机络合物、稳定无机络合物、稳定有机络合物、无机胶体吸附物和有机胶体吸附物 7 种形态。表 9-1 所示为天然水中重金属的化学形态[1]。根据不同形态重金属的粒径大小，以能否通过 0.45μm 孔径滤膜为标准，将天然水中重金属的形态分为溶解态和颗粒态。

表 9-1　天然水中重金属元素化学形态

化学形态	示例
粒状物质	$0.45\mu m$ 的过滤残渣
离子形态	Cu^{2+}，Zn^{2+}
单纯无机络合物	$CdCl_4^{2-}$，$PbSO_4$，$ZnCO_3$
单纯有机络合物	Cu 甘氨酸根，Zn 柠檬酸根
稳定无机络合物	CuS，$PbSiO_3$，黄铜矿
稳定有机络合物	Cu 腐植酸盐，Zn 半胱氨酸
无机胶体吸附或结合状态	$Pb^{2+}-Fe_2O_3$，$Cd^{2+}-MnO_2$，Zn^{2+}黏土，Cu^{2+}磷灰石
有机胶体吸附或结合状态	Cu^{2+}腐殖酸，Cu^{2+}有机岩屑

（一）采用计算法进行天然水溶解态重金属元素形态原子光谱分析

采用计算法的前提是假定被研究体系是处于热力学平衡状态的封闭体系，已知所有组分的总浓度与所分析元素和各组分之间发生的全部化学反应的平衡常数。MINTEQA2、REDEQL2 等主要的水质化学平衡模型已被广泛应用于形态分析。计算法简便、快速，不需要做实验或仅需少量辅助性实验，但不能准确处理体系中所有的化学反应，且忽略了一些动力学因素的影响，不能反映真实的环境情况。数学计算模型主要应用于描述重金属在环境中的迁移规律，而描述形态与生物有效性、毒性关系略显不足。

1. 样品的预处理方法[2-3]

在进行形态分析时，天然水样的处理通常采用光解氧化法，这种处理又分两种情况：

（1）在天然 pH 下，用紫外光照射样品，仅仅破坏样品中的有机键合金属，使之成为游离态。

（2）样品先酸化，后用紫外光照射，样品中元素所有的稳定形态均被破坏，成为游离态。

①取一定体积的水样通过 $0.45\mu m$ 的滤膜过滤，将金属颗粒态与溶解态分离，滤液用于分析溶解态金属形态。

②利用超滤、渗析将金属胶体态与非胶体态分离，将胶体部分酸化，用紫外光照射，用阳极溶出伏安法（ASV）可测得胶体态金属（有机胶体、无机胶体吸附物）含量；胶体不酸化，直接用紫外光照射，用 ASV 可测得金属有机胶体吸附物形态含量。稳定有机态金属（有机键合金属）含量减去金属有机胶体量，无机稳定

态金属量减去无机胶体金属量，分别为稳定有机络合物与稳定无机络合物含量。

③萃取法：脂溶性重金属能以被动扩散方式通过生物膜，对于生物具有高度积累性和高毒性。采用与生物膜具有相似介电性质的有机溶剂萃取法来分离脂溶性金属。

④离子交换树脂法：利用元素的价态或配位情况的不同，或与离子交换树脂的亲和力不同，选用合适的淋洗液，可直接分离、分析同一元素的不同形态。chelex-100是最常用的螯合树脂。高文玲等[4]采用在酸性条件下，将水样分别通过阴、阳离子交换树脂，阴离子交换树脂吸附Cr^{6+}，阳离子交换树脂吸附Cr^{3+}，从而使其分离。该方法简便快速，重现性好，但树脂对金属具选择性，也不能具体指出哪一种形态的毒性大小。

⑤吸附法：利用吸附剂特有的功能团、表面静电荷、表面键能、表面特定孔径等与待分离富集元素形成配位化合物、离子缔合物或形成物理吸附分离富集特定形态的重金属，其吸附机理随吸附剂的结构、性能不同而不同。

⑥膜滤分离法：膜滤方法依据重金属的毒性形态与非毒性形态的粒度大小及透过性能来判断毒性。不稳定态金属可以透过超滤膜、透析膜，而大分子稳定络合态金属被截留，在一定程度上可以表征金属的毒性。刘斐文[5]等在适当调整pH后，将水中低含量的Cu^{2+}、Cd^{2+}、Pb^{2+}、Ni^{2+}等金属离子变为胶态，采用一定孔径的氰乙基醋酸纤维素膜和壳聚糖截留胶态金属，取得一定效果。

2. 原子吸收光谱法（AAS）分析

（1）原子吸收光谱法测定元素的总量：取20mL水样，用5mL己烷—20%正丁醇萃取脂溶性金属形态。然后将水相酸化，用紫外光照射，用AAS测水相中溶解态金属总量。与未被萃取测得的溶解态金属总量比较，可得到脂溶性金属形态的含量。吴炳焱[6]利用铜离子与碘化钾、亚甲基蓝生成络合物体系从而将铜富集，结合火焰原子吸收法测定水中铜，提高了方法的灵敏度，操作简便，检出浓度$1.0\mu g/L$，相对标准差为3.2%，回收率为96.3%~102.8%。胡德文[7]等研究了甲壳素对铜的富集、洗脱条件及共存组分的影响，利用火焰原子吸收光谱法测定了地表水中铜的含量。方法简便、快速，富集倍数达50倍，检出限为$2.24\times10^{-4}mg/L$，精密度为1.66%，回收率为97%。赵斌等[8]利用石墨炉原子吸收法测定水中的镉，通过加入基体改进剂$(NH_4)_2SO_4$消除了共存物的干扰，该方法对试样的回收率为97%~104%，相对标准偏差为8.2%。

（2）原子吸收光谱法（AAS）形态分析特点：只能利用它们简便、快速、灵敏度高的特点测定元素总量，不能直接用于元素的形态分析，但常将其与分离富集技术相结合测量元素的不同形态。

(二) 水环境中的重金属形态原子光谱分析

1. 环境水中汞元素的形态分析

在天然水体中总汞的含量是超痕量的，各形态汞化合物的含量更低，分析时分离富集手段是必不可少的，其中出现最早、目前仍广泛使用的是有机溶剂萃取法。Yamamoto 等[10]将大量水样酸化后与二硫腙盐反应，再用苯萃取富集，并用 AAS 测定 CH_3Hg-二硫腙盐，测得日本沿岸海水中 CH_3Hg^+ 不到总汞含量的 1% (w)。二硫腙—苯萃取是萃取 CH_3HgCl 的有效方法，萃取后经薄层色谱 (TLC) 展开，CH_3HgCl 谱带用 AAS 测定[11]，用这种方法可分离 CH_3Hg^+、Hg^{2+} 和其他形态的汞，并测得日本和加拿大的河水中这 3 种形态化合物的含量分别为 $1.6～7.0\mu g/L$（占总汞的 26%～46%）、$2.1～16.8\mu g/L$（43%～61%）和 $0.6～2.1\mu g/L$（9%～25%）。测定水环境中的汞形态化合物时，树脂吸附[12]、金或银汞齐化和液液萃取是常用的预富集手段[13-14]，有人将金汞齐法直接用于野外采样，富集 Hg^{2+}、甲基汞和苯基汞，经 $NaBH_4$ 还原用氩直流等离子体发射光谱进行测定，20mL 样品的检出限为 0.5×10^{-6} (w)。蒸馏法也可用于水样的萃取，与溶剂萃取法相比，它的回收率较高。以商品化的半络合性 Q-10 树脂为填料的微柱固相萃取可用于分离富集海水中的汞化合物，树脂中的巯基官能团对无机和有机汞有很强的亲和力。被富集的汞化合物可用微酸性的 5% 硫脲洗脱。含二硫代碳酸盐官能团 (DTC) 或二硫代氨基甲酸盐[15-16]的树脂以及巯基棉[17]的填充柱也可用于分离富集水中的汞。由于汞化合物在 DTC 树脂上的稳定性较差，因此用 DTC 柱富集后需马上洗脱。Horvatm 等[18]用土壤渗滤浸析法富集了水样中的有机键合态汞，并用 pm XAD-2 树脂吸附了其中的脂类键合、蛋白质键合和碳氢化合物键合的 Hg，脂类键合 Hg 可用 $CHCl_3$ 洗脱，蛋白质键合汞可用 $MgCl_2$ 盐析出，再经过滤分离，滤液中含有碳氢键合汞。海水中有机键合态汞占总汞的一半以上，其中 69% (w) 为蛋白质键合汞，其余为脂类键合汞。水中不同形态的汞也可用 SPME 法萃取富集。Cai 等[19]将酸化后的河水经 $NaBEt_4$ 原位衍生后，用涂有聚二甲基硅氧烷的石英纤维萃取，并研究比较了顶空和直接萃取法萃取水中 CH_3Hg^+ 和 Hg^{2+} 的线性范围和检出限，发现两种方法所得的线性范围分别为 $25～2500ng/L$ 和 $30～6700ng/L$，顶空 SPME 法的检出限为 7.5ng/L（CH_3Hg^+）和 3.5（Hg^{2+}）ng/L，直接 SPME 法的检出限为 6.7ng/L（CH_3Hg^+）和 8.7（Hg^{2+}）ng/L。

2. 环境水中砷元素形态原子光谱分析

水样中砷含量一般不高且多为无机砷，采样后立即加酸酸化，分析前用 NaOH 调 pH 至中性后，一般无须进一步处理，可直接进色谱柱分离，研究表明：如果水样中有机砷含量偏高，在采样后应马上用有机溶剂提取；室温下砷化物在有机提取液中可稳定 2h，而一旦从提取液中分离，贮存于 0℃以下才较稳定。水中 MMA、DMA 水样加 KBr，苯—甲苯（3+1）提取，振荡，水相加 NaCl 后再用苯—甲苯（3+1）提取，振荡，有机相 70℃浓缩。采用 GFAAS 测定。用苯—甲苯（3+1）提取，70℃浓缩，气相色谱（GC）分离，原子吸收光谱法（AAS）测定有机砷，砷化物 70℃会伴随溶剂的蒸发而有所损失，MMA 和 DMA 的损失分别达 17%和 25%。

水环境中重金属的形态分析技术是目前重金属毒理学以及环境化学的前沿发展方向。由于天然水中重金属形态含量的微量、痕量，采用各种仪器联用，简便、快速的分离富集技术与高灵敏度、高选择性的检测方法相结合，特别是计算机软件的开发应用研究，结合常规仪器，实现形态分析技术自动化、智能化检测。可以满足天然水重金属形态分析研究的需要。

二、底泥和土壤中重金属元素形态原子光谱分析

（一）底泥和土壤中汞元素的形态分析

Westoo[17]提出的 GC—ECD 测定鱼中 CH_3Hg^+ 的方法是底泥中有机汞形态分析最常用的方法。底泥样品经 HCl 酸化后，用苯或甲苯等有机溶剂将有机汞以氯化有机汞的形式进行萃取富集；蒸气蒸馏法也可用于底泥中无机和有机汞的萃取[18]，例如，用 KCl 和 H_2SO_4 蒸气蒸馏萃取底泥中的 CH_3Hg^+，然后可用 GC—ICP—MS 测定[19]。碱（1mol/L KOH—乙醇）消解也是萃取底泥中汞化合物的常用方法，由于底泥中大量有机物质的存在，用酸—有机溶剂萃取时会发生严重的乳化现象，使萃取时间延长，降低了萃取效率。用碱消解法可达到破乳化的目的，均化了消解液，使样品分布均匀。Kanno[20]等比较了碱解—二硫腙—苯和 HCl—苯萃取底泥中 CH_3Hg^+ 的分析结果，从统计上来讲，碱消解萃取法可获得较高的萃取效率，且用色谱分离时不会出现干扰峰。超临界流体萃取也可用于底泥中有机汞的萃取[21]。将土壤和底泥用弱酸浸取后采用 KBH_4 衍生和顶空 SPME 法，将涂有聚二甲基硅氧烷涂层的萃取纤维经 HF 处理后，可分离富集有机汞，加标回收率可达 90%以上[22]。在许多含汞土壤中，汞元素主要以 HgO 或 HgS 无机形式存在，HgS 是一种可溶且无生物可给性的汞化合物，而土壤中具有致命毒性的汞形态是形态分析的重点。连续萃取法常用于无机汞的形态分析[23]。Sakamoto 等[24]用连续萃取法测定了底泥中的甲基汞、HgO 和 HgS，其中 CH_3Hg^+ 可用氯仿萃取，HgO 用 $0.05mol/L$ H_2SO_4 萃取，最后用含 3%的 NaCl 和少量 $CaCl_2$ 的 1mol/L HCl 萃取 HgS。土壤和底泥中的 HgS 还可用饱和 Na_2S 溶液进行选择性萃取[25]。对有机物含量较高的土壤和底泥样品进行热蒸发也可定量萃取金属汞、HgS 和有机汞[26]。将样品置于石墨炉内连续加热可用于

热解析—AAS 分析汞的形态[27]。

（二）底泥和土壤中砷元素的形态分析

分析土壤和底泥中的砷，常采用水提振摇，HPLC 分离结合 ICP—MS 或氢化物发生—原子荧光光谱法（HG—AFS）检测的方法，但是回收率较低。目前较好的方法是：以磷酸为提取液，低功率微波消解 20min，过滤后经 HPLC—ICP—MS 分析。

1. 土壤中砷元素的几种形态预处理及分析方法

（1）土壤中 As（Ⅲ）、As（Ⅴ）、MMA、DMA 的预处理，以 1.0mol/L 磷酸提取，40W 微波 20min 过滤后经 HPLC—ICP—MS 分析。

（2）土壤 As（Ⅲ）、As（Ⅴ）的预处理，用 1.0mmol/L Ca（NO$_3$）$_2$ 提取，室温下振摇离心过滤后经 HPLC—ICP—MS 分析。

2. 底泥（水系沉积物）砷元素的几种形态预处理及分析方法

（1）底泥 As（Ⅲ）、As（Ⅴ）、MMA、DMA 硝酸—盐酸（1+2）提取，微波 20W 12min HPLC—ICP—MS 测定 MMA 和 DMA；磷酸提取，微波 20W 10min 以 IIPLC—ICP—MS 测定 As（Ⅲ）、As（Ⅴ）、MMA、DMA。

（2）底泥 As（Ⅲ）、As（Ⅴ）水提取，振摇，离心过膜（0.45μm）；或 1.0mmol/L KH$_2$PO$_4$—K$_2$HPO$_4$ 提取，振摇，离心过膜（0.45μm）以 HPLC—HG—AAS 测定 As（Ⅲ）、As（Ⅴ）。

三、大气中汞元素形态原子光谱分析

（一）键合粒子型汞元素形态的分析测定

汞在大气中以键合粒子的形式和气态形式存在。键合粒子型的汞可通过空气采样器过滤收集，再经酸解或热解还原成蒸气 Hg，从而测定大气样品中的总汞含量[28]。键合粒子型的无机汞，如 HgCl$_2$、HgS 等，可用离析气体分析—氩微波等离子体法进行形态分析[26]。

（二）气态汞—汞齐处理分析测定

气态汞也可通过气体采样器过滤收集，溶液吸附、纤维素或活性炭等固体吸附剂吸附，金、银等贵金属的汞齐化法[29-30]均可用于气态总汞的采集。采集后的气态总汞可通过在酸性溶液中的 SnCl$_2$ 还原、燃烧吸附剂、汞齐热解等方式从吸附介质中释放出来，并经 AAS、AFS 或 AES 进行测定。

（三）气相色谱（GC）分离大气中汞元素形态的分析测定

GC 常用于大气中汞的形态分离[31-32]。根据保留时间，GC 分离对每一种形态汞化合物可进行明确的判断，无需将各种汞转化为 HgO。在 GC 分离中，Chromosorb106、DEGS、Tenax、Carbotrap 等均可作为采样介质，采样后，汞化合物经加热被释放出来，被苯、甲苯等有机溶剂吸收富集，再注入 GC 进行分离测定，也可直接导入控温 GC 柱中，经分离后用 AAS、AFS 或 AES 测定。用低温 GC—AFS 测定，CH_3HgCl 和（CH_3）$_2Hg$ 的检出限可低至 0.3pg。

甲基汞经盛有甲苯—HCl 的碰撞取样器收集后，经毛细管熔融硅，短柱气相色谱和纵向 ICP—OES 分离测定，检出限可达 3pg[34]。根据其在气液两相的分配系数，当含甲基汞的大气样品被吹入纯水时，部分甲基汞会溶解在水相，其含量可用 GC—AFS 测定[35]。用 GC 吸附分离法，除 CH_3HgCl 和（CH_3）$_2Hg$ 以外，还可测定 C_2H_5HgCl。在实验室的空气中可测得 9.8ng/L 的 C_2H_5HgCl，在存放汞样品的室中，C_2H_5HgCl 的含量可达 12.5~271ng/L，其他地方的空气中一般检测不到 C_2H_5HgCl[31]。

（四）吸附法预处理汞元素的形态分析

吸附法还可用于可燃气中汞的形态分析[36-40]。燃气中氧化态的汞（Hg^{2+} 和 MeHg）可被浸有碱石灰吸附剂的氯化钾吸附。Larjava 等[38]用涂金散射屏在温度高于 100℃的条件下从流速 6L/min 的燃气中吸收气态汞化合物，再在较高温度下解吸测定，金属汞和 $HgCl_2$ 的吸附率可达 90%以上，而且燃气中的 SO_2、NO 和 H_2O 对测定没有影响。元素汞在通过 KCl—碱石灰吸附剂后可被碘化了的碳吸附剂收集[41,42]。

第三节 农产品和食品中重金属元素形态原子光谱分析

一、农产品和食品中砷元素的形态分析

农产品和食品中砷元素是以无机砷和有机砷两种形式存在，长期摄入无机砷会损害皮肤，并引起发育缺陷和心血管疾病等。食品和农产品中存在的无机砷，一些来自工矿业排放的含砷废水和废弃物，另一些则来自农业中使用的含砷杀虫剂、除草剂等。无机砷经由农业和工业处理过程进入饮用水和果汁中，为此建立一种简单、高效并且准确的快速检测方法，对于公共食品及农产品安全有着重要意义。

（一）农产品和食品中砷元素形态 ICPMS 分析

1. 粮食、豆类中砷元素形态的分析

（1）样品预处理（GB 5009.11）：样品在采集过程中不能污染，粮食、豆类等样品去杂质后粉碎均匀，装入洁净的聚乙烯瓶中，密封保存备用；蔬菜、水果、鱼类、肉类和蛋类等新鲜样品洗净，晾干。取可食用部分匀浆，装入聚乙烯瓶中，密

封保存于4℃冰箱中冷藏备用。

（2）微波消解：蔬菜、水果等含水分高的样品，称取 2.0～4.0g（精确至 0.001g）加入 5mL 硝酸，放置 30min；粮食、肉类、鱼类等样品，称取 0.2～0.5g（精确至 0.001g）样品于消解罐中，加入 5mL 硝酸，盖好安全阀，将消解罐放入微波消解系统中根据不同样品，设置适宜的消解程序，按相关步骤进行消解，消解完全后赶酸，将消解液转入 25mL 容量瓶或比色管中，用少量超纯水洗涤罐内 3 次，合并洗涤液并定容，混匀，同时作空白实验。

（3）高压密封消解：称取固体样品 0.2～1.0g（精确至 0.001g），湿样 1.0～5.0g（精确至 0.001g）或取液体试样 2.00～5.00mL 于消解罐中，加入 5mL 硝酸浸泡过夜。盖好内盖，旋紧不锈钢外套，放入恒温干燥箱，140～160℃保持 3～4h，自然冷却到室温，然后缓慢旋松不锈钢外套，将消解内罐取出，用少量水冲洗内盖，放在控温电热板上于 120℃赶去棕色气体。取出消解内罐，将消解液转入 25mL 容量瓶或比色管中，用少量超纯水洗涤罐内 3 次，合并洗涤液并定容，混匀，同时作空白实验。

2. 果汁中砷元素形态的分析

2013 年 7 月，美国食品和药物管理局（FDA）宣布，对市售苹果汁中无机砷含量设立限值标准，即每升不得超过 10μg，与饮用水的标准相同。即使用 Thermo Scientific Dionex AS—7 阴离子交换柱（2mm 内径，250mm 长），因为它能够同时分离砷的阳离子和阴离子，因此非常适合砷各种形态分离的需要。由于 AS—7 柱尺寸小巧，最大限度减少了样品消耗和溶剂量，从而降低了每次分析的成本。

从当地超市购买四款不同的苹果汁，各取 1mL 稀释于 7mL 超纯水和 2mL 2%硝酸中，先测定果汁中的总砷浓度。用一个没有砷的样品，以不同量加标砷形态后进行研究和分析，评估果汁基质的加标回收情况。加标量介于 10～20ng/g，满足或略微超过 FDA 对瓶装水的规定水平（10ng/g）。将可检出的总砷浓度的样品进入随后的形态分析。所有校准标准和加标溶液从含有浓度为 1.0mg/L 不同砷形态的储备溶液中当天配制。总砷含量分析和砷分析方法的检测限（MDL），所有浓度单位均为 ng/g。

六种砷形态的分离：含有 0.45ng/g 的六种砷形态，As（Ⅲ）和 As（Ⅴ）为有毒的无机形态，砷甜菜碱（AsB）、砷胆碱（AsC）、甲基砷（MMA）和二甲基砷（DMA）为无毒的有机形态，用稀 HNO_3 对样品进行分离。

（二）农产品中砷元素形态的 HPLC—ICP—MS 分析测定

农产品生长在土壤中，理想的提取液应尽量接近土壤中地表水离子强度和 pH，以免过高评价植物中的砷含量[43]。但目前应用最多的方法是以水[44,45]或甲醇—水混合液提取，用高效液相色谱—电感耦合等离子体质谱（HPLC—ICP—MS）分离检测。加压液体提取（PLE），时间虽短（5min），但效率过低。虽然可以通过升高提取温度的方法提高提取率，但其他有机物的溶解度也随温度升高而增加，色泽变深，干扰加大[46]。75W 微波 2min 4 次提取胡萝卜中砷的效率（69%）虽不及振摇离心提取蘑菇中砷的效率，但该方法耗时短（8min），适合快速分析，是一种较为理想的方法[47]。

二、农产品和食品中汞和铬元素形态分析

（一）农产品中汞元素形态的 LC—AFS 分析

（1）在采样和制备过程中，应注意不使试样污染。粮食、豆类等样品去杂物后粉碎均匀，装入洁净的聚乙烯瓶中，密封保存备用；蔬菜、水果、鱼类、肉类及蛋类等新鲜样品，洗净晾干，取可食用部分匀浆，装入洁净聚乙烯瓶中，密封于4℃冰箱中冷藏备用。

（2）试样提取：称取样品 0.50~2.0g（精确至 0.001g），置于 15mL 塑料离心管中，加入 10mL 盐酸溶液（5mol/L），放置过夜。室温下超声水浴提取60min，振摇数次。4℃下以 8000r/min 转速离心 15min。准确吸取 2.0mL 上清液至 5mL 容量瓶或刻度试管中，逐滴加入 NaOH（6mol/L），使样液 pH 为 2~7。加入 0.1mL 的 L-半胱氨酸溶液（10g/L），最后定容，0.45μm 有机系滤膜过滤，待测。同时做空白试验。逐滴加 NaOH 溶液（6mol/L）时应缓慢逐滴加入，避免酸碱中和产生的热量来不及扩散，使温度快速升高，导致汞化合物挥发，造成测定值偏低。

（3）色谱柱为 CNWSep AX 阴离子交换色谱柱，250mm×4.0mm，10μm（LAEQ-4025G7）；保护柱为 CNWSep AX 保护柱，5.0mm × 4.0mm，10μm（LBEQ-4005G7K）；流动相为含 10mmol/L 无水乙酸钠、3mmol/L 硝酸钾、10mmol/L 磷酸二氢钠、0.2mmol/L 乙二胺四乙酸二钠的缓冲溶液，氨水（pH=10）：无水乙醇为99：1，流速 1mL/min，柱温 30℃，进样量 50μL。

（二）农产品和食品中铬元素的形态分析（GB 5009.123）

1. 农产品和食品样品的初级预处理（物理预处理）

（1）粮食、豆类等去除杂物后，粉碎，装入洁净的容器内，作为试样。密封，并标明标记，试样于室温下保存。

（2）蔬菜、水果、鱼类、肉类及蛋类等水分含量高的鲜样，直接打成匀浆，装入洁净的容器内，作为试样。密封，并标明标记。试样应于冰箱冷藏室保存。

2. 农产品和食品样品的化学消解

（1）微波消解：准确称取试样 0.2~0.6g（精确至 0.001）于微波消解罐中，加入 5mL 硝酸，按照微波消解条件：120℃升温 5min、恒温 5min、升温至 160℃升温 5min、恒温 10min、升温至 180℃升温 5min、恒温 10min 的操作步骤消解试样。冷却后取出消解罐，在电热板上于 140~160℃赶酸至 0.5~1.0mL。消解罐放冷后，将消解液转移至 10mL 容量瓶中，用少量水洗涤消解罐 2~3 次，合并洗涤液，用水定容，摇匀，同时做试剂空白试验。

（2）酸化消解：准确称取试样 0.5~3g（精确至 0.001g）于消解罐中，加入 10mL 硝酸、0.5mL 高氯酸，在可调式电热炉上消解（参考条件：120℃保持 0.5~1h、升温至 180℃ 2~4h、升温至 200~220℃）。若消解液呈棕褐色，再加硝酸，消解至冒白烟，消解液呈无色透明或略带黄色，取出消解罐，冷却后，用去离子水定容至 10mL。同时做试剂空白试验，以 GFAAS 测定。

（3）高压消解：准确称取试样 0.3~1g（精确至 0.001g）于消解内罐中，加入 5mL 硝酸。盖好内盖，旋紧不锈钢外套，放入恒温干燥箱，于 140~160℃保持 4~5h。在箱内自然冷却至室温，缓慢旋松外罐，取出消解内罐，放在可调式电热板上，于 140~160℃赶酸至 0.5~1.0mL。冷却后将消解液转入 10mL 容量瓶中，用少量水洗涤内罐和内盖 2~3 次，合并洗涤液于容量瓶中定容，同时做试剂空白试验，以 GFAAS 测定。

（4）干灰化法：准确称取试样 0.5~3g（精确至 0.001g）于坩埚中，小火加热，炭化至无烟，转移至马弗炉中，于 550℃恒温 3~4h。取出冷却，对于灰化不彻底的试样，加数滴硝酸，小火加热，小心蒸干，再转入 550℃高温炉中，继续灰化 1~2h，至试样呈白灰状，从高温炉取出冷却，用硝酸溶液（1+1）溶解并定容至 10mL。同时做试剂空白试验，以 GFAAS 测定。

第四节　生物样品中汞元素形态原子光谱分析

生物样品的复杂基体严重干扰样品的萃取过程，分析过程中的去甲基化将甲基汞转化为无机汞，导致分析结果出现误差，因此碱解和标准加入法是分析生物样品常用的方法。对甲基汞化合物来说，碱消解法比常规苯萃取法的回收率要高，表明碱消解的效果更好，用碱消解法可测得鱼样中甲基汞的含量占总汞的95%。

一、鱼类样品中甲基汞分析

汞在自然界中以不同形态存在，最常见的形态有金属汞、硫化汞（朱砂矿石）、氯化汞和甲基汞。在鱼类产品中，甲基汞是主要的存在形态。2001年，美国环境保护署（EPA）对汞的概述文件中提到，大多数成年鱼中90%～100%的汞是甲基汞。大部分国家和组织现行标准为，汞在鱼中的最大浓度为0.5mg/kg（湿重）。欧盟委员会（EC）推出的EC 1881—2006法规中规定了某些污染物在食品中的限值，对于水产品和鱼类中汞的含量，法规规定限值为0.5mg/kg（湿重）。

采用反萃取法进行印度鲭鱼体内汞元素形态分析：称取印度鲭鱼可食用部分冷冻干燥的样品5g左右于50mL洁净的聚丙烯管（PP管）中，加入10mL甲苯，涡旋混合器搅拌5min，均匀地分散样品，确保所有甲基汞溶解于甲苯中。然后加入25g 0.1%L-半胱氨酸盐酸盐反萃取溶液，振荡提取所有形态的汞于水相中。样品管在8000r/min转速下离心3min，分离水相和甲苯有机相。用塑料注射器收集水相，转移到另一个干净的聚丙烯管中，在4000r/min转速下离心5min。塑料注射器连接聚偏二氟乙烯（PVDF）过滤器转移萃取溶液至HPLC样品瓶中，然后进样分析。无机汞和有机汞在6min内可以完全分离。DORM-2 CRM的基体不影响色谱分离，SRM和标准的出峰时间一致（澳大利亚国际研究会确认的参考物质DORM-2中汞的形态）。该方法对印度鲭鱼中甲基汞的提取效率和测定实验结果表明：该方法具有良好的重现性和较高的回收率，相关系数$R^2>0.995$，有很宽的浓度范围，水提取物中的甲基汞含量采用HPLC—ICP—MS分离测定。此外，硫酸可用于鱼样中甲基汞的离析，离析出的甲基汞在碘乙酸的作用下转化成碘化甲基汞的形式。由于碘化甲基汞具有较高的蒸气压，它可用半自动顶空气相导入法导入GC，然后经MIP检测，检出限为$1.5×10^{-6}$（w）。此法可消除样品基体的干扰，并应用于对北海鳕鱼中甲基汞的测定[48]。

二、生物制品中汞元素形态的分析

（一）酸浸取—KBH₄氢化衍生—顶空SPME法分析毛发中的甲基汞

酸浸取—KBH₄氢化衍生—顶空SPME法是一种简单、快速分离富集生物样品中甲基汞的方法，该法不需加入其他破乳化剂，采用一根长4cm、涂有聚二甲基硅氧烷，并经HF处理的石英毛细萃取纤维对毛发样品的处理液进行萃取，其结果的准确度与经典的液—液萃取法相当，且具有无溶剂萃取的优点[50]。酸浸取—冷蒸气原子吸收是一种简单、快速测定人发中汞化合物形态的方法[51]，其结果与碱消解法一致。实验表明：血样被冷冻干燥时易导致甲基汞的丢失，因此为避免在高pH条件下甲基汞的损失，在对血样进行预处理前需加入L-半胱氨酸[52]。血和尿样中的有机汞也可用此法处理，无机汞在萃取前需经四甲基锡甲醇溶液转化为氯化甲基汞衍生物。

（二）碱—甲苯超声浴萃取毛发中有机汞的分析

毛发样品可在 50℃ 用碱—甲苯在超声浴中消解，冷却后加入 6mol/L HCl 酸化，经饱和 $CuSO_4$ 破乳后，将有机汞萃取到甲苯中，用 GC—ECD 测定，毛发样品的检出限为 $50×10^{-9}$ （w）[49]。

第五节　玩具中铬元素形态原子光谱分析简述

在自然界中，铬元素主要以三价铬 [Cr（Ⅲ）] 和六价铬 [Cr（Ⅵ）] 的形式存在。有研究表明，Cr（Ⅲ）是人体必需的微量元素；而 Cr（Ⅵ）则具有很大毒性。Cr（Ⅵ）化合物具有免疫毒性、神经毒性、生殖毒性、肾脏毒性及致癌性等，其致癌性目前已被国际癌症研究机构（IARC）及美国政府工业卫生学家协会（ACGIH）确认。

近年来，限制玩具中有害物质含量，一直是全球关注的一个焦点话题。欧盟于 2009 年 6 月 18 日通过的欧盟玩具安全新指令（2009/48/EC），将玩具中可迁移重金属元素由原来的 8 种增加到了 17 种，还提出了元素价态分析的要求，包括 Cr（Ⅲ）、Cr（Ⅵ）和有机锡。新玩具指令将玩具材料分成三类：Ⅰ类是干燥易碎的固体材料，例如粉笔；Ⅱ类是黏手的材料或者液体，如指画涂料和彩笔墨水；Ⅲ类是可刮下来的材料，例如油漆涂层。新玩具指令对 Ⅰ/Ⅱ/Ⅲ 类玩具材料中的可迁移 Cr（Ⅵ）的限值分别是 0.02mg/kg，0.005mg/kg 和 0.2mg/kg。欧盟在 2013 年 6 月正式发布了 EN71-3：2013，作为玩具指令 2009/48/EC 的协调标准。按照 EN71-3：2013 的规定，测定可迁移元素的预处理方法的稀释倍数为 50 倍。除以稀释倍数后，Cr（Ⅵ）在迁移液中的浓度仅为 0.4μg/L，0.1μg/L 和 4μg/L。

现有的 Cr（Ⅵ）检测方法主要有分光光度法（UV/VIS）、离子色谱（高效液相色谱）柱后衍生法 [IC（HPLC）—UV/VIS] 以及高效液相色谱—电感耦合等离子体质谱仪法（HPLC—ICPMS）。UV/VIS 法使用最为广泛，被大量国际、国内标准方法所采用，UV/VIS 法的检测原理是利用六价铬具有强氧化性，在酸性环境下可以氧化二苯基碳酰二肼且络合成有颜色的络合物，在 540nm 处测定它的光吸收，从而通过朗伯比尔定律定量分析。但 UV/VIS 检出限一般 10μg/L 左右，难以满足玩具样品的要求。IC（HPLC）—UV/VIS 法与 UV/VIS 的检测原理大同小异，只是多了 IC（HPLC）的分离，降低了干扰，并且把二苯卡巴肼衍生过程自动化了，检出限虽比单独的 UV 有所改善，但仍难以满足玩具样品的要求。UV/VIS 与 IC（LC）—UV/VIS 这两种方法都是测定衍生产物分子的光吸收，因此有颜色的样品干扰会比较大；衍生的条件（例如温度、酸度等）需要严格控制，对衍生过程有影响的基体也会造成干扰，如一些高价态的过渡金属离子能氧化二苯卡巴肼，容易造成假阳性。

HPLC—ICP—MS 是近年来迅速发展起来的分析技术，也是 EN71-3：2013 推荐用于检测玩具样品中可迁移 Cr（Ⅵ）的分析方法。当 HPLC—ICP—MS 用于铬形态分析时，六价铬在 pH>6.8 时以阴离子 CrO_4^{2-} 的形式存在，可以和 TBAOH 形成离子对；三价铬大多采用 EDTA 络合，形成螯合物阴离子［Cr（Ⅲ）-EDTA］⁻，也可以和 TBAOH 形成离子对；两种离子对在 C_8 上的保留时间不同，三价铬离子对先出来，六价铬离子对后出来；用 ICP—MS 检测 $^{52}CrO_4^{2-}$ 离子，该方法需要先把迁移液的 pH 调节到 7.1 左右，再加入含有 EDTA 的流动相，在 50℃水浴 2h。这个步骤耗费了大量时间和人力，而且容易带入污染和误差，导致不同操作者、不同实验室之间的结果重复性差。由于有的玩具样品经过迁移后，迁移液含有高浓度的 Al、Zn、Cu、Fe、Ca 等金属离子，这些离子不但会与三价铬竞争 EDTA 的络合，而且它们与 EDTA 形成的络合离子又会干扰 Cr（Ⅵ）的分析，造成保留时间漂移、分离度差、回收率不理想等情况。同时，迁移液中含有高浓度氯离子，会改变 Cr（Ⅵ）的保留时间，并且形成 $Cl^{35}O^{17}$ 和 $Cl^{35}O^{16}H^1$ 的多原子离子对 ^{52}Cr 产生质谱干扰。为了降低样品基体的干扰，目前的方法大多采用流动相把迁移液稀释 10 倍的做法，Cr（Ⅵ）也被稀释了 10 倍，这样会造成方法检测限急剧升高，甚至高于 I/Ⅱ类玩具的限值。

参考文献

[1]张晋，张妍，吴星．天然水中重金属化学形态研究进展［J］．现代生物医学进展，2006，6(5)：38-40．

[2]WU YAOQING, LI LI. Distribution characteristics and potential ecological risk assessments and heavy metals in surface sediments and water body of the Yalu river estuary China［J］. Applied Mechanics and Materials, 2014, 522-524：88-91.

[3]MENG ZHAORONG, LI LI, WU YAOQING. Evaluate of Heavy Metal Content of some Edible Fish and Bivalve in Markets of Dandong, China［J］. Applied Mechanics and Materials, 2014, 522-524：92-95.

[4]高文玲，鲁彬，刘新喜．离子交换火焰原原子吸收法测定水中 Cr（Ⅲ）和 Cr（Ⅵ）［J］．河北轻化工学院学报，1997，18(4)：49-50．

[5]刘斐文，韩力慧，孙秀珍．胶体超滤法去除水中低含量重金属离子［J］．水处理技术，1993，19(6)：345-349．

[6]吴炳焱．萃取富集—原子吸收法测定水中铜［J］．辽宁化工，2002，31(12)：546-547．

[7]胡德文, 程沧沧, 刘汉东. 甲壳素富集-FAAS 法测定地表水中铜[J]. 湖北化工, 1998, 6: 47-48.

[8]赵斌, 高云霞. 石墨炉原子吸收法测定水中镉的研究[J]. 云南环境科学, 2000, 19 (3): 62-63.

[9]MENG ZHAORONG, LI LI, CHI HONGXUN, et al. Assessment on Heavy Metals in Edible Bivalves in Dandong Market[J]. Advanced Materials Research, 2014, 5: 955-959.

[10]YAMAMOTO J, KANEDA Y, HIKASA Y. Picogram Determination of Methylmercury in Seawater by Gold Amalgamation and Atomic Absorption Spectrophotometry[J]. Intern J Environ Anal Chem, 1983, 16(1): 1-16.

[11]KUDO A, NAGASE H, OSE Y. Proportion of methylmercury to the total amount of mercury in river waters in Canada and Japan[J]. Water Res, 1982, 16(6): 1011-1015.

[12]ELMAHADI H A, GREENWAY G M. Immobilized cysteine as a reagent for preconcentration of trace metals prior to determination by atomic absorption spectrometry[J]. J Anal At Spectrom, 1993, 8(7): 1011-1014.

[13]ICHINOSE N, MIYAZAWA, Y. Simplification of the thermal decomposition process of silver amalgam during the determination of total mercury in tissue samples by flameless atomic-absorption[J]. Fresenius Z Anal Chem, 1989, 334(8): 740-742.

[14]CHIBA K, YOSHIDA K, TANABE K, et al. Determination of alkylmercury in seawater in the nanogram per liter level by gas chromatography/atmospheric pressure helium microwave-induced plasma emission spectrometry[J]. Anal Chem, 1983, 55(3): 450-453.

[15]JOHANSSON M, EMTEBORG H, GLAD B, et al. Preliminary appraisal of a novel sampling and storage technique for the speciation analysis of lead and mercury in seawater[J]. Fresenius J Anal Chem, 1995, 351(4-5): 461-466.

[16]BLOXHAM MJ, GACHANJA A, HILL SJ, et al. Determination of Mercury Species in Seawater by Liquid Chromatography with Inductively Coupled Plasma Mass Spectrometric Detection[J]. J Anal At Spectrom, 1996, 11(1): 145-150.

[17]WESTOOG. Determination of methylmercury compounds in foodstuffs. I. Methylmercury compounds in fish, identification and determination[J]. Chem Scand, 1966, 20(8): 2131-2137.

[18]HORVATM, LIANGL, BLOOM N S. Comparison of distillation with other current isolation methods for the determination of methyl mercury compounds in low level environmental samples. II: Water[J]. Anal Chim Acta, 1993, 282(1): 153-168.

[19]CAI Y, BAYONA J M. Determination of methylmercury in fish and river water samples using in situ sodium tetraethylborate derivatization following by solid-phase microextraction

and gas chromatography-mass spectrometry[J]. Journal of Chromatography A, 1995, 696 (696): 113-122.

[20]TAKESHI KANNO, BOYI CHICHENG, GAOWU. Mechanistic model of disproportionation of nitrogen monoxide on CaHY-type zeolite[J]. Health Science, 1985, 31(4): 260-268.

[21]EMTEBORG H, BJORKLUND E, ODMAN F, et al. Determination of methylmercury in sediments using supercritical fluid extraction and gas chromatography coupled with micro-wave-induced plasma atomic emission spectrometry[J]. Analyst, 1996, 121(1): 19-29.

[22]HE B, JIANG GB. Analysis of organomercuric species in soils from orchards and wheat fields by capillary gas chromatography on-line coupled with atomic absorption spectrometry after in situ hydride generation and headspace solid phase microextraction[J]. Fresenius Journal of Analytical Chemistry, 1999, 365(7): 615-618.

[23]REVIS N W, OSBORNE T R, HOLDSWORTH G, et al. Distribution of mercury species in soil from a mercury-contaminated site[J]. Water Air & Soil Pollution, 1989, 45(1-2): 105-113.

[24]SAKAMOTO H, TOMIYASU T, YONEHARA N. Differential Determination of Organic Mercury, Mercury(Ⅱ)Oxide and Mercury(Ⅱ)Sulfide in Sediments by Cold Vapor Atomic Absorption Spectrometry[J]. Analytical Sciences, 1992, 8(1): 35-39.

[25]巨振海, 张挂芹. 硝酸、硫化钠溶液浸取冷原子荧光法选择性测定土壤及河流沉积物中硫[J]. 分析化学, 1991, 19(11): 1288-1290.

[26]WINDMOELLER C C, WILKEN R D, DE FJARDIM W. Mercury speciation in contamina-ted soils by thermal release analysis[J]. Water Air & Soil Pollution, 1996, 89(3-4): 399-416.

[27]BRZEZINSKA-PAUDYN A, VAN LOON J C, BALICKI M R. Multielement analysis and mercury speciation in atmospheric samples from the Toronto area[J]. Water Air & Soil Pollution, 1986, 27(1-2): 45-56.

[28]BAUER C F, NATUSCH D F S. Speciation at trace levels by helium microwave-induced plasma emission spectrometry[J]. Analytical Chemistry, 1981, 53(13): 2020-2027.

[29]SCOTT J E, OTTAWAY J M. Determination of mercury vapour in air using a passive gold wire sampler. The Analyst, 1981, 106(1267): 1076.

[30]WITTMANN, Zs. Determination of mercury by atomic-absorption spectrophotometry[J]. Talanta, 1981, 28(4): 271-273.

[31]PAUDYNA, VANLOONJC. Chemical vapor generation by coupling high-pressure liquid flow injection to high-resolution continuum source hydride generation atomic absorption spectrometry for determination of mercury[J]. Fresenius Z Anal Chem, 1986, 325(4):

369-376.

[32] BLOOM N, FITZGERALD W F. Determination of Volatile Mercury Species at the Picogram Level by Low Temperature Gas Chromatography with Cold Vapor Atomic Fluorescence Detection[J]. Analytica Chimica Acta, 1988, 208(1-2): 151-161.

[33] KATO T, UEHIRO T, YASUHARA A, et al. Determination of methylmercury species by capillary column gas chromatography with axially viewed inductively coupled plasma atomic emission spectrometric detection[J]. Journal of Analytical Atomic Spectrometry, 1992, 7 (1): 15-18.

[34] BROSSET C, LORD E. Principal reactions of airborne mercury, ozone and some other microcomponent in pure water or very dilute sulfuric acid[J]. Water Air & Soil Pollution, 1995, 81(3-4): 241-264.

[35] CHOW W, MILLER M J, TORRENS I M. Pathways of trace elements in power plants: interim research results and implications[J]. Fuel Processing Technology, 1994, 39(1-3): 5-20.

[36] 何滨, 江桂斌. 汞形态分析中的前处理技术[J]. 分析测试学报, 2002, 21(1): 89-94.

[37] PRESTBO E M, BLOOM N S. Mercury speciation adsorption(MESA)method for combustion flue gas: Methodology, artifacts, intercomparison, and atmospheric implications[J]. Water Air & Soil Pollution, 1995, 80(1-4): 145-158.

[38] WANG J, XIAO Z, LINDQVIST O. On-line measurement of mercury in simulated flue gas [J]. Water Air & Soil Pollution, 1995, 80(1-4): 1217-1226.

[39] NOTT B R. Intercomparison of stack gas mercury measurement methods[J]. Water Air & Soil Pollution, 1995, 80(1-4): 1311-1314.

[40] LARJAVA K, LAITINEN T, KIVIRANTA T, et al. Application Of The Diffusion Screen Technique To The Determination Of Gaseous Mercury And Mercury(II)Chloride In Flue Gases[J]. International Journal of Environmental Analytical Chemistry, 1993, 52(1-4): 65-73.

[41] MEU R. A sampling method based on activated carbon for gaseous mercury in ambient air and flue gases[J]. Water, Air and Soil Pollution, 1991, 56(1): 117-129.

[42] LAUDAL D, NOTT B, BROWN T, et al. Mercury speciation methods for utility flue gas [J]. Fresenius Journal of Analytical Chemistry, 1997, 358(3): 397-400.

[43] HELGESEN H, LARSEN E H. Bioavailability and speciation of arsenic in carrots grown in contaminated soil[J]. Analyst, 1998, 123: 791-796.

[44] MATTUSCH J, WENNRICH R, SCHMIDT A C, et al. Determination of arsenic species in

water, soils and plants[J]. Fresenius J Anal Chem, 2000, 366: 200-203.

[45]BROECK K V D, VANDECASTEELE C, GEUNS J M C. Speciation by liquid chromatography-inductively coupled plasma mass spectrometry of arsenic in mung bean seedlings used as a bio-indicator for the arsenic contamination[J]. Anal Chim Acta, 1998, 361: 101-111.

[46]SCHMIDT A C, REISSER W, MATTUSCH J, et al. Evaluation of extraction procedures for the ion chromatographic determination of arsenic species in plant materials[J]. J Chromtogr A, 2000, 889: 83-91.

[47]SLEJKOVEC Z, ELTEREN J T V, BYRNE A R. A dual arsenic speciation system combining liquid chromatographic and purge and trap - gas chromatographic separation with atomic fluorescence spectrometric detection[J]. Anal Chim Acta, 1998, 358: 51-60.

[48]LANSENS P, LEERMAKERS M, BAEYES W. Determination of methylmercury in fish by headspace-gas chromatography with microwave-induceed-plasma detectior[J]. Water Air & Soil Pollut, 1991, 56: 103-115.

[49]CHIAVARINI S, CREMISINI C, INGRAO G, et al. Organic pollutants and heavy metal contaminants in wastewater discharges and sediments from the Riachuelo river, Argentina 2000[J]. Appl Organom Chem, 1994, 8(7-8): 563-570.

[50]He B, Jiang G B, Ni Z M. Determination of Methylmercury in BiologicalSamples and Sedimentsby Capillary Gas Chromatography Coupled with Atomic Absorption Spectrometry after Hydride Derivatization and Solid Phase Microextraction[J]. J Anal At Spectrom, 1998, 13 (10): 1141-1144.

[51]KRATZER K, BENES P, SPEVACKOVAV, et al. Determination of chemical forms of mercury in human hair by acid leaching and atomic absorption spectrometry[J]. J Anal At Spectrom, 1994, 9(3): 303-306.

[52]HARMS U. Methylmercury and diphenyl diselenide interactions in Drosophila melanogaster: effects on development, behavior, and Hg levels[J]. Appl Organom Chem, 1994, 8(7-8): 645-648.

第十章　各类样品中不同元素原子光谱分析
预处理技术

无机元素原子光谱分析的应用领域涉及生活的各个领域，如环境、食品、农产品、生物医药、日用化妆品、土壤饲料肥料、地质冶金、石油化工和纺织等领域。

第一节　农产品样品的预处理

一、土壤及沉积物样品预处理方法

随着农业化学和环境科学的发展，工业化进一步加深，城市污染愈加严重，许多含有重金属的污染物被排放到土壤中，使土壤中重金属污染日益严重。土壤专家及环境分析工作者特别重视土壤、肥料和植物中微量元素的测定和评价。

重金属具有三大危害，分别是有毒性，毒性持久性以及造成生物富营养化、迅速且密集生长，这三个方面无疑会对人类生存的环境造成严重破坏，从而影响人类身体健康。土壤样品包含了许多污染物质，成分十分复杂，且不同类型的污染物需要采取不同的预处理方法。土壤中重金属污染与其他重金属污染相比，具有危害隐蔽性且出现危害的时间滞后、持续时间长等特点。因此，对土壤中重金属样品的采集和预处理必须采用更加先进的技术和设备，这样才能精确地获得微量、痕量重金属元素的可靠、准确分析结果。此外，土壤具有不可溶解的特征，因此对土壤中重金属进行分析之前，必须对土壤样品进行预处理，包括对土壤进行溶解、消解、分解等，使土壤变成溶液状态，进而解决土壤样品的农药残留和金属分离问题，从而防止固体障碍和其他干扰因素。

土壤分析是农业、环境和地方病研究的重要内容。土壤的组成反映了所形成岩石的基本性质、气候引起的浸沥和降解作用、外来物种如植物碎屑或人类活动引起的污染的影响。一般说，土壤是矿物碎片和分解产物的复杂混合物，其粒度范围广，可小至 $2\mu m$（黏土）、大到 $0.2cm$ 以上（沙砾）。土壤提供营养以及在某些情况下滞留毒物的能力影响到植物的生长，因此土壤分析也与植物学研究有关。由于分析的目的不同、土壤样品的类型不同、样品处理方法也不同，根据全量或化学形态不同分析的要求，样品处理的方法不尽相同。通常有土壤沉积物中特定成分提取、用特定试液进行土壤成分的选择性提取以及各类成分的连续提取，酸分解法和熔融法等。全量分析可使用王水、硝酸—高氯酸—氢氟酸和盐酸—硝酸—高氯酸—氢氟酸处理。化学形态分析则有盐酸/醋酸铵/二乙烯三胺五乙酸/EDTA/醋酸/氯化钙浸取法。

（一）土壤样品采集及其初期制备技术

根据土壤深度不同，采集的样本就不同，由于重金属大多会囤积在土壤表层，因此要测定土壤中的重金属污染状况，只需采集土壤表层50cm以上的土壤。将土壤带回实验室后，还需对土壤进行前期处理，处理措施包括将土壤风干，风干的温度需保持在25~35℃。也可以采取烘干的方式，烘干的温度需保持在35~60℃。在干燥的过程中，重金属不会与其他物质发生化学反应，也不会被挥发掉，但是在制作样本过程中就不一定了，因此，需要随时关注其会不会受到外界影响，防止被污染或者被挥发，同时也要避免暴晒在太阳下。因此制作样品时必须把温度控制在105~110℃，如汞元素在超过60℃时就会被挥发，因此，对温度的控制十分必要。烘干必须持续24h，待土壤完全干燥后，还需对其进行有机物和其他侵入物体的剔除工作，经过打磨、过筛，便可使用了。

（二）土壤样品的实验室预处理

1.　"可给态"金属的预处理方法

对于土壤中可溶出的重金属，可以采取两种方式进行预处理，分别是浸提法和分级浸提法。

（1）浸提法：是利用浸提液提取土壤中的金属离子，使这些离子变成溶液状态的形式，酸、盐溶液、螯合剂等是实践中常用的浸提液。这些浸提液一般只适用于一种金属的溶解，因此，这种预处理方法多适用于单一金属元素的预处理，但是有些可以溶解多种金属。

（2）分级浸提法：是分步骤提取金属离子的预处理方法，这种处理方法第一步是选取一种试剂溶液，然后对试剂溶液进行反复摇晃，离心倒出干净透明的溶液，用去离子水将剩下的土壤再次洗净，将水滤干之后再次加入别的溶液，就这样循环往复的操作，提出各自溶液浸提下样品的反应，这种处理方法适用于分离多种形态的金属离子，且误差很小。如称取风干、磨碎并过筛200目土壤样品12.5g于50mL比色管中，加入25mL的0.005mol/L二乙三胺五乙酸（DTPA）浸取液在振荡器上震荡2h，取下过滤，浸取液中含量较高的元素测定时还需用DTPA浸取液稀释10倍后，上机测定有效铜、锌、铅、镉、铁、锰、钼、镍、铬、镁。

2.　特定成分提取

土壤、沉积物分析中的特定成分包括阳离子、可溶腐殖酸（质）、微量元素。

（1）阳离子交换能力：土壤的阳离子交换能力是其化学环境的评价尺度，通常指在某种条件下释出的 Ca^{2+}、Mg^{2+}、K^+、Na^+ 的量。阳离子交换量（CEC）值是沉积物质量评价的常规表征，但与许多因素有关。一般规定用 1.0mol/L KCl 或 NH_4Cl 处理土壤后，得到的悬浮液中阳离子量作为沉积物天然 pH 时的 CEC。如欲测某特定 pH 时的 CEC，则用适当的缓冲溶液处理：乙酸铵（pH = 4.8~7.0）、乙酸钡（pH = 7.0~8.2）、氯化钡和三乙醇胺混合物（pH = 8.2）。

（2）可溶腐殖酸（质）：土壤中的有机物包括非腐殖物（如碳水化合物、蛋白质、肽、脂肪、蜡和树脂等）、腐殖酸和腐殖质。腐殖酸和腐殖质是评价土壤营养能力的重要参数，前者易溶于稀碱，后者则常以各种重金属（如 Cu、Co、Ni、Fe 和 Mn）络合物存在，可用 EDTA 类螯合剂溶液提取，0.05mol/L EDTA（pH = 4.8）常用于此目的。如在一组土壤样品中，与腐殖酸结合的重金属总量与该类样品用 0.05mol/L EDTA 提取的相近，而一些深层土壤中 EDTA 提取的 Cu 量也与用 0.1mol/L 天然存在的螯合剂—酮式葡萄糖释出的相同，因此就把这样提取出的重金属量作为可溶腐殖质的标度。这个量又称为"可沥滤"量或"可给态"，而与相应的腐殖酸及有关金属的总量区别开来。如 0.05mol/L EDTA 溶液可将预先吸附在"纯化过"的钠型黏土矿物上的全部 Cu 提取出，而对土壤中的 Cu 则只能提取约 1/10。这就是说在后一情况下，可溶量为总量的 10%。注意一定组分的可溶量不等于该组分被吸附的量。就单个金属成分而言，这两者的关系与所用试剂有关，不能只用 EDTA 溶液提取量来表征。

（3）锰、铅、镉、铜和锌的提取：土壤中金属组分的提取量与土壤类型也有关系，相关研究表明：用 0.1mol/L 盐酸提取的总金属量通常只占其实际含量的 1%~20%。土壤中的黏土含量对锰、铜、锌及钴、铁的提取量有很大影响，而土壤本身的 pH 也影响到锰、锌、钴、铁的提取量。

①锰：植物吸收的 Mn 和可提取的 Mn 值之间的关系，用加入不同量硫酸锰的土壤中生成的大豆进行实验，结果表明两者的差别按顺序减小：0.1mol/L 磷酸>1.5mol/L 磷酸二氢铵>0.1mol/L 盐酸>1.0mol/L 乙酸铵>0.005mol/L DTPA，但亦与实验的植物品种有关。如对麦苗，植物体含的锰与土壤吸收锰之间的相关性，用水提取或乙酸铵提取结果都很好；对于大豆，只有在 pH = 4.8 时，用水提取结果好。

②铅：用过 12 种不同的试剂提取，其中 6mol/L HNO_3 差不多可以完全溶出；螯合剂如 DTPA 和 EDTA 约 80% 释出，1.0mol/L 乙酸铵释出 1%~10%；0.5mol/L 氯化钡，0.1%~4%；0.05mol/L 氯化钙，痕量铅；1.0mol/L 硝酸钾，痕量铅。这表明用一般电解质溶液提取释出的铅量少，用酸（其至 1.0mol/L 硝酸也可溶出绝大部分重金属）或螯合剂，则提高提取效率，而用 Grigg 试剂，即酸化的草酸铵溶

液，铅的提取值与生长在该土壤中的麦苗中的铅浓度相关性很好。

③镉：用 0.05mol/L 盐酸和 0.0125mol/L 硫酸的混合液提取土壤中的重金属，其收率高于 DTPA 溶液提取的，而且对镉、铜、锌的相关性很好。用沸腾的高氯酸、硝酸、0.1mol/L 盐酸、0.5～0.8mol/L 乙酸、5%乙酸及乙酸铵、1.0mol/L 氯化铵或乙酸铵、0.05mol/L EDTA 等溶液提取，其结果均不如用 1.0mol/L 硝酸铵提取的相关性好。

④铜：与铅的提取相似，以 Grigg 试剂为优。对于麦苗，铜的吸收值与土壤中 Cu 的提取值之间相关性很好。用 0.1mol/L 盐酸从 7 种淤泥、土壤和 2 种沙砾壤中提取的铜量和生长在这类土壤中的燕麦里 Cu 的含量没有相关性。Cu 在五谷秧苗中的含量与 1.0mol/L 盐酸提取土壤的结果成正相关。EDTA、二硫腙和 pH=7.3 的三乙醇胺缓冲液、0.01mol/L 氯化钙溶液以及 0.005mol/L DTPA 溶液均可作提取剂，其中二硫腙通常用 0.01%三氯甲烷溶液。

⑤锌：用 0.1mol/L 盐酸、1.0mol/L 乙酸、二硫腙的三氯甲烷溶液及 DTPA 提取，效果均好。谷类植物生长土壤中的锌摄入量与这些试剂的提取量的结果成正相关。此外，pH=4.8 的乙酸铵及 2.0mol/L 氯化镁溶液均可用。

⑥土壤样品中重金属总量的预处理：如铅、锌、镉、镍、铜、铬、汞和砷等。准确称取 0.5g 土壤样品于 50mL 聚四氟乙烯坩埚中，用水润湿后加入 10mL 盐酸，在电热板上低温加热，使样品初步分解，当蒸发至约 3mL 时，取下稍冷，加入 5mL 硝酸、5mL 氢氟酸、3mL 高氯酸，加盖后于电热板上中温加热 1h，然后开盖，继续 150℃加热除硅，当加热至冒浓厚的高氯酸白烟时，加盖，使黑色有机碳化合物充分分解。待坩埚上的黑色有机物消失后，开盖驱赶白烟，并蒸至内容物呈黏稠状。再加入 3mL 硝酸、3mL 氢氟酸、1mL 高氯酸，重复上述消解过程，取下稍冷，加入 3mL 或 1mL 硝酸溶液、盐酸溶液温热溶解残渣。将溶液转移至 50mL 容量瓶中，加 5mL 氯化铵、5mL 硝酸镧溶液冷却后定容，摇匀待测，同时做空白。

3. 选择性提取

所谓土壤特定成分的选择性提取是指用特定的试液提取土壤中某一类成分，而这些成分包括不同方式键合的金属离子。通常用碱性、酸性、氧化性、还原性、络合性试剂提取，必要时也用熔融。从这些提取物的组分研究中，可以得到土壤性质的有关信息。

（1）碳酸钠提取：常用 5%碳酸钠处理土壤，主要含氧化铝和氧化硅的无定形水合物胶体溶液，而结晶的黏土矿物则不溶，以此可区别土壤的类型。由于有机物干扰，碳酸钠液提取不宜用于地表土，而且应用时，应先移去土壤中碳酸根，否则结果重现性差。

（2）酸提取：常用 0.5mol/L 盐酸、25%乙酸或硝酸、硫酸、高氯酸以及各种混合酸，在不同温度下处理土壤。酸主要溶解各种金属氧化物及被吸附的痕量金属，这些成分通常包括可离子交换的、弱吸附的有机键合的以及氢氧化物的颗粒和晶格成分的物质。如用 0.5mol/L 盐酸提取的痕量金属比其他大多数试剂提取得高，而用乙酸则可提取和特定无机阴离子如碳酸根结合的铜。具有高交换钙量的土壤和沉积物或含碳酸钙的基质用稀酸处理特别合适。

（3）过氧化氢及其他氧化剂：为了测定和有机物缔合的金属离子的总量，常用过氧化氢及其他氧化剂如次氯酸钠、溴水（水溶液）或硝酸、高氯酸分解有机成分，其中以过氧化氢用得最多，但这种氧化剂的作用实际上是一种预处理，其提取液不能直接用于测定，必须酸化以防止金属离子吸附在较高 pH 下形成的沉淀。还要注意到用过氧化氢处理土壤时，其有机物多被氧化成草酸，而草酸可与钙、铝、铁等反应；在 pH<5 时，过氧化氢还可与二氧化锰作用，这样会使金属成分的结果不准确。通常情况，土壤样品用 3%过氧化氢预处理可释出金属总量（与有机物结合）的 10%~20%，然后用酸（如 0.3mol/L 盐酸）或络合剂（pH＝3 的连二亚硫酸钠及柠檬酸钠的混合液）提取，使键合的金属成分充分释出。

（4）草酸盐及其他还原剂：如能将铁或锰还原到低价，则可促进非晶态无机物分解，草酸盐可用于此目的。一般说用草酸盐处理不会破坏样品的晶型骨架而只溶解无定形成分，但也与光照有关。土壤沉积物避光，用草酸铵与草酸混合液（pH＝3.2）处理，只有无定形的金属氧化溶解；而在阳光下，也有部分晶体物溶解。如用紫外线照射，则促进主体氧化物的分解；用草酸盐处理，作用的金属成分主要是铁、铝和锰；比草酸盐还原能力更强的连二亚硫酸盐也常用，而一旦和其他络合剂结合，则作用更显著。如连二亚硫酸根离子和焦磷铜根离子的混合液，不仅可溶解无定形氧化物及有机键合形式的铁，还可以从晶型和主体氧化物中使铁溶解。在 pH＝7.3 的上述溶液中，土壤中的游离氧化铁将全部被提取。连二亚硫酸和柠檬酸混合物已广泛应用于土壤中铁、锰氧化物的提取。1.0mol/L 羟胺也可用于上述目的。

（5）氟化钠或焦磷酸钠等络合剂：这类络合剂对铝、铁和锰的无定形氧化物能很好溶解。这几种氧化物的水合物呈胶态，在肥料阴离子（如磷酸根和硫酸根）的吸附与释放中起重要作用。常用 1%氯化钠溶液及 pH＝7 的 0.1mol/L 焦磷酸钠溶液作提取剂，两者性能相似。处理时会使沉积物中原来结合的铁、铝释出，除使无定形物溶解外，对晶形物影响很小，所以是实验过的各种土壤提取液最好的一类。如曾对 7 种土壤试用过 25 种试剂，以焦磷酸钠较为满意。它在 pH＝10 时可使用很细的无定形氢氧化物及有机物胶溶，除铁、铝外，还可以提取以其他方式结合的金属成分，焦磷酸钠的溶解能力是多方面的，如还可以使有机物上不同官能团键合的钙成焦磷酸钙释出。除了氧化钠和焦磷酸外，还存在对某些金属提取有效成分的络合剂，如酒石酸（提取铁）、谷氨酸（提取铜）、柠檬酸（铁、锰）等。前面提到的EDTA（0.05mol/L，pH=4.8）可释出和有机物键合以及氧化物或其他形式存在的金属成分，常在评价金属总量时用作提取剂。

（6）各种盐提取：各种中性盐都是强电解质，其溶液可促进其他阳离子从较活泼的离子交换部位和弱键合吸附部位取代出去。常用的盐溶液有氯化铵（5mol/L，pH=8）、硝酸铵（1.0mol/L）、乙酸钠（1.0mol/L）、氯化镁（1.0mol/L）、氯化钙（0.05mol/L）、氯化钡（0.5mol/L）等。例如，1.0mol/L硝酸铵可从土壤中取代出能被强酸提取的镉的20%；对土壤中的铅，1.0mol/L乙酸钠可提取1%~10%，0.5mol/L氯化钡可释出0.1%~4%，但0.05mol/L氯化钙则只能溶出痕量。而酸性（pH=3.2）的草酸铵溶液是土壤中铝、铜的优良提取剂（除离子交换作用外，还有络合作用）。由于铵离子的作用，铅、铜、镉或锌在黏土和腐殖酸上的吸附减小；而草酸根离子和这些金属离子可形成中等稳定的络合物，并可以溶解铁、铝的胶态氢氧化物的薄层，从而促进金属成分的提取，而弱酸介质可防止沉淀析出。

（7）偏硼酸锂或碳酸钠熔融：熔融法主要用来确定土壤样品中的金属总量，常用偏硼酸锂或碳酸钠做溶剂。其结果可用氢氟酸及其他无机酸（如硝酸、硫酸或高氯酸）混合液提取的对照，对铅、铜、镉检测所得的数据表明，碳酸钠熔融的结果偏低（可能是有一部分被硅酸吸附），而酸法消解更可靠。尽管如此，在用金属总量来评价土壤性能时，熔融法仍是一种重要的样品处理方法。

（8）氢氟酸分解：与上述硼酸锂或碳酸钠熔融法作用相似，氢氟酸分解法亦用于测定土壤中的金属总量。其优点是除硅后，减少了硅酸钠的吸附损失，对测定铅、铜、镉等的结果更好。

4. 连续提取

在地球化学和环境研究中，常需要了解异常值和背景值的差异原因、元素迁移动向、区别表面吸附物和晶格组分，这就要提取同一份土壤样品用各种试剂作连续处理。主要提取步骤有：

（1）用中性盐如氯化镁或氯化钙提取可交换的金属离子。

（2）络合剂溶液（或用氧化剂破坏的同时用中性盐处理）可提取与有机键合的成分。

（3）弱酸性缓冲液一般溶解表面吸附的金属成分。

（4）强酸溶液溶解或碱性熔剂熔融处理残留部分，可确定有关成分总量。

实际应用的连续提取操作，随着样品种类及分析要求而异。如在研究土壤铜的分布时，取 20g 样品用 0.05mol/L 氯化钙处理，释出可交换的铜，约占铜总量的 1%~2%；用 pH=3.25 的草酸铵溶液在紫外线下处理残留部分，可释出 15%；最后将残渣灼烧，除去有机物，取出一部分溶于氢氟酸或用碳酸钠熔融，则可测得保留在样品晶格上的铜，通常这一部分占样品总量的 50% 以上。对于包括沙、淤泥和黏土的全土壤样品中的重金属如锌、铜、锰的连续提取步骤为：用 1.0mol/L 氯化镁交换出各颗粒物表面容易取代的成分，通常为 1%~7%；用过氧化氢破坏有机物，再用氯化镁提取，得到与有机物结合的部分，约 10%~40%；用 pH=3 的草酸铵和草酸溶液释出和氧化铁、氧化铝缔合的金属，约占 l0%；最后将残渣分成沙、淤泥和黏土三部分，分别全溶于氢氟酸和硝酸（或盐酸）的混合液中，测定其中有关金属成分。绝大部分土壤样品中的锌元素呈胶体吸附在黏土上（约占 40%），在有机物和沙土部分中与淤泥中大体相同（约 20%），小部分与金属氧化物结合（约 6%）；铜则主要存在于黏土及有机物上（各为 40%），淤泥上较少（约 20%），而氢氧化物上的更少（10%）；锰大部分以有机物形式存在（45%），沙及淤泥中各约 20%，小部分在黏土及氧化物上（约 10%）。

（三）土壤样品全分解预处理

1. 土壤、沉积物一般采用盐酸—硝酸—氢氟酸—高氯酸全消解

准确称取 0.1~0.3g 土壤样品于 50mL 聚四氟乙烯烧杯中，用水湿润后加入 5mL 盐酸，于电热板上低温加热，当蒸发至 2~3mL 时，取下稍冷，然后加入 5mL 硝酸、4mL 氢氟酸、2mL $HClO_4$，加盖于电热板上中温加热 1h 左右，取下盖子用水吹洗，继续加热 1~2h，至冒高氯酸烟，蒸发至近干，用水吹洗杯壁，再加 5 滴 $HClO_4$，蒸至白烟冒尽。取下稍冷，用水吹洗杯壁和盖子，并加入 1mL 硝酸，温热溶解残渣，定容至 25mL 或 50mL 待测。

2. 常压分解法

准确称取 0.5g（准确到 0.1mg，以下都与此相同）风干土样于聚四氟乙烯坩埚中，用几滴水润湿后，加入 10mL HCl（$\rho=1.19g/mL$），于电热板上低温加热，蒸发至约剩 5mL 时加入 15mL HNO_3（$\rho=1.42g/mL$），继续加热蒸至近黏稠状，加入 10mL HF（$\rho=1.15g/mL$）并继续加热，为了达到良好的除硅效果，应经常摇动坩埚。最后加入 5mL $HClO_4$（$\rho=1.67g/mL$），并加热至白烟冒尽。对于含有机质较多的土样应在加入 $HClO_4$ 之后加盖消解，土壤分解物应呈白色或淡黄色（含铁较高的土壤），倾斜坩埚时呈不流动的黏稠状。用稀酸溶液冲洗内壁及坩埚盖，温热溶解残渣，冷却后，定容至 100mL 或 50mL，最终体积依待测成分的含量而定。

3. 高压密闭分解法

称取 0.5g 风干土样于内套聚四氟乙烯坩埚中，加入少许水润湿试样，再加入

HNO_3 $(\rho = 1.42g/mL)$、$HClO_4$ $(\rho = 1.67g/mL)$ 各 5mL，摇匀后将坩埚放入不锈钢套筒中，拧紧。放在 180℃ 的烘箱中分解 2h。取出，冷却至室温后，取出坩埚，用水冲洗坩埚盖的内壁，加入 3mL HF $(\rho = 1.15g/mL)$，置于电热板上，在 100~120℃ 加热除硅，待坩埚内剩下约 2~3mL 溶液时，调高温度至 150℃，蒸至冒浓白烟后，再缓缓蒸至近干，按 1 同样操作定容后进行测定。

4. 微波炉加热分解法

微波炉加热分解法是以被分解的土样及酸的混合液作为发热体，从内部进行加热使试样受到分解的方法。目前报道的微波加热分解试样的方法，有常压敞口分解和仅用厚壁聚四氟乙烯容器的密闭式分解法，也有密闭加压分解法。这种方法以聚四氟乙烯密闭容器作内筒，以能透过微波的材料如高强度聚合物树脂或聚丙烯树脂作外筒，在该密封系统内分解试样能达到良好的分解效果。

（1）开放系统可分解多量试样，且可直接和流动系统相组合实现自动化，但由于要排出酸蒸气，所以分解时使用酸量较大，易受外环境污染，挥发性元素易造成损失，费时间且难以分解多数试样。

（2）密闭系统的优点较多，酸蒸气不会逸出，仅用少量酸即可，在分解少量试样时十分有效，不受外部环境污染。在分解试样时不用观察及特殊操作，由于压力高，所以分解试样很快，不会受外筒金属的污染（因为用树脂做外筒）。可同时分解大批量试样。

（3）密闭系统的缺点是需要专门的分解器具，不能分解量大的试样，如果疏忽会有发生爆炸的危险。

（4）在进行土样的微波分解时，无论使用开放系统还是密闭系统，一般使用 HNO_3—HCl—HF—$HClO_4$、HNO_3—HF—$HClO_4$、HNO_3—HCl—HF—H_2O_2、HNO_3—HF—H_2O_2 等体系。当不使用 HF 时（限于测定常量元素，且称样量小于 0.1g），可将分解试样的溶液适当稀释后直接测定。若使用 HF 或 $HClO_4$ 对待测微量元素有干扰时，可将样品消解液蒸至近干，酸化后稀释定容。

如称取风干、磨碎并过筛 200 目土壤样品 12.5g 于 50mL 比色管中，加入 25mL 的 0.005mol/L DTPA 浸取液在振荡器上震荡 2h，取下过滤，浸取液中含量较高的元素的测定时还需用 DTPA（二乙三胺五乙酸）浸取液稀释 10 倍后上机测定有效 Cu、Zn、Pb、Cd、Fe、Mn、Mo、Ni、Cr、Mg。

5. 三角瓶预处理

100mL 锥形瓶中加入 15mL 王水，三粒小玻璃珠，盖上干净表面皿在电热板上加热至明显微沸，使王水蒸气浸润整个锥形瓶内壁约半小时。冷却，用纯水洗净锥形瓶待用。若浑浊，可采用过滤或静置后，取上清液测定。取 0.5g 样品，加少许蒸馏水，加入 10mL 硝酸，在电热板上微沸 20min，加入 20mL 盐酸，盖上小漏斗，在电热板上加热 2h，保持王水处于明显的微沸状态。移去小漏斗，赶掉全部酸液至湿润状态。注意不要出现糊底现象。冷却，加入 50mL 蒸馏水摇匀，过滤，采用 ICP—OES/MS 测砷、铬、铅、铜和锌 5 种元素。

6. 碱融法

（1）碳酸钠熔融法：适合测定氟、钼、钨。称取 0.5000～1.0000g 风干土样放入预先用少量碳酸钠或氢氧化钠垫底的高铝坩埚中（以充满坩埚底部为宜，以防止熔融物粘底），分次加入 1.5～3.0g 碳酸钠，并用圆头玻璃棒小心搅拌，使与土样充分混匀，再放入 0.5～1.0g 碳酸钠，使平铺在混合物表面，盖好坩埚盖。移入马弗炉中，于 900～920℃熔融 0.5h。自然冷却至 500℃左右时，可稍打开炉门（不可缝过大，否则高铝坩埚骤然冷却会开裂）以加速冷却，冷却至 60～80℃用水冲洗坩埚底部，然后放入 250mL 烧杯中，加入 100mL 水，在电热板上加热浸提熔融物，用水及 HCl（1+1）将坩埚及坩埚盖洗净取出，并小心用 HCl（1+1）中和、酸化（注意盖好表面皿，以免大量 CO_2 冒泡引起试样溅失），待大量盐类溶解后，用中速滤纸、王水回流水解土壤样品的实验步骤（参考 ISO11466）过滤，用水及 5% HCl 洗净滤纸及其中的不溶物，定容待测。

（2）碳酸锂—硼酸、石墨粉坩埚熔样法：适合铝、硅、钛、钙、镁、钾、钠等元素分析。土壤矿质全量分析中土壤样品分解常用酸溶剂，酸溶试剂一般用氢氟酸加氧化性酸分解样品，其优点是酸度小，适用于仪器分析测定，但对某些难熔矿物分解不完全，特别对铝、钛的测定结果会偏低，且不能测定硅（已被除去）。碳酸锂—硼酸在石墨粉坩埚内熔样，再用超声波提取熔块，分析土壤中的常量元素，速度快，准确度高。在 30mL 瓷坩埚内充满石墨粉，置于 900℃高温电炉中灼烧半小时，取出冷却，用研钵棒压一空穴。准确称取经 105℃烘干的土样 0.2000g 于定量滤纸上，与 1.5g Li_2CO_3—H_3BO_3（Li_2CO_3：H_3BO_3=1：2）混合试剂均匀搅拌，捏成小团，放入瓷坩埚内的石墨粉洞穴中，然后将坩埚放入已升温到 950℃的马弗炉中，20min 后取出，趁热将熔块投入盛有 100mL 4% 硝酸溶液的 250mL 烧杯中，立即于 250W 功率清洗槽内超声（或用磁力搅拌），直到熔块完全溶解；将溶液转入 200mL 容量瓶中，并用 4% 硝酸定容。吸取 20mL 上述样品溶液，移入 25mL 容量瓶中，并根据仪器的测量要求决定是否需要添加基体元素及添加浓度，最后用 4% 硝酸定容，用原子光谱仪进行多元素同时测定。

（四）酸溶浸提法

1. HCl—HNO_3 溶浸法

准确称取 2.000g 风干土样，加入 15mL HCl（1+1）和 5mL HNO_3（ρ=1.42g/mL），

振荡 30min，过滤定容至 100mL，用 ICP—OES/MS 法测定 P、Ca、Mg、K、Na、Fe、Al、Ti、Cu、Zn、Cd、Ni、Cr、Pb、Co、Mn、Mo、Ba、Sr 等。或采用下述溶浸方法：准确称取 2.000g 风干土样于干烧杯中，加少量水润湿，加入 15mL HCl（1+1）和 5mL HNO$_3$（$\rho=1.42g/mL$）。盖上表面皿于电热板上加热，待蒸发至约剩 5mL，冷却，用水冲洗烧杯和表面皿，用中速滤纸过滤并定容至 100mL，用 AAS 法或 ICP—OES/MS 法测定。

2. HNO$_3$—H$_2$SO$_4$—HClO$_4$ 溶浸法

该方法特点是 H$_2$SO$_4$、HClO$_4$ 沸点较高，能使大部分元素溶出，且加热过程中液面比较平静，没有迸溅的危险。但 Pb 等易与 SO$_4^{2-}$ 形成难溶性盐类的元素，测定结果偏低。操作步骤是：准确称取 2.5000g 风干土样于烧杯中，用少许水润湿，加入 HNO$_3$—H$_2$SO$_4$—HClO$_4$ 混合酸（5+1+20）12.5mL，置于电热板上加热，当开始冒白烟后缓缓加热，并经常摇动烧杯，蒸发至近干，冷却，加入 5mL HNO$_3$（$\rho=1.42g/mL$）和 10mL 水，加热溶解可溶性盐类，用中速滤纸过滤，定容至 100mL，待测。

3. HNO$_3$ 溶浸法

准确称取 2.0000g 风干土样于烧杯中，加少量水润湿，加入 20mL HNO$_3$（$\rho=1.42g/mL$）。盖上表面皿，置于电热板或沙浴上加热，若发生迸溅，可采用 20min 的间歇加热法。待蒸发至约剩 5mL，冷却，用水冲洗烧杯壁和表面皿，经中速滤纸过滤，将滤液定容至 100mL，待测。

4. 0.1mol/L HCl 溶浸法

土壤中 Cd、Cu、As 的提取采用此方法，其中提取 Cd、Cu 操作条件是：准确称取 10.0000g 风干土样于 100mL 广口瓶中，加入 0.1mol/L HCl 50.0mL，在水平振荡器上振荡。振荡条件是温度 30℃、振幅 5~10cm、振荡频次 100~200 次/min，振荡 1h。静置后，用倾斜法分离出上层清液，用干滤纸过滤，滤液经过适当稀释后用原子吸收法测定。提取 As 的操作条件是：准确称取 10.0000g 风干土样于 100mL 广口瓶中，加入 0.1mol/L HCl 50.0mL，在水平振荡器上振荡。振荡条件是温度 30℃、振幅 10cm、振荡频次 100 次/min，振荡 30min。用干滤纸过滤，取滤液进行测定。除用 0.1mol/L HCl 溶浸 Cd、Cu、As 以外，还可溶浸 Ni、Zn、Fe、Mn、Co 等重金属元素。0.1mol/L HCl 溶浸法是目前使用最多的酸溶浸方法，此外也有使用 CO$_2$ 饱和的水、0.5mol/L KCl—HAc（pH=3）、0.1mol/L MgSO$_4$—H$_2$SO$_4$ 等酸性溶浸方法。我国 20 世纪 80 年代对土壤背景值的调查中，采用盐酸—硝酸—氢氟酸—高氯酸的全消解法。

5. 三种酸溶浸体系对比

Cd、Ni、Cr、Pb、Cu、Mn、Fe 元素的溶出率由表 10-1 中可以看出，Cr、Pb 的溶出率较低，且要将 H_2SO_4 及 $HClO_4$ 赶净，否则严重影响 Pb 的测定。

表 10-1　土壤样品酸溶法溶出率（%）

元素	HNO_3	$HCl—HNO_3$	$HNO_3—H_2SO_4—HClO_4$
Pb	73.3	76.3	65.8
Cr	64.6	64.6	70.9
Ni	88.8	92.8	94.9
Cd	90.7	91.1	91.2
Mn	89.7	91.9	92.0
Cu	93.1	93.1	94.4
Fe	92.5	90.8	93.8

（五）土壤形态分析样品的处理方法

1. 有效态的溶浸法

（1）DTPA 浸提：DTPA（二乙三胺五乙酸）浸提液可测定有效态 Cu、Zn、Fe 等。浸提液的成分为 0.005mol/L DTPA，0.01mol/L $CaCl_2$，0.1mol/L TEA（三乙醇胺）。称取 1.967g DTPA 溶于 14.92g TEA 和少量水中，再将 1.47g $CaCl_2 \cdot 2H_2O$ 溶于水，一并转入 1000mL 容量瓶中，加水至约 950mL，用 6mol/L HCl 调节 pH 至 7.30（每升浸提液约需加 6mol/L HCl 8.5mL），最后用超纯水定容。贮存于塑料瓶中，几个月内不会变质。浸提手续：称取 2.500g 风干过 20 目筛的土样放入 150mL 硬质玻璃三角瓶中，加入 50.0mL DTPA 浸提剂，在 25℃用水平振荡机振荡提取 2h，干滤纸过滤，滤液用于分析。DTPA 浸提剂适用于石灰性土壤和中性土壤。

（2）0.1mol/L HCl 浸提：称取 10.00g 风干过 20 目筛的土样放入 150mL 硬质玻璃三角瓶中，加入 50.0mL 1.0mol/L HCl 浸提液，用水平振荡器振荡 1.5h，干滤纸过滤，滤液用于分析。酸性土壤适合用 0.1mol/L HCl 浸提。

（3）水浸提：土壤中有效硼常用沸水浸提。操作步骤：准确称取 10.00g 风干过 20 目筛的土样于 250mL 或 300mL 石英锥形瓶中，加入 20.0mL 无硼水；连接回流冷却器后煮沸 5min，立即停止加热并用冷却水冷却；冷却后加入 4 滴 0.5mol/L $CaCl_2$ 溶液，移入离心管中，离心分离出清液备测。有效态 Mn 用 1mol/L 乙酸铵—对苯二酚溶液浸提。有效态 Mo 用草酸—草酸铵（24.9g 草酸铵与 12.6g 草酸溶解于 1000mL 水中）溶液浸提，固液比为 1：10。硅用 pH=4.0 的乙酸—乙酸钠缓冲溶液、0.02mol/L H_2SO_4、0.025%或1%的柠檬酸溶液浸提。酸性土壤中有效硫，采用 H_3PO_4—HAc 溶液浸提，中性或石灰性土壤中有效硫采用 0.5mol/L $NaHCO_3$溶液（pH=8.5）浸提，用 1mol/L NH_4Ac 浸提土壤中有效钙、镁、钾、钠等，采用 0.03mol/L NH_4F—0.025mol/L HCl 或 0.5mol/L $NaHCO_3$浸提土壤中有效态磷等。

2. 碳酸盐结合态、铁—锰氧化结合态等形态的提取

（1）可交换态：浸提方法是在 1.0g 样品中加入 8mL $MgCl_2$ 溶液（1mol/L $MgCl_2$，pH=7.0）或者乙酸钠溶液（1.0mol/L NaAc，pH=8.2），室温下振荡 1h。

（2）碳酸盐结合态：经（1）处理后的残余物在室温下用 8mL 1mol/L NaAc 浸提，在浸提前用乙酸把 pH 调至 5.0，连续振荡，直到估计所有提取的物质全部被浸出为止（一般用 8h 左右）。

（3）铁锰氧化物结合态：浸提过程是在经（2）处理后的残余物中加入 20mL 0.3mol/L $Na_2S_2O_3$、0.175mol/L 柠檬酸钠、0.025mol/L 柠檬酸混合液，或者用 0.04mol/L $NH_3 \cdot H_2O$、HCl 在 20%（V/V）乙酸中浸提。浸提温度为 96℃±3℃，时间为 1~4h，到完全浸提为止。

（4）有机结合态：在经（3）处理后的残余物中，加入 3mL 0.02mol/L HNO_3、5mL 30% H_2O_2，然后用 HNO_3调至 pH=2，将混合物加热至 85℃±2℃，保温 2h，并在加热中间振荡几次；再加入 3mL 30% H_2O_2，用 HNO_3调至 pH=2，再将混合物在 85℃±2℃加热 3h，并间断地振荡，冷却后，加入 5mL 3.2mol/L 乙酸铵 20%、HNO_3 溶液（V/V），稀释至 20mL，振荡 30min。

（5）残余态：经（1）~（4）提取之后，残余物中将包括原生及次生的矿物，它们除了主要组成元素之外，也会在其晶格内夹杂、包藏一些痕量元素，在天然条件下，这些元素不会在短期内溶出。残余态主要用 HF—$HClO_4$分解，主要处理过程参见土壤全分解方法的普通酸分解法（一）。上述各形态的浸提都在 50L 聚乙烯离心试管中进行，以减少固态物质的损失。在互相衔接的操作之间，用 10000r/min（12000g 重力加速度）离心处理 30min，用注射器吸出清液，分析痕量元素。残留物用 8mL 去离子水洗涤，再离心 30min，弃去洗涤液，洗涤水要尽量少用，以防止损失可溶性物质，离心效果对分离影响较大。

二、肥料及植物样品预处理

（一）肥料样品预处理

肥料可分为固体肥料和液体肥料。其中钾、钠可用草酸铵溶液浸取法，无机或复合肥中的 Ca、Mg、Cu 可用盐酸处理，糟肥、玉米棒芯和棉籽饼可先高温灰化后，再用盐酸浸取，Fe 和 Zn 用水浸取法和螯合浸取法处理，肥料中酸溶性锰和水溶性锰可分别用硝酸—硫酸和水浸取。

（二）植物样品预处理

植物样品中无机元素含量一般较低，除 N、P、K 等营养元素外，一般都低于土壤样品中的背景值。因此，植物样品中无机元素含量的分析，必须选用科学、合理的预处理方法。虽然一些固相提取技术[1]或液相萃取技术[2]已应用于植物样品中微量元素的测定，但目前绝大部分植物样品还是以完全分解作为测定元素含量的预处理方法。植物样品的完全分解方法一般包括干灰化法、酸化消解和微波消解法等。

1. 干灰化法

干灰化法一般称取 0.5~2g 样品进行测定[3-5]。但对于低含量元素，干灰化法可以通过加大称样量以降低检出限，提高植物样品中低含量元素的准确度，尤其适用于 Au、Ag 等元素。通过对植物样品中 Au、Ag 等元素的测定，可为地质找矿提供有效信息，这是干灰化法的一个显著优势。施意华等[6]用干灰化法时植物样品的称样量为 10g，对 Cu 矿区中 20 种植物的 Au、Ag 含量进行了研究，发现凤尾蕨等 3 种植物中 Ag 具备地球化学异常特征，可作为找矿有效指示的植物。张明仁等[7]用干灰化法对金矿区的 4 种植物样品中 Au 进行了研究，选择称样量为 20g，灰化后用王水溶解，再用聚醚型聚氨酯泡沫塑料分离富集金，解脱后的溶液用于 Au 的测定，结果表明生长在矿区不同地方植物的含金量差异很大。具体的样品预处理：准确称取 1.0g 试样，干燥，研细，置于瓷坩埚中。在 500℃灰化 2h，冷却后，用 10 滴水湿润灰分，仔细加入 3~4mL 硝酸（1+1），在 100~120℃电热板上蒸发过量的硝酸；再 500℃灰化 1h，冷后用 10mL 盐酸（1+1）溶解灰分，定量转移至 50mL 容量瓶中。

2. 酸化消解法

酸化消解是用酸在加热条件下破坏样品中的有机物或还原性物质的方法，消解过程温度一般较低，待测元素不容易逸失，也不容易与容器发生反应，适用范围较广。其缺点是消解液可能会与个别元素形成沉淀，同时酸用量较大，导致空白值增加，样品受试剂污染的可能性比干灰化法大；但由于所用设备简单、消解完全、适用性强等优点，在植物样品的预处理中使用非常广泛。酸化消解主要是利用硝酸、高氯酸、硫酸、过氧化氢等氧化性试剂作氧化剂，样品经连续的氧化—水解过程后，有机物降解逃逸，溶液成分主要为水溶性金属盐类。酸化消解的研究主要集中于所用强酸的种类及混合酸的配比。硝酸—高氯酸由于其突出的优点已作为经典的混合酸消解方法而被广泛运用。对于花粉等易消解样品，高氯酸所加比例较低，选择硝酸—高氯酸的体积比可为 20：1。而对于厚朴植物叶、药用植物花和野生枸杞样品的消解，高氯酸所占比例逐渐增加，硝酸—高氯酸的体积比分别为5：1、4：1和5：4。过氧化氢、盐酸等试剂在酸化消解中也有应用，赵永强等[8]采用硝酸—过氧化氢混合酸（10：3）对木耳进行消解，测定 Zn、Mg 等 4 种元素；Okateh 等[9]采用王水对 12 种药用植物进行消解，测定 As、Cr、Pb、Ni 等重金属元素含量。酸化消解所用酸的种类及配比主要由样品性质决定。如准确称取 1.0g 试样，干燥，研细，置于150mL 玻璃烧杯中，加 10mL 硝酸，充分浸泡。加入 3mL 60% 高氯酸，在电热板上低温加热，驱尽硝酸，如果发生炭化，冷却后再加 10mL 硝酸继续加热蒸发，直至冒过氯酸烟。冷却后加 10mL 6mol/L 盐酸定容。对于易消解样品，可用硝酸所占比例较大的混合酸进行消解。而对于含木质部分较高的植物根、茎等，较难消解样品可提高高氯酸、过氧化氢等强酸性、强氧化性试剂的用量，以提高分解温度、增强氧化能力，使样品消解更加完全。表 10-2、表 10-3 将多种类型植物样品中的金属元素预处理技术和测定方法进行了整理归类。

表 10-2　植物样品中各种金属元素的预处理技术

测定元素	样品溶液的制备
Al、Cd、Cr、Cu、Fe、Mn、Pb、V	0.1g 样品+0.1mL H_2SO_4，加热冒烟，然后滴入 30% H_2O_2，直至溶液清亮，稀释到 100mL
Be	取 1g 样品，用 25mL 混合酸 HNO_3—HF—H_2SO_4（2：2：1）进行酸化灰化，加热至冒烟，再加 1mL $HClO_4$ 氧化，稀释至 100mL
Cd	0.1g 样品+1mL HNO_3 与 $HClO_4$（2：1），在 60℃加热 15min，然后在 120℃加热 75min，定容
Gd、Cr、Cu、Fe、Mn	0.25g 试样用 10mL HNO_3 溶解 10min，加 2mL $HClO_4$，蒸发至近干，用 2mL HNO_3 溶解残渣，稀释至 100mL
Co	在 450℃灰化，用 HNO_3 溶解残渣，调 pH 到 3～5，用 1-亚硝基-2苯酚萃取到 4mL $CHCl_3$ 中
Cu	50mL 样品+$HClO_4$ HNO_3（1：9）蒸发到冒烟，用 3mL $HClO_4$ 稀释至 10mL，然后用 APDC 萃取到 1mL l MIBK 中
Mo	2g 样品在 500℃灰化 5h，将灰分溶于 20mL HCl（1+9），稀释至刻度
Pb	20mg 干燥样品，用 2～8mL 水研成浆，在搅拌下分取一定量注入石墨炉测定

表 10-3 各类植物样品中金属元素分析的典型预处理技术和测定方法

预处理方法	预处理技术特点	样品类型	测定元素	测定方法	测定技术特点	文献
干灰化法	500℃	玉米，蚕豆，豌豆	Ca, Mg, Zn	FAAS		[14]
	500℃，抗坏血酸助溶	树叶，竹叶	Cu, Fe, Mn, Fe, Mn, Cu, Zn, Pb, Cd	AAS		[15]
	650℃，称样量 10g	茎，叶，果实等 20 种植物	Au, Ag	ICP—MS		[6]
酸化消解	硝酸—高氯酸（20：1）	花粉	K, Na, Ca, Mg, Fe, Cu, Zn, Mn	FAAS		[16]
	硝酸—高氯酸（2：1）	灌木枝叶	Se	HG—AFS	KBH，预还原，EDTA 掩蔽	[17]
	硝酸—H_2O_2（10：3）	灌木枝叶，茶叶	P, S	AAS	利用分子吸收，简单、快速	[18]，[19]
	王水	国槐，雪松，草坪草，小叶冬青	Pd	ICP—MS	建立干扰校正方程，消除干扰	[20]
增压消解	硝酸，160℃	茶叶，小麦粉，大米粉	Na, Mg, P, K, Ca, Fe, Cr, Mn, Co, Ni, Cu, Zn, As, Se, Cd, Ba, Hg, Pb, Th, U	ICP—MS	通过 ORS 消除 As、Se 干扰	[21]
	硝酸—H_2O_2（6：1）190℃	灌木枝叶，杨树叶	As, Se, Sb, Te	ICP—MS	乙醇基体改进剂	[22]
	硝酸—H_2O_2（5：2）180℃	苦丁茶原植物	As, Hg	HG—DCAFS	双道同时测定	[23]
	硝酸-H_2O_2（2：1）150℃	海带	Pb	GFAAS	NH_4NO_3—$PdCl_2$—$Mg(NO_3)_2$基体改进剂	[24]
微波消解	硝酸	桃树叶	Hg, Tl, Pb, Bi, Th, U, Al, Ti, V, Cr, Mn, Fe, Co, Ni, Cu, Zn, In	ICP—SMS	通过高分辨质谱减少干扰	[25]
	硝酸	烟草叶，灌木枝叶	As	HG—GFAAS	L-半胱氨酸预还原	[26]

预处理方法	预处理技术特点	样品类型	测定元素	测定方法	测定技术特点	文献
微波消解	硝酸—H₂O₂（7：1）	蔬菜，豆类，菌菇，面，米，水果	稀土元素	ICP—MS		[27]
	硝酸—H₂O₂（5：1）	木兰，马鞍羊蹄甲，灌木枝叶	As, Bi, Pb, Se, Mo	UN—ICP—AES	检出限显著低于 ICP—AES	[28]
	硝酸—H₂O₂—氢氟酸—硼酸或硝酸—H₂O₂—氟硼酸	水草，浮游生物，或水生植物，苔藓，干草，桃树叶，菠菜，西红柿叶，松针	Ag, Al, As, Ba, Be, Bi, Cd, Ce, Co, Cr, Cs, Cu, Fe, Ga, Ge, In, La, Li, Mn, Mo, Nd, Ni, Pb, Pr, Rb, Sb, Se, Sn, Sr, Th, Ti, U, V, W, Y, Zn	ICP—MS		[29]
	逆王水	小白菜，黄瓜，胡萝卜	Fe, Cu, Al, Zn, Ni, B	ICP—OES		[30]
	FMIC，称样量可至3g	苹果叶，桃树叶	Al, Ba, Ca, Cu, Cr, Mg, Mn, Sr, Zn/Co, Ni, V	ICP—ES/MS		[31]
回流消解	硝酸—H₂O₂（5：1）称样量0.25~2g	杨树叶，茶叶，大米，黄豆，菠菜，苹果	B, Ba, Ca, Cu, Fe, K, Mg, Mn, Na, Ni, P, Pb, S, Sr, Zn/Li, B, Cr, Mn, Co, Ni, Cu, Zn, As, Sr, Mo, Cd, Ba, Hg, Pb	ICP—OES/MS		[32]
	硝酸—H₂O₂（1：2）	白苜蓿，橄榄叶，西红柿叶	As	HG—ICP—OES	灵敏度和检出限均优于 ICP—OES	[33]
	硝酸—H₂O₂（10：3）	玉米，圆白菜，苹果	Li, Be, B, Mg, Al, K, Ca, Sc, Ti, V, Cr, Mn, Co, Ni, Cu, Zn, Ge, Rb, Sr, Re, Es, Nb, Mo, Cd, Sb, Cs, Ba, Hg, Tl, Pb, Bi, Th, U	ICP—MS		[34]

续表

预处理方法	预处理技术特点	样品类型	测定元素	测定方法	测定技术特点	文献
高温热水解	1100℃热水解	圆白菜，菠菜	I	CS	灵敏度高，检测限低，是评价测碘新方法的"标尺"	[35]
	1100℃热水解	小麦粉，大米粉，芹菜，大葱，绿茶	F	ISE		[36]
碱熔	Na_2CO_3—ZnO 碱熔树脂交换	茶叶	F^-，SO_4^{2-}	IC		[37]
专项提取	25% TMAH 溶液，90℃	藻类植物	I	ICP—MS		[38]
	2mol/L 盐酸	胡杨愈伤组织粉末	K，Ca，Mg，P，Fe	ICP—AES		[39]
	1mol/L KOH，超声萃取	紫菜，海带，圆白菜，茶叶，菠菜	IO_3^-，I^-	IC—ICP—MS	适用于形态分析	[40]
固体进样	粉末压饼	灌木枝叶，杨树叶，茶叶，烟草	Li，B，Na，Mg，Al，K，Ca，Cr，Mn，Fe，Ni，Cu，Ba	LA—ICP—MS	外标结合内标定量	[41]
	直接进样	菠菜叶，西红柿叶，圆白菜	B	GFAAS	柠檬酸和 W 作基体改进剂	[42]
	聚乙烯瓶包装	尼日利亚北部6种药用植物	Al，V，Mg，Ca，Br，Sb，La，Sn，Yb，Na，K，Cs，Ba，Eu，Sc，Cr，Fe，Zn，Co，Mn，Rb	INAA	准确度高	[43]
	直接测定	烟叶	K	NIR	操作简便	[44]
	粉末压饼	果树叶，胡椒叶，柑橘叶	Na，Mg，Al，Si，P，K，Ca，Ti，Mn，Fe，Ni，Cu，Zn，Br，Sr，Mo，Ba，S，V，Cl，Rb，Pb，As，Co，Cr	XRF	外标法定量	[45]
	样品切片	土豆，百合干	Ca，Na，K，Mg，Al，Fe	LIBS	C 作内标	[46]

三、食品类样品中重金属测定的预处理（GB 5009.12—2017）

1. 样品的初级处理（物理处理）

（1）蔬菜、水果、鱼类、肉类等样品：样品用水洗净，晾干，取可食部分，制成匀浆，储于塑料瓶中。

（2）粮食、豆类样品：样品去除杂物后，粉碎，过20目筛，混匀，储存于塑料瓶中。

（3）饮料、酒、醋、酱油、食用植物油、液态乳等液体样品：将样品摇匀。

2. 食品类样品化学处理

（1）酸化消解：称取固体试样0.2~3g（精确至0.001g）或准确移取液体试样0.500~5.00mL于带刻度消解管中，加入10mL硝酸和0.5mL高氯酸，在可调式电热炉上消解（参考条件：120℃/0.5~1h，升至180℃/2~4h、升至200~220℃）。若消解液呈棕褐色，再加少量硝酸，消解至冒白烟，消解液呈无色透明或略带黄色，取出消解管，冷却后，用超纯水定容至10mL，混匀备用。同时做试剂空白试验。亦可采用锥形瓶，于可调式电热板上，按上述操作方法进行酸化消解。

（2）微波消解：称取固体试样0.2~0.8g（精确至0.001g）或准确移取液体试样0.500~3.00mL于微波消解罐中，加入5mL硝酸，按照微波消解的操作步骤消解试样，消解条件为：第一步，升温，5min至120℃，恒温5min；第二步，升温，5min至160℃，恒温10min；第三步，升温，5min至180℃，恒温10min。冷却后取出消解罐，在电热板上于140~160℃赶酸至1mL左右。将消解罐放冷后，将消解液转入10mL容量瓶中，用少量水洗涤消解罐2~3次，合并洗涤液于容量瓶中，并用水定容，混匀备用，同时做试剂空白试验。

（3）压力罐消解：称取固体试样0.2~1g（精确至0.001g）或准确移取液体试样0.500~5.00mL于消解内罐中，加入5mL硝酸。盖好内盖，旋紧不锈钢外套，放入恒温干燥箱，于140~160℃下保持4~5h。冷却后缓慢旋松外罐，取出消解内罐，放在可调式电热板上于140~160℃赶酸至1mL左右。冷却后将消解液转入10mL容量瓶中，用少量水洗涤内罐和内盖2~3次，合并洗涤液于容量瓶中，并用水定容，混匀备用，同时做试剂空白试验。

（4）分析测定：采用GFAAS或ICP—MS测定。

四、饮品、油脂类及药物样品中重金属测定的预处理

1. 乳、炼乳、乳粉、茶和咖啡样品

称取2.0g混匀或磨碎样品，置于瓷坩埚中，加热炭化后，置于高温炉，420℃

灰化 3h，放冷后加水少许，稍加热，然后加 1mL 1：1 硝酸，加热溶解后，移入 100mL 容量瓶，加水定容。

2. 油脂类样品

称取 2.0g 混匀样品，固体油脂先加热融成液体，置于 100mL 锥形瓶中，加 10mL 石油醚，用 10%硝酸提取 2 次，每次 5mL，振荡 1min，合并硝酸于 50mL 容量瓶，加水定容混匀备用。饮料、酒、醋等，吸取 2.0mL 样品，置于 100mL 容量瓶中，加 0.5%硝酸至刻度，混匀备用。

3. 药物样品

药物大致可分为天然药物、合成药物、添加物和毒物药物样品，其取样方法因药物类型的不同而异，药物液剂可采用去离子水、酸和有机溶剂溶解。中草药和药物片剂干燥，研成粉末后用酸化消解或干灰化法处理。

第二节　环境样品的预处理

一、环境水样的预处理

水质分析对象比较多，包括环境领域的天然水（河水、湖水、海水等）、用水（饮用水、工业用水等）和排放水（工业排水、城市下水等）及离子交换水；由于水样中的主要成分是碱金属及碱土金属（Ca、Mg、Na、K），它们都不是富线元素，不会产生严重的光谱干扰。水样中常见的非金属元素 S、P、B、Si 等，可以采用原子光谱准确测定，而用其他分析技术测定比较费事、费力。与其他样品相比，水样分析的样品预处理比较简单，但也需按一定程序处理，否则将影响分析测定结果的准确性。

（一）水样分析预处理应注意

1. 样品采集

在水样采取过程中，取样点位置和取样时间的影响必须考虑。由于水源不同深度会引起样品成分的差异，以及温度差异和盐浓度差异会引起分层现象。

2. 样品过滤

天然水体中总会有悬浮物，悬浮物包括有机成分和无机成分，其悬浮状态是不稳定的。在一般情况下，取样后立即用 0.45μm 的滤膜过滤，滤液中的成分被认为是可溶成分，可以用于测定。滤出的悬浮物可在消解后再测定。

3. 酸化及储存

天然水样的 pH 较高，通常在 pH = 5.5 左右。在此 pH 下，多种金属离子水解呈氢氧化物状态，容易凝聚和被容器吸附，需对水样进行酸化。酸化还可以抑制微生物繁殖。为了保持水样的成分稳定，最好用玻璃容器或高密度聚乙烯容器储存水样，并维持温度在 0~4℃ 放置。在测定水样中痕量元素时，必须注意容器及化学试剂所引起的污染，容器要用无机酸洗净并保持环境清洁。

（二）不同水质样品的预处理方法

1. 水样直接分析法

对于澄清的水样，可适当酸化后直接进样测定，如地表水、高纯水、天然水体、饮用水、矿井水、酿造水、海水、电镀废水等。

2. 水样中金属元素的富集分离

污水中常含有各种有机物，对金属元素分析有妨碍。一般经消解处理后测其总量，通过 0.45μm 膜过滤，测得的是可溶态金属含量；对于痕量分析，通常经过蒸发蒸馏、溶剂萃取、共沉淀或离子交换等分离富集。如海水中痕量铅的测定，在 pH=4~5 介质中，铅与 APDC 和 DDTC 形成螯合物，经 MIBK—环己烷萃取分离，再以硝酸溶液反萃取，进行火焰或石墨炉测定。

（1）用旋转膜蒸发器浓缩水样：在 30~40min 内将水样中杂质元素浓缩数十倍，用动态背景校正法扣除共存元素的影响。

（2）共沉淀分离富集。

①Fe-DDTC 和 Na-DDTC 共沉淀分离富集，用 Fe-DDTC 对痕量元素的共沉淀作用，可有效分离掉常量元素 Ca、Mg、Na，杂质元素 Mn、Pb、V、Cd、Cu、Zn、Cr 的回收率在 80%~110%。

②氢氧化铁共沉淀分离温泉水中微量元素，五龙背矿泉水中含有一定量的 Fe（10~150μg/mL），用它作共沉淀剂分离温泉中微量元素 Al、Co、Cr、Cu、La、Mn、Ni、Ti、V、Y、Zn 和 Zr。用 6mol/L 氢氧化钠溶液调节水样 pH=8.5，在 70~80℃ 温度下加热 40~45min。离心分离沉淀，将沉淀溶于盐酸溶液中，再用 MIBK 萃取分离铁。

③Co-APDC 共沉淀富集雨水中痕量重金属 Cd、Cu、Fe、Ni、Pb 和 Zn，富集因子为 10~100 倍。

（3）萃取富集水中微量元素。

①用 APDC（吡咯烷二硫化氨基甲酸铵）、硝基苯作为稀释剂，水相 pH=4.2。这种萃取法的空白值远低于分液漏斗法，萃取微量元素被富集倍数约为 32.5 倍，金属空白值低于 0.005μg。用该法测定的元素为 Cd、Co、Cu、Fe、Mo、Ni、Pb、Zn 和 V。

②用 8-羟基喹啉萃取天然水中微量 Mo，用 1.0mol/L 酸洗涤有机相除去 Fe 和

Cu。有机相中钼络合物不经反萃取，直接导入原子光谱测定，经检查，Mg、Ca、K、Na、Cr、Cu、Al 和 Fe 等元素不干扰 Mo 的测定。萃取水相的 pH 在 1.5～5.0 均能定量萃取。该法用于海水及河水中微量 Mo 的测定。

③用 TOMA·Cl 离子对萃取富集天然水中 12 种元素（Cd、Co、Cu、Mo、Bi、Fe、Hg、Pb、Sb、Sn、Zn 和 V）可以测定 ng/mL 水平的杂质。萃取水相的成分是 0.3mol/L HCl、0.1mol/L KI、0.1mol/L KSCN 及 0.01mol/L 抗坏血酸，稀释剂为二甲苯。

（4）饱和精盐水中痕量元素的分离富集：精盐水中含有大量的 NaCl，干扰微量元素的测定。将饱和的精盐水蒸干，加入一定量浓盐酸浸取 NaCl 中的杂质元素，可以有效地将 Mg、Ca、Sr、Fe、Al、Ba 和 Si 等杂质元素分离出来。

（5）离子交换富集。

①矿泉水中稀土元素的离子交换富集：用阳离子交换树脂分离矿泉水中 15 种稀土元素及 Sc，分离所用树脂为 Dowex50×12，交换柱直径 16mm，高 302mm。水样用盐酸调至 pH=1.5～1.8，上柱后洗去 Na^+、K^+、Mg^{2+}、Ca^{2+} 及 Fe^{3+}。用 6mol/L HCl 洗脱稀土元素。

②在线螯合树脂分离水中微量元素：用 XAD-2 螯合树脂微柱，在线富集河水中微量 Cd、Fe、Cu、Mn、Ni 及 Zn，树脂柱内径 2.5mm，长 25mm，树脂粒度 50～100μm。水样中过渡金属离子 Cu^{2+}、Ni^{2+}、Zn^{2+}、Co^{2+}、Cd^{2+} 及 Fe^{2+} 被吸附在树脂上，而 Mg、Ca、Al 等则不被保留。富集因子为 125，方法检出限为 ng/L 级，方法用于海水中微量元素测定。

（6）自来水中微量 Hg 富集分离：水样中的汞以 Hg（Ⅱ）-(5-BrPADAP) 络合物形态被萃取。取样 50mL 被富集 200 倍，Hg（Ⅱ）被 $SnCl_2$ 还原为汞蒸气进入原子光谱光源检测。

二、固体样品的预处理

固体物质因存在基体效应，对原子光谱分析环境样品中微量元素有影响。土壤分析是农业、环境和地方病研究的重要内容。废渣是一大类固体污染物的总称，其成分随行业、工艺过程、渣的形成方式和存放历史而异，MW 消解常用于处理沉淀、土壤和矿泥等环境样品。

（一）土壤、烟尘和煤灰素的预处理方法

土壤、烟尘和煤灰素样品的预处理方法与农业样品相类似，对于这类环境样品，可以考虑不"打开"硅酸盐，因此不用加 HF，单用 HNO_3 和 $HClO_4$ 来分解样品。样品在 60℃下干燥 48h，在此温度下 Hg、Se 将有部分挥发。如果分析易挥发元素，则在 25℃下空气自然通风干燥，称取 0.200～0.500g 样品，放入试管中，缓

慢加入 4~8mL HNO$_3$，将试管放在 100℃ 的电热板上加热 24h，再升温至 150℃ 蒸干（约需 10h），加 4~8mL HNO$_3$，1~2mL HClO$_4$，在 150℃ 下加热 3h，190℃ 下 6h 或蒸干。试管冷却后，加 2mL 5mol/L 的 HNO$_3$，在 50℃ 下溶解，稀释至 10mL（加 8mL 水）。如溶液混浊，可放置过夜，或用离心机分离沉淀。

（二）城市废物焚化灰样品预处理

城市垃圾焚烧后的残渣比较复杂，消解困难，通常采用高压酸消解法和碱熔法。高压酸消解法用硝酸和氢氟酸作为溶剂，在 250℃ 温度下加热 12h，用硼酸络合过量的氢氟酸。碱熔法用偏硼酸锂作熔剂，在 1000℃ 温度下熔融 1h。在全部待测元素中，As、Bi、Hg、In、Se、Sn 和 W，因有广谱干扰而不能测定。光谱干扰主要来源于主成分 Al、Ca、Fe、Mn 和 Ti。除 Ni 外，其他元素测定的相对标准偏差在 4%~12% 范围内。

（三）水系沉积物和淤泥预处理

水系沉积物包括海洋沉积物、河流及湖泊沉积物，它们的主要组成类似土壤，其预处理方法也与土壤样品相同，见表 10-4。这类样品的分析精度和准确度在很大程度上取决于样品的预处理。

表 10-4 水系沉积物样品预处理

被检样品	样品处理	测定元素
水系沉积物	HF—HClO$_4$—HNO$_3$	Cu, Zn, P, Cr, CO, Ni, Nb, La, Ce, Be, Ga, Mo, Yb, Ta, W
海洋沉积物	HClO$_4$—HNO$_3$—HF	Al, Ba, Ca, Cu, Co, Cr, Fe, K, Mg, Mn, Na, Ni, Sr, Ti, Zn, Li, V, P
	H$_2$SO$_4$—HF—HNO$_3$	Ce, Dy, Er, Eu, Gd, Ho, La, Lu, Nd, Pr, Sm, Tb, Tm, Y, Yb
	HNO$_3$—HClO$_4$—HF	As, Be, Cd, Co, Cu, Mn, Mo, Ni, Pb, V, Zn, 主成分 Al, Fe, Na, Mg, Ca, P
水系沉积物	HNO$_3$—HClO$_4$—HF	Ba, Sr, V, Ca, Cd, Co, Cu, Fe, Mn, Ni, Na, Zn, Al, K, Mg, Na, P
河流沉积物	HNO$_3$—HClO$_4$—HF（高压溶样）	Al, Ba, Be, Ca, Cd, Co, Cu, Fe, Mn, Mo, Mg, Ni, Na, K, Pb, V, Ti, Zn

三、大气样品的预处理

大气飘尘或颗粒物严重影响环境质量。分析飘尘的无机成分通常采用原子光谱法，分析过程包括取样、样品预处理及测定。

（一）取样

大气中颗粒物的取样通常用大气采样器，采样流量在 40～80L/min。采样滤膜有两类，一类是玻璃纤维膜，另一类是由硝酸纤维和醋酸纤维混合制成的微孔滤膜。在用硝酸消解样品时，玻璃纤维膜中的 Ca、Mg、Al 等杂质会部分溶解下来，造成空白值偏高。如将其完全消解，则滤料产生的无机成分较高，目前不推荐采用。过滤乙烯膜无机成分较低，但热稳定性差，受热易变形，最高温度仅 65℃，且与水溶液不浸润。

（二）样品处理

1. 固体吸收

固体吸收剂主要有涂布了不同试剂的滤纸、脱脂棉、经过化学改性的各种纤维和高聚物粉末等。

（1）硝酸纤维滤膜的处理：用硝酸和高氯酸微火加热溶解。

（2）玻璃纤维滤膜的处理：比较硝酸、硝酸+高氯酸及硝酸+高氯酸+氢氟酸三种样品预处理方法，其中前两种回收率较低，为 30%～70%，可能是硅酸盐包裹的部分没有溶解下来，只有硝酸+高氯酸+氢氟酸溶样，全部元素的回收率大于90%。

（3）浓缩取样是让要采集的空气通过吸附剂或吸收液，将有害物质集中在某一体系内待测。

2. 液体吸收

溶液吸收法是采集大气中气态、蒸气态及某些气溶胶污染物的常用方法。

第三节　生物样品及临床样品的预处理

生物样品及临床样品种类繁多，成分极其复杂，在分析测试中占有重要位置，其保存和处理的困难较多，预处理见表 10-5。

表 10-5　生物样品及临床样品预处理

样品预处理方法	特点	样品
酸化消解	1. 硫酸作为分解剂（消解剂），加氧化剂（硝酸、高氯酸、过氧化氢等）作为辅助分解剂 2. 破坏能力强，反应比较剧烈，操作时应在通风厨内进行 3. 先低温反应，再高温蒸发，以免发生爆炸 4. 所得的无机金属离子一般为高价态	血、尿、组织和毛发

样品预处理方法	特点	样品
干法	1. 适用于卤素、硒、硫、磷等微量元素的预处理 2. 高温灰化法：坩埚，先炭化，再灰化，盐酸溶解定容，加无水碳酸钠或氧化镁等可以助灰化 3. 氧瓶燃烧法：在密闭的燃烧瓶中燃烧，选择适当的吸收液	食品、生物样品，土壤、矿物、石油、纺织品、化工产品等样品

一、尿、血、粪、浓汁植物浆汁及其他液体的预处理

尿、血、粪、其他液体（如胃液、泪）及浓汁植物浆汁等液体占主要成分的样品不宜长期保存，应在临用前采集；如因特殊需要不得不短期保存时，宜用冷冻并置于暗处。将样品离心（一般用 2000r/min，10min）后，分别取上层清液和下层残渣作后续处理。某些比较清澈和透明的样品（如泪、唾液），可不经离心分离直接应用。

二、毛、发样品的预处理

头发和毛是一类可长期保存的样品，具有生物指纹的意义，其洗涤十分重要，但目前良好的洗涤方法尚缺。通常先将样品切成长度为 2~3mm 后，依次在乙醚、丙酮中于常温下搅拌浸泡 10min，沥尽后干燥之；再用 5.0%十二烷基磺酸钠溶液洗涤，先浸泡 10min，再用自来水洗净；然后用蒸馏水漂洗、在鼓风箱中于 70℃烘去大部分水分，再在 105℃烘干。通常用塑料薄膜包好后，保存于冷、暗的洁净处。

三、爪及指甲样品的预处理

爪及指甲样品先用不锈钢刀刮净泥，用水浸泡 10~30min，沥尽后用巴比妥酸缓冲溶液（pH=7.35）、10%Tween-80 或 Triton X-100（1%）洗净，再用蒸馏水冲洗。在测定指甲中硅时，洗涤需十分注意，先用刀刮净泥土后，再用中性洗衣粉（10%溶液）在室温下浸泡 4h，以洗净油腻，用水洗净后再用丙酮浸泡。

第四节　地质矿物样品的预处理

地质样品中最常见的是矿石、土壤、水系沉积物等，其成分是各种矿物的混合物，岩石矿物组成非常复杂，岩石样品分析中最困难的问题是样品的分解，尤其是

分解含硅酸盐岩石的样品，分解硅酸盐类样品通常用酸溶法和碱熔法。

一、酸化消解法预处理地质矿物样品

对于硅酸盐类矿物样品，通常采用酸溶法。用氢氟酸为主的混合酸分解硅酸盐类矿物样品，可以直接测定除硅元素以外的其他成分。分解岩石矿物类样品多用混合酸进行，岩石矿物样品的处理通常在铂金皿（埚）中进行。通常酸为盐酸、氢氟酸、硫酸、高氯酸、混合酸体系。

（一）盐酸分解法

适合于碳酸盐矿物和岩石的分解，碳酸盐、磷酸盐、硫化物易溶于稀盐酸，而硅酸盐难溶。注意 Ge、Hg、Sb、As、Sn、Se 和 Te 会生成挥发性的氯化物而损失。

（二）氢氟酸分解法

适用于硅酸盐的分解。

（三）硫酸分解法

适用于磷酸盐、氟化物和硫化物样品。

（四）高氯酸分解法

适用于多数氟化物、氧化物和硫化物。

（五）混合酸分解法

多用 $HF—HClO_4$、$HF—H_2SO_4$、$HF—HNO_3$ 和 $HCl—HNO_3$ 等。

（六）高压溶解法

将样品置于氟制高压容器中，加入硫酸和氢氟酸，密闭 200℃ 下加热数小时，可有效分解多种如电石、石榴石和斧石等样品。

例如，用 $HF—HNO_3—HClO_4$ 混合酸分解样：称取 40mg 岩石粉末样品，置于高压溶样器，加入 2mL 混合酸 $HF—HNO_3—HClO_4$（1.25∶0.5∶0.25），在 200℃ 下溶解 2 天，将样品溶液蒸发至 $HClO_4$ 冒烟时加入 2mL HNO_3（1+1），再 200℃ 恒温 4h。用 1% 硝酸稀释定容。

二、碱熔融分解法处理地质矿物样品

碱熔分解法是指用碳酸钠或氢氧化钠熔融分解岩石矿物类样品，其特点是可以测定样品中硅的含量。碱熔法通常会给样品溶液带来坩埚材料和熔剂盐类成分，会影响测定结果准确度，碱熔法需注意实验安全。

（一）无水碳酸钠法

适用于分解硅酸盐岩石矿物，也可用于分解硫酸盐和氟化物，准确称取 0.5g 粉碎的样品于 30mL 铂坩埚中，加入 4g 碳酸钠，搅拌均匀，加盖并放入马弗炉中，加热到坩埚至暗红色，保温 10min，然后升温至 1100℃，保持 60min。取出冷却至室温，熔块以 25mL 盐酸溶解，稀释至 200mL 定容。

注意，重金属与铂形成合金而损坏铂坩埚，因此含重金属的试样在熔融前必须用王水处理，滤出残渣，然后将残渣熔融。

（二）过氧化钠法

适用于锡矿和铬铁矿的分解，可将 0.5g 样品与 1.0g 过氧化钠均匀置于铂坩埚，在 500℃ 电炉中加热 10min，使其进行半熔融过程，随后用水或酸浸取。

（三）其他熔融法

实际工作中，常将酸溶法、碱熔法与其他技术联用等多种方法相结合，如氢氧化钠熔融法、偏硼酸锂熔融法和焦磷酸钾熔融法。

例如，用 $Li_2B_4O_7$—H_3BO_3 碱熔法：准确称取小于 200 目的岩石标准样 40mg，置于铂坩埚中，加 0.1g $Li_2B_4O_7$ 和 0.1g H_3BO_3，在 1100℃ 高温下熔融 20min。用 7%硝酸浸取熔体，用 4%硝酸定容至 200mL。

矿石和地质样品的分解，无论用以上方法中任何一种，对主含量测定都基本一致，微量元素测定以酸化消解法较理想。

第五节　冶金和化工样品的预处理

冶金和化工样品主要指人工制成的金属（钢铁、黑色金属、有色金属、贵金属等其他各种金属）、合金材料、半导体材料、石油制品及无机和有机制品等。这类样品的分析通常都有标准方法可查。

一、无机和有机化工制品

钢铁等无机化工制品，通常采用 HCl—HNO_3、HCl—HNO_3—$HClO_4$、HCl—H_2O_2 等混合酸进行分解，钢铁及高温合金样品也可采用加压溶样和微波消解法处理样品。在微电子工业，电子电器产品中的化学组成非常复杂，选择 ICP 或 AAS 等原子光谱分析时，样品处理可用王水和微波消解法，用 ICP—OES 测半导体材料中的微量金属元素时，选用酸化消解和高压酸消解。

1. 黑色金属预处理和测定方法（表 10-6）

（1）纯铁、碳钢和低合金钢：称取 0.1～0.5g 样品置于 100mL 两用瓶中，加 30mL 稀硝酸，（1+3）低温加热，至完全溶解，煮沸，冷却至室温，稀释至刻度，摇匀后用火焰或石墨炉测定。

表 10-6　黑色金属的典型预处理和测定方法

测定元素	样品溶液的制备	测定方法
Al, Co, Cr, Cu, Mn, Mo, Ni, Si	0.5000g 样品+60mL HNO₃ (1+5) +5mL HCl	ICP—OES
Al, P, Cr, Cu, Mn, Ni, Sn	0.2500g 样品+王水+数滴 H₂O₂	ICP—OES
P, Co, Cr, Cu, Mn, Mo, Ni, Al, Si, V	0.2500g 样品+王水+数滴 H₂O₂	ICP—OES
P, Ni, Si, Cr, Cu, Mn	0.2500g 样品+20mL H₂SO₄ (1+19) +50mL H₂O₂	ICP—OES
Al, As, Co, Cr, Cu, P, Mn, Mo, Ni, Si, Sn, Ti, V	0.5000g 样品+30mL HNO₃ (1+5) +3mL HCl	ICP—OES
Si, P, Mn	0.2000g 样品+HNO₃ (1+3) 10mL	ICP—OES
Al, Cr, Cu, P, Mn,	2.000g 样品+HNO₃ (1+1) 滴加 50d HNO₃	ICP—OES

（2）中、高合金钢：称取 0.2g 样品置于 100mL 两用瓶中，加入 20mL 稀王水（1+1）低温加热，至完全溶解，煮沸，冷却至室温，稀释至刻度，摇匀后用火焰或石墨炉测定。

（3）高速工具钢、生铁和铸铁等：称取 0.2g 样品置于可以密封的聚四氟乙烯或聚乙烯瓶中，加入 10mL 稀王水和 10 滴 HF 酸迅速密封好，低温加热至样品溶解，加 5mL 高氯酸冒烟，冷却后定容至 100mL，测定 Mn 和 Cu。

（4）高碳钢、含高钨高钼钢：称取 0.2g 样品置于 200mL 锥形杯中，加入 10mL 王水加热至溶解，然后加入 14mL 硫磷混合酸（1+1+2），继续加热直冒白烟，滴加硝酸直至碳化物被氧化完全，稍冷，沿杯壁加入 30～40mL 水，摇匀，加热溶解盐类，冷却至室温，转移至 100mL 容量瓶中，稀释至刻度，摇匀后过滤，测定。

2. 有色金属预处理和测定方法

（1）金属铝和铝合金：金属铝易溶于盐酸、稀硫酸、热硫酸和稀高氯酸，也易溶于苛性碱。用 20% NaOH 溶液滴加 H₂O₂ 处理后，可分析 Si、Fe、Cu、Mn、Zn、Mg、Cr、Ti、Ni、Bi 和 Pb。

（2）铜和铜合金：在加热下，用稀硝酸（1+1）溶解。

（3）锌和锌合金：锌易溶于稀盐酸、硝酸和硫酸，锌合金一般用硝酸、王水或盐酸加过氧化氢分解。

（4）镁和镁合金：金属镁易溶于酸而不溶于碱，镁溶于酸反应剧烈，应适量加水后再加酸。盐酸（1+1）分解测 Fe、Zn、Al，盐酸+硝酸+水（1+1+2）分解测 Cu、Mn 和 Ni，镁合金用含少量过氧化氢或硝酸的盐酸分解。

（5）锡和锡合金：金属锡溶于浓盐酸、热的浓硫酸和王水。锡易生成白色不溶性偏锡酸沉淀，锡合金用盐酸+硝酸（9+1）溶解，而且要保持20%的酸度。

（6）铅和铅合金：金属铅和含锡量低的样品可用硝酸分解，含锡或锑高的合金则用硝酸、酒石酸和氢氟酸混合液处理，锡—铅合金可用等体积的48%氢氟酸、30%过氧化氢和0.02mol/L的EDTA混合液处理。采用ICP—OES或AFS测定。

（7）有机化工制品的预处理：对于废塑料样品，可选用酸化灰化和微波消解，对于食品包装材料，当测定样品中的Pb、Ca、Cr和Hg等微量元素时，选用密闭的微波消解和HPA进行消解。在化妆品的基质中，多数为有机物质，在测定其中的微量元素时，一般先破坏样品中的基质，再用酸化消解和浸提法处理。

二、轻化工样品的预处理

塑料、天然纤维和纺织品中的痕量金属、洗涤剂和化妆品中的重金属含量日益被人们所重视。

（一）塑料及其制品的预处理

塑料通常采用干灰化法或硝酸—高氯酸—硫酸酸化灰化，称取样品5g于50mL瓷坩埚中，置于电热板上低温加热，逐渐升高温度，直至样品炭化。放到马弗炉450℃加热3h，冷却。加入2mL硝酸，置于电热板上加热反应，驱赶硝酸。转移至马弗炉450℃加热3h，重复上述步骤至样品呈白色灰状，无黑色炭粒。用0.5%硝酸浸取，过滤转移至25mL容量瓶定容。

（二）纺织品的预处理

纺织品中重金属离子有游离量和总量之分（GB/T 17593.1—2006）。

（1）测定游离量：称取4g试样多份，剪碎后置于150mL具塞烧瓶中，分别加入80mL模拟酸性汗液、碱性汗液和唾液充分湿润，在37℃±2℃摇动1h，然后在37℃±2℃放置1h，过滤，用水稀释至100mL。

（2）测定总量：称取5g试样于150mL烧杯中，加入20mL硫酸和几滴硝酸，加热，滴加高氯酸直至溶液澄清，继续蒸发硫酸冒烟至湿润状，取下冷却，加入5mL硝酸，微热，溶解残渣，稀释至25mL容量瓶，并做空白试验。

（三）化妆品和牙膏的预处理

洗涤剂中含有磷酸盐和硫酸盐，可使用释放剂（氯化镧）来消除干扰。有报道称可将样品用水稀释为1.0mg/mL的溶液，用石墨炉测定其中低至1.0μg/mL的Cd、Cr、Cu、Fe、Pb和Ni。

1. 化妆品中铅的样品预处理

（1）酸化消解：称取1.0~2.0g试样置于消解管中，同时做试剂空白。样品若含有乙醇等有机溶剂，先在水浴或电热板上将其挥发。加入数粒玻璃珠，然后加入 10mL 硝酸，由低温至高温加热，消解至 2~3mL，冷却。然后加入 2~3mL 高氯酸，加热至冒白烟，至消解液呈黄色或无色，蒸发至 1mL 左右，冷却后稀释至 10mL。如样液浑浊，离心沉淀后，取上部清液测定。

（2）干法消解：称取 1.0~2.0g 试样置于瓷坩埚中，在电热板上低温加热炭化。移到马弗炉中，500℃ 下灰化 6h 左右，取出冷却。加入硝酸—高氯酸（3+1）约 2~3mL，同时做空白。加热直至冒白烟，若有残存炭粒，再加 2~3mL 混合酸，反复消解，直至消解液为无色或微黄色，蒸发至近干。冷却后稀释至 10mL。如样液浑浊，离心沉淀后，取上部清液测定。

（3）浸提法：称取约 1.00g 试样。置于 10mL 或 25mL 比色管中，同时做试剂空白，样品若含有乙醇等有机溶剂，先在水浴或电热板上将其挥发。加 2mL 硝酸、5mL 过氧化氢，摇匀，于沸水浴中加热 2h。冷却后稀释至 10mL，离心沉淀后，取上部清液测定。

2. 牙膏中铅的样品预处理

牙膏中的铅含量要求低于 5mg/kg。用 10~15mL 乙醇与牙膏打成浆，然后蒸发溶剂，将干燥的糊剂放入 100℃ 马弗炉中，然后以 50℃ 的间隔将温度提高至 450℃ 以防止燃着。加入几滴硝酸，加热至 450℃ 保持 1h。取出冷却后，加入 5mL 水和 10mL 5mol/L 的硝酸，将混合液煮沸 5min 并过滤。用氨水调节 pH 至 3~4，加入 2mL 1% APDC 的丙酮水溶液，5min 后，加入 10mL MIBK，振荡 1min，吸喷有机相，用火焰原子吸收光谱法测定（英国标准）。

第六节　煤和石油产品的样品预处理

一、煤的样品预处理

酸化溶解和干灰化法是煤和焦炭样品的主要预处理手段。用酸处理煤样的第一步通常是氧化除炭，然后用酸溶解。褐煤用硝酸溶解，利用火焰法可测其中的 15 种元素。

二、石油产品（原油和燃油）的样品预处理

石油样品的分解方法主要有干灰化法、酸化消解、萃取浓缩、压力溶解消解、MW 及高频低温灰化等，有时也用合适溶剂溶解样品后再进行测定。干灰化法适用于原油、重油、沥青及渣油等样品的分析；酸化消解适用于消解重油样品中的有机

基体；加压溶样适用于用原子光谱分析石油及添加剂、重油及催化剂中某些含量较高的金属元素；萃取、浓缩、分离方法适用于处理轻油样品等。

1. 原油和残余燃料油中 Ca、Fe、V、Ba、Ni、Na 和 Mg 等元素的预处理与测定

准确称取约 20g 经加热搅拌处理过的油样置于瓷坩埚中，加入 4mL 20% 苯磺酸的丁醇溶液，将坩埚置于红外线加热器中，以 100~200℃ 使其炭化。转移至马弗炉中缓慢分阶段加热至约 550℃ 直至炭粒除去。取出冷却后，加入 2mL 50% 盐酸溶解灰分，定容至 25mL 容量瓶待测。

2. 燃料油和粗柴油中 Pb、Na、V、Ni 和 Zn 等元素的预处理与测定

准确称取约 5g 样品，置于 50mL 容量瓶中，用 MIBK 或二甲苯稀释，振荡溶解，用商品油基为标准，用相同的溶剂稀释后，用火焰法测定汽油中的铅，移取适量的汽油样品置于 100mL 容量瓶中，加入 50mL MIBK，并加入 0.2mL 3% 碘的甲苯溶液，振荡并静置 2min，以形成碘的烷基铅化物，加入 5mL 1% 3-辛基甲基氯化铵的 MIBK 溶液，旋动使之反应，用 MIBK 定容。同样方法用 MIBK 的铅氯化物制得标准样进行火焰测定。本方法适合于汽油中浓度为 1~1000μg/mL 铅的测定，用石墨炉测定，经 MIBK 稀释，并加入浓度为 0.001~1.0μg/mL 的碘的汽油。

第七节 建筑材料样品的预处理

原子光谱法已广泛用于水泥、玻璃、陶瓷和涂料中的金属分析。玻璃、陶瓷、涂料和水泥的种类繁多、性质不一，其中多数对各种化学试剂有很强的稳定性。因此，与其他材料相比，这类样品的分解就困难得多。随着建筑材料的发展，不仅要求建立高灵敏且选择性好的测定手段，而且要求建立快速有效的试样分解法。

一、水泥样品的预处理

对于水泥样品，如不测硅，可用酸溶解水泥样品中的 Al、Ca、Cr、Fe、K、Mn、Na、Sr 和 Zn，但不能完全消解样品。若需测硅，可采用偏硼酸锂熔融。

（一）酸溶法

样品研细，过 100 目筛，取样 0.5g 于装有磁搅拌棒的烧杯中，加 25mL 水，搅拌，加 5mL 盐酸，使样品溶解，加水 20mL，盖上表面皿，水浴加热 15min。过滤，用热盐酸（1+99）稀释后，以水洗涤滤纸和烧杯，定容至 100mL。

（二）熔融法

取样品 0.5000g 和偏硼酸锂 0.80g 充分混合搅拌后，置于石墨坩埚中，在电炉中灼烧熔化。熔体倒入内有 60mL 硝酸（1+24）的塑料杯中，滤液转入 500mL 容量瓶,以硝酸 (1+24) 定容。

二、玻璃和陶瓷样品的预处理

(一) 酸化消解法消解玻璃和陶瓷材料

玻璃陶瓷样品主要是用氢氟酸溶解,平板玻璃、特种玻璃、玻璃纤维、光学玻璃、高硅氧玻璃纤维、水玻璃珍珠岩、硅砂、石英、硅石灰、长石、黏土、矾土和陶瓷坯料均可用氢氟酸—高氯酸分解除硅后,以稀盐酸溶解残渣处理。

(二) 熔融法分解玻璃和陶瓷材料

最常用的溶剂是碳酸盐和硼砂的混合物。碳酸锂、碳酸钠、碳酸钾作低温熔剂,偏硼酸钾+硼砂或硼砂+碳酸钠作高温熔剂。

1. 含硅酸盐、二氧化硅矿物的预处理

通常采用碱熔法,特别是测定硅时,一般所用溶剂为 Na_2CO_3、NaOH、KOH、Na_2O_2、偏硅酸锂、硼—锂/钠盐 (碳酸锂—硼酸、四硼酸钠) 等,多用坩埚、石墨坩埚,一般样品和溶剂比例为 1 : 5 左右,时间多在 5h 左右,温度 800~1000℃ 熔融后,熔珠可趁热放入酸液中 (激冷破碎),搅拌后超声提取,酸度一般在 5%~10%,过高易生成硅酸沉淀,另由于引入大量易电离的元素 Na、K、Li,可对标准液进行基体匹配,消除所带来的影响。

2. 钴、硅、镍、锆和锰等元素氧化态的消解

用白金坩埚将 NaOH,Na_2O_2 4.0g+2.0g 放入 650℃ 高温炉熔融至熔物呈暗红色的均匀流体状态,大概 10min 左右,用热水浸出于烧杯中,在不断搅拌下,缓慢加入 HCl 至全部沉淀溶解并过量。

三、涂料样品的预处理

涂料主要由颜料、黏合剂、溶剂组成,颜料可以是无机化合物或有机化合物。目前工业中所用的无机颜料主要是氧化锌、锌钡白、三氧化二锑、二氧化钛、氧化铁、铬酸铝、氧化铝、硫化汞和三氧化二铬。三氧化二锑、锌钡白涂膜用碳酸钠于450℃熔融,以硝酸—盐酸 (1+1) 处理熔体,用 1% 盐酸稀释;二氧化钛用硫酸、过硫酸铵处理或氢氟酸—硫酸处理;氧化锌、氧化铁可用硝酸处理;三氧化二铬可用碳酸钠和过氧化钠熔融后,经硫酸酸化测定。

参 考 文 献

[1] MALEKPOUR A, HAJIALIGOL S, TAHER M A. Study on solidphase extraction and flame atomic absorption spectrometry for the selective determination of cadmium in water and plant

samples with modified clinoptilolite[J]. Journal of Hazardous Materials, 2009, 172: 229-233.

[2]COMITRE A L D, REIS B F. Liquid-liquid extraction procedure exploiting multicommutation in flow system for the determination of molybdenum in plants[J]. Analytica Chimica Acta, 2003, 479: 185-190.

[3]刘亚轩, 李晓静, 白金峰, 马娜, 张勤. 植物样品中无机元素分析的样品前处理方法和测定技术[J]. 岩矿测试, 2013(5): 25-37.

[4]成玉梅, 孙鲜明, 康业斌. 灰化温度对测定植物样微量元素含量的影响[J]. 食品科学, 2005, 26(2): 165-169.

[5]成玉梅, 康业斌, 韩建国. 瓷坩埚干灰化植物样对微量元素检出量的影响[J]. 广东微量元素科学, 2004, 11(3): 52-55.

[6]施意华, 杨仲平, 宋慈安, 邱丽, 胡圣虹. 电感耦合等离子体质谱法测定铜矿区20种植物中的金银[J]. 光谱学与光谱分析, 2012, 32(5): 1387-1390.

[7]张明仁. 金矿区植物样品中金的测定[J]. 黄金, 2010, 31(5): 61-63.

[8]赵永强, 孙晓薇, 胡岗, 等. 火焰原子吸收法测定木耳中锌、镁、铁、锰的含量[J]. 广州化工, 2012, 51(9): 1872-1873.

[9]OKATEH H, NGWENYA B, RALETAMO K M, et al. Determination of potentially toxic heavy metals in traditionally used medicinal plants for HIV/AIDS opportunistic infections in Ngamiland District in Northern Botswana[J]. Analytica Chimica Acta, 2012, 730: 42-48.

[10]WU YAOQING, ZHANG FENGLEI, CHEN QIFAN. Research on Electrochemical Polymerization of Conductive Heteroaromatic Polymers[J]. Advanced Materials Research, 2014, 900: 352-356.

[11]WU YAOQING, LI LI, WANG YAN, et al. Assessment on Heavy Metals in Edible Univalves in Dandong Market[J]. Advanced Materials Research, 2014, 959: 1189-1193.

[12]MENG ZHAORONG, LI LI, WU YAOQING. Evaluate of Heavy Metal Content of some Edible Fish and Bivalve in Markets of Dandong, China[J]. Applied Mechanics and Materials, 2014, 522: 92-95.

[13]MENG ZHAORONG, LI LI, CHI HONGXUN, et al. Assessment on Heavy Metals in Edible Bivalves in Dandong Market[J]. Advanced Materials Research, 2014, 959: 1184-1188.

[14]李松, 黎国兰, 李林波, 等. 火焰原子吸收光谱法测定煤矸石土种植的农作物中金属元素含量[J]. 理化检验: 化学分册, 2012, 48(3): 325-327.

[15]杨剑虹, 李宗瀍, 胡艳燕. 植物样品干灰化法 Vc 助溶对原子吸收测定的影响[J]. 西南大学学报(自然科学版), 2007, 29(1): 53-55.

[16]邱爱军,汪河滨,马玲.胡杨、灰叶胡杨花粉中矿质元素含量的测定[J].江苏农业科学,2012,40(3):298-299.

[17]苟体忠,唐文华,张文华,等.氢化物发生—原子荧光光谱法测定植物样品中的硒[J].光谱学与光谱分析,2012,32(5):1401-1404.

[18]汪雨,刘晓端.高分辨连续光源原子吸收光谱法测定植物中的磷[J].岩矿测试,2009,28(2):113-118.

[19]汪雨,李家熙.高分辨连续光源原子吸收光谱法测定植物中的硫[J].光谱学与光谱分析,2009,29(5):1418-1421.

[20]朱若华,王娟,施燕支.电感耦合等离子体质谱法测定植物中痕量钯的光谱干扰消除方法的研究[J].光谱学与光谱分析,2007,27(4):792-795.

[21]施燕支,王英锋,贺闰娟,等.应用普通ICP—MS和八极杆碰撞/反应池(ORS)技术测定动植物样品中的As和Se的比较[J].光谱学与光谱分析,2005,25(6):955-959.

[22]李艳香,梁婷,汤行,等.乙醇基体改进ICP—MS法直接测定植物中的痕量As、Se、Sb和Te[J].分析试验室,2010,29(5):29-32.

[23]徐浩龙,高压消解—双道氢化物发生—原子荧光光谱法同时测定苦丁茶原植物中的砷和汞[J].光谱实验室,2012,29(2):821-824.

[24]王丹红,涂满娣,吴文晞,等.石墨炉原子吸收法加基体改进剂测定海带中铅[J].分析试验室,2008,27(3):405-407.

[25]RODUSHKIN I. Capabilities of high resolution inductively coupled plasma mass spectrometry for trace element determination in plant sample digests[J]. Fresenius Journal of Analytical Chemistry, 1998, 362: 541-546.

[26]FRANK J, KRACHLER M, SHOTVK W. Direct determination of arsenic in acid digests of plant and peat samples using HG—AAS and ICP—SF—MS[J]. Analytica Chimica Acta, 2005, 530: 307-316.

[27]梁旭霞,杜达安,梁春穗,等.ICP—MS同时测定植物性食物中15种稀土元素[J].华南预防医学,2007,33(6):12-15.

[28]周世萍,段昌群,于泽芬,等.超声雾化—ICP—AES测定植物样品中的微量元素[J].分析试验室,2008,27(2):115-118.

[29]SUCHAROVD J, SUCHARA I. Determination of 36 elements in plant reference materials with different Si contents by inductively coupled plasma mass spectrometry: Comparison of microwave digestions assisted by three types of digestion mixtures[J]. Analytica Chimica Acta, 2006, 576: 163-176.

[30]王莉丽,刘连利,张艳萍.ICP—OES法对蔬菜中6种微量元素含量的测定[J].当代

化工，2012，41（4）：438-440.

[31] BARIN J S, PEREIRA J S F, MELLO P A, et al. Focused microwave-induced combustionfor digestion of botanical samples and metals determination by ICP—OES and ICP—MS[J]. Talanta, 2012, 94: 308-314.

[32] 马生凤，孙德忠，巩爱华，等.大管回流消解 ICP—MS 测定植物样品中的 Hg 及其他痕量元素[J].矿物岩石地球化学通报，2007，26（2）：136-140.

[33] MASSON P, PRUNER T, ORIGNAC D. Arsenic Determination in plant samples by hydridegeneration and axial view inductively coupled plasma atomic emission spectro metry [J]. Microchimica Acta, 2006, 154: 229-234.

[34] 藏吉良，李志伟，等.风冷回流消解—耦合等离子体质谱法同时测定植物样品中 46 个元素[J].岩矿测试，2012，31（2）：247-252.

[35] 姚秀红，刘丽贞，等.高温热水解—催化分光光度法测定植物样品中的痕量碘[J].地球与环境，2012，40（2）：279-285.

[36] 赵怀颖，孙德忠，吕庆斌.燃烧水解—离子选择电极法测定植物样品中氟含量的方法改进[J].岩矿测试，2010，29（1）：39-42.

[37] 唐兴敏，储溙，陈芝桂，等.离子色谱法测定植物样中的阴离子 F^-、SO_4^{2-}[J].资源环境与工程，2009（2）：105-107.

[38] 郑聪，王金花，高峰，等.电感耦合等离子体—质谱法测定食用藻类植物中碘含量[J].食品科学，2011（8）：202-205.

[39] 彭晓霞，李科，吴京科，等.一种快速简便的盐酸浸提植物样品中多种元素的方法[J].分析仪器，2008（4）：19-23.

[40] 林立，陈光，陈玉红.离子色谱—电感耦合等离子体质谱测定植物性样品中的碘及其形态[J].色谱，2011，29（7）：662-666.

[41] 汪奇，张文，王立云，等.激光剥蚀—电感耦合等离子体质谱测定植物样品中的元素[J].光谱学与光谱分析，2011，3l（12）：3379-3383.

[42] RESANO M, BRICEFIO J, ARAMENDIA M. Belarra M A. Solid sampling-graphite furnace atomic absorptionspectrometry for the direct determination of boron in plant tissues [J]. Analytica Chimica Acta, 2007, 582: 214-222.

[43] OLADIPO M O A, NJINGA R L, BABA A, et al. Evaluation of trace elements in some northern-Nigeria traditional medicinal plants using INAA technique[J]. Applied Radiation and Isotopes, 2012, 70: 917-921.

[44] 王国庆，王芳，陈达，等.近红外光谱技术用于复杂植物样品中无机离子测定的新方法[J].光谱学与光谱分析，2004，24（12）：1540-1542.

[45] LI G H. FAN S Z. Direct determination of 25 elements in dry powdered plant materials by

　　X‑ray fluorescence spectrometry[J]. Journal of Geochemical Exploration, 1995, 55:
　　75‑80.

[46] 张大成, 马新文, 朱小龙. 用激光诱导击穿光谱技术比较百合和土豆中的微量元素
　　[J]. 光谱学与光谱分析, 2009, 29(5): 1189‑1192.

第十一章 样品中元素总量原子光谱分析的预处理技术

第一节 概　　述

一、样品中重金属总量的分析意义

金属总量指存在于样品中的无机结合态和有机结合态的总和。环境样品、农产品、食品、饲料、肥料、生物样品、药品、涂料、玩具和纺织品等样品中的重金属总量水平，间接反映出各种样品质量情况和累积状况，如环境样品中沉积物，土壤、大气中的重金属总量水平反映出该区域的重金属累积效应污染状况。食品、农产品等样品中的重金属总量水平反映出安全质量水平。

重金属形态以可溶态、可交换态、无机态和有机态的存在，在一定条件下重金属会释放出来，产生毒理效应，为此，测定重金属总量对于样品质量控制和环境安全具有重要意义。

二、样品中重金属总量的预处理方法

对样品进行全消解后，即可测得金属的总量。

第二节 环境样品重金属总量测定的预处理

环境样品包括水、土壤、沉积物、污水、淤泥、工业烟尘、粉煤炭等。一般情况下，土壤、沉积物、淤泥、工业烟尘、粉煤炭都可以用溶解地质样品的方法溶解。如果样品中的有机杂质比较高，在加 $HClO_4/HF$ 之前，先加入浓硝酸在长时间加温情况下予以分解，通常为 $100℃$、$24h$，然后在 $150℃$ 下再加热 $10h$，用来氧化不稳定的有机物质。

一、水样重金属总量的预处理

存在于水体中的金属总量指无机结合态和有机结合态、可过滤态和悬浮态的总

和。为此，测定水样中的金属总量需消解破坏有机物、溶解悬浮物，酸化后并混合均匀，方可测得金属的总量。泥沙型水样还需采用离心或自然沉降法，取上清液分离或富集。若需测定悬浮物中的金属，则需用玻璃砂芯、滤膜或滤纸将鲜水样抽滤，将滤渣在105~110℃烘干，置于干燥器中冷却，直至恒重为止，然后再用干灰化法或酸消解法分解样品。通过0.45μm膜过滤，测定的是可溶态金属含量。

（一）天然水重金属总量的预处理

由于样品基体相对简单，可用比色法测定其中的金属，如在不同的pH条件下，用双硫腙比色法可测定镉、铅和汞，用二乙基二硫代氨基甲酸钠（DDTC）比色法可测定铜。如果水样中金属含量很低，无法进行直接测定时，则可用溶剂萃取法富集后进行测定，常用富集金属元素的萃取螯合剂有二乙基二硫代氨基甲酸二乙基季铵盐（DDDC）、二乙基二硫代氨基甲酸钠（DDTC）和吡咯烷二硫代氨基甲酸铵（APDC）等。

（二）海水重金属总量的预处理

海水的盐分很高，其中有毒金属的含量很低，对这些金属一般不能进行直接测定，必须分离富集后才能测定。对海水样品中的金属，除用DDDC、DDTC、APDC等螯合萃取外，还可用Chel-ex-100树脂、8-羟基喹啉树脂或纤维膜、Amberlite XAD系列树脂等进行分离富集。温蓓等用一种含硫代羧基、氨基、磷酸基聚丙烯腈的新型离子交换螯合纤维从海水中分离富集了银、钴、镓、镉、铅、铟、锰、铜、铍和铋，富集倍数可达200倍。而用经8-羟基喹啉改性的中空纤维膜，富集倍数可达300倍，而海水中大量的钾、钠、钙和镁不被富集。

（三）排放水重金属总量的预处理

由于含有较多的有机物和悬浮物，样品需加入少量HNO_3酸化并加热处理，对特别污浊的样品则需进行消解处理，可用$HNO_3—H_2SO_4$或$HNO_3—HClO_4$加热进行酸消解，也可用$NaOH—H_2O_2$或氨水—H_2O_2蒸发至干进行碱消解，还可用干灰化法，将样品蒸干后放入马弗炉中，在500~550℃加热将有机物灰化，冷却后用稀HCl稀释。

（四）样品重金属总量预处理应用实例

常用的HNO_3与H_2SO_4比例为5:2，消解时，先将HNO_3加入样品中，加热蒸发至小体积，稍冷，再加入H_2SO_4、HNO_3，继续加热蒸发至冒大量白烟，冷却，加适量水，温热溶解可溶盐，若有沉淀应过滤。为提高消解效果，常加入少量H_2O_2。水质中铜、总镉、总铬，食品中锗的测定都可以采用此种方法来进行消解。

1. 沉淀池的污水中总镉元素的预处理及测定（GFAAS法）

取100mL摇匀的污水水样至250mL的三角瓶中，按每100mL加入5mL浓硝酸、加热蒸发浓缩，再加入 2mL 浓 H_2SO_4、5mL 过氧化氢，放于温度可调电炉上进行低温加热，使污水中含镉的（含微生物、有机物等）颗粒彻底分解，并蒸发至溶液剩下 5~10mL，将三角瓶取下，放冷，将瓶内的溶液洗入 250mL 烧杯中，过滤，将溶液中的一些沙粒滤去，并清洗合并滤液、洗液，然后稀释定容至 100mL。该预处理方法可得到较高的分析灵敏度。

2. 水中总铬元素的样品预处理（GB7466）

取 50mL 水样置于 100mL 锥形瓶中，加入 5mL 浓 HNO_3 和 3mL 浓 H_2SO_4，蒸发至冒白烟，如溶液仍有色，再加入 5mL 浓 HNO_3，重复上述操作，至溶液清澈，冷却。用水稀释至 10mL，用 NH_4OH（1∶1）中和至 pH＝1~2，移入 50mL 容量瓶中，用超纯水稀释至标线，摇匀，待测定。

二、土壤和底泥样品重金属总量的预处理

重金属在土壤和底泥中不能被微生物分解，可不断积累，并为生物所富集。通过食物链传递，对人类造成威胁，甚至有些重金属在土壤和底泥中可被微生物转化为毒性更大的化合物。与气体样品和水样不同，土壤和底泥样品的预处理较复杂，常常使用熔融法、干灰化、酸或混合酸消解以溶解固体物质、破坏有机物，同时将各种形态的金属转变为可测态。具体的分解方法要根据样品的性状、待测元素及最终测定方法而定。

（一）几种干灰化法样品中金属元素总量样品预处理

1. 碳酸钠共融法

干灰化消解样品时，常用碳酸钠为熔剂，使之与样品充分混匀，并在上面再平铺一层碳酸钠，然后放入马弗炉中在 900℃灰化 0.5h 以上。待样品熔融完全后，将熔块倒入烧杯中研碎，再加入 HCl 使熔块溶解，加水定容后以备测定。干灰化法更适用于有机质含量较高的底泥样品的分解。

2. 硼酸盐碱熔法

以偏硼酸锂为熔剂，在 950℃熔融 20~30min，熔体用硝酸浸取。测定元素为 Si、Al、Fe、Ca、Mg、K、Na、Ti、P、Ba、Sr 和 V。

3. 氢氧化钠碱熔法

用 NaOH 在 720℃温度下熔融 15min，用超纯水浸取熔体。用于测定 Se、Mo、B、As、Si、S、Pb、P、Ge、Sn、Cr 和 K。

（二）酸消解样品中金属元素总量样品预处理

1. 土壤和底泥样品酸消解方法

对于土壤和底泥样品，通常采用盐酸—硝酸—氢氟酸—高氯酸的全消解法，也

可以用 H_2SO_4、HNO_3 或 $HClO_4$ 与其他强酸混合液进行酸消解。与干灰化法相比，酸消解耗时较长，当样品含有较高有机质时，还需加入 $KMnO_4$、V_2O_5 或 H_2O_2 加速破坏有机质。

2. 盐酸—硝酸—氢氟酸—高氯酸全消解法操作步骤

（1）称量 0.25g 样品（样品在 105℃ 下干燥）于 50mL PTFE 烧杯中，用少量水润湿，加入 15mL 盐酸，盖上 PTFE 表面皿。在电热板上加热煮沸 20~30min。

（2）在烧杯中加入 5mL 硝酸，盖上盖子，加热煮沸 1h。用水吹洗并取去表面皿，继续加热，蒸发至 10mL 左右。

（3）在烧杯中加入 15mL HF、1mL 高氯酸，盖上 PTFE 表面皿，继续加热分解 1~2h，用水吹洗并取下表面皿继续加热 2h，蒸发至白烟冒尽。用水吹洗杯壁，再滴加 5 滴高氯酸，蒸至白烟冒尽。

（4）在烧杯中加入 7mL（1+1）盐酸，加热浸取。冷却，移入 50mL 容量瓶中，加水稀释定容，摇匀（此溶液为 7% 的盐酸）。

（5）立即将容量瓶中的试液转移到干燥的有盖塑料瓶中备用，以免试液残余 HF 腐蚀容量瓶。此方法可以用于测定除硅、硼外的其他元素，水系沉积物的消解处理基本与土壤分解一致。

无论采用干灰化法还是酸化消解，在溶解土壤和底泥样品时，都需加入氢氟酸以消除基体中的硅对待测元素的吸附。用干法消解时，为防止镉、砷、铅和汞等待测物发生挥发损失还需加入氧化助剂。用酸化消解时，采用高压闷罐、王水（HCl：HNO₃ = 3：1）或逆王水（HCl：HNO₃ = 1：3）可快速有效地溶解难溶矿物组分。

（三）盐酸—硝酸—氢氟酸—高氯酸的全消解

1. 水系沉积物的重金属总量全消解

准确称取约 0.2500g 样品于 50mL 带盖刻度塑料离心管中（此管是普通的 PP 材料，约 140 度就软了，也有专用的塑料管，可以耐 180℃），用适量的水湿润，加入（1mL）盐酸+（1mL）硝酸+（2mL）氢氟酸，摇匀，放入 120℃ 恒温石墨消解炉上，消解约 1h，取下稍冷，用去离子水定容至 50mL，摇匀，静置约 1h 后（需要快，最好是离心 3min，6000r/min）上机分析。可用 AAS、ICP—OES 和 ICP—MS 等进行测试。

2. 农田土壤中总铅元素的样品预处理

将土壤样品自然风干，然后过 100 目筛，称取 5~10g 样品测定水分含量，另取 0.2~0.5g 样品放于聚四氟乙烯坩埚中，用少量水润湿后，加入 10mL 浓盐酸，加盖在电热板上用低温（约 250℃）加热进行预消解，当只剩 3mL 时，取下，等温度降低后，加入 5mL 硝酸、5mL 氢氟酸及 3mL 高氯酸后，在电热板中温（约 310℃）

加热消解至冒白烟，加盖接着消解至消解液呈无色或黄色透明液并赶尽高氯酸浓厚白烟为止。取下放冷，加入 1mL 盐酸溶液（1+1），用超纯水转入 25mL 容量瓶并定容。吸取一定量样品消解定容液并加入相应试剂后进行分析测定。

3. 土壤中总硒元素测定的样品预处理

称取 0.5g 过 100 目筛土壤样品于 150mL 锥形瓶中，加入 10mL 混合消解液（HNO_3：$HClO_4$＝3：2），在沙浴上加热消解至溶液呈淡黄色，若呈棕色，可重复加入 2mL 浓 HNO_3，继续加热消解至试样消解完全，然后浓缩至体积约为 1~2mL，取下冷却，加入 12.5mL 5mol/L HCl，加热 3~5min，冷却后用水转移入 25mL 容量瓶中，加水定容。另外，水质中钡、镍、铁、锰的测定，有机—无机复混肥料中总磷、总钾的测定，食品中硒的测定，面制食品中铝的测定都可以用 HNO_3—$HClO_4$ 消解方法进行消解。

4. 土壤全钾、磷元素测定法（GB 9837）

称取 1.0g 过 100 目筛土壤样品加入无水乙醇 3~4 滴，湿润样品，在样品上平铺 2g NaOH。将坩埚放入高温电炉，升温。当温度升至 400℃ 左右时，切断电源，暂停 15min。然后继续升温至 720℃，并保持 15min，取出冷却。加入约 80℃ 的水 10mL，待熔块溶解后，将溶液无损失地转入 100mL 容量瓶内，同时用 3mol/L H_2SO_4 溶液 10mL 和超纯水多次洗涤坩埚，洗涤液也一并移入该容量瓶，冷却，定容。用无磷定性滤纸过滤或离心澄清。对于不具备氢氟酸消解法条件时，样品的分解通常也采用 NaOH 熔融法，并以 ICP—MS 测定。

5. 土壤质量总砷元素测定的样品预处理（GB/T 17134）

称取 0.5~2.0g 过 100 目筛土壤样品于 150mL 锥形瓶中，加 7.0mL H_2SO_4（1：1）溶液，10mL 浓 HNO_3，2mL $HClO_4$，置电热板上加热分解，破坏有机物（若试液颜色变深，应及时补加 HNO_3），蒸发至冒白色 $HClO_4$ 浓烟。取下冷却，用水冲洗瓶壁，再加热至冒浓白烟，以驱尽 HNO_3。取下锥形瓶，瓶底仅剩少量白色残渣（若有黑色颗粒物应补加 HNO_3 继续分解），加蒸馏水至约 50mL。

6. 土壤全量钙、镁、铁和锰元素测定的样品预处理

采用 HNO_3—HF—$HClO_4$ 消解体系，取样量通常为 0.5~2.0g；土壤全钾测定法中的样品预处理，称样量为 0.1g，在样品消解完毕时，用超纯水定容于 100mL 容量瓶中。

7. 土壤样品总铬、总镍测定的样品预处理

通常采用 HCl—HNO_3—HF—$HClO_4$ 全分解方法进行样品的消解，以 FAAS 或者 GFAAS 法测定。

（四）悬浮固体进样法测定无机元素总量的样品预处理

在生物地球化学研究领域，不仅要了解底泥重金属的总量，更要了解其在迁移转化过程中形态发生的变化，即要对金属化合物进行形态分析，此时为防止化合物形态发生变化，不能用消解法分解样品，而需用浸取法将待测形态样品溶解到酸、碱或有机溶剂中，以达到与样品基体分离的目的。HCl 浸取法可使吸附在有机基团上的镉（Cd）、锌（Zn）、铜（Cu）和镍（Ni）等重金属及砷（Ag）、硒（Se）等通过交换释放出来，也可以使一部分铁、铝氧化物所包藏的重金属随溶解而进入液相，NH_4Ac 浸取法可提取样品中的钾、钙、钠、镁、铅、锰等，$CaCl_2$ 溶液浸取可测定样品中的镉，乙酸、EDTA、二乙烯三胺五乙酸等浸取可测定铜、钴、铁、锰、锌等。用 GFAAS 测定土壤和底泥样品时，还可采用悬浮固体进样技术，此时需将自然风干后的样品研磨得极细，在进样前，将悬浮样品搅拌均匀。

第三节　生物、食品、饲料和肥料
重金属元素总量测定的预处理

一、动物样品重金属元素总量测定的样品预处理

（一）体液中重金属元素总量测定的样品预处理

在体液的光谱分析中，使用混合酸可有效分解体液样品，但空白值较大。

1. 尿中重金属元素总量测定的样品预处理

尿样可用 HNO_3 加热或用水、Triton X-100 等稀释后用 AAS 进行测定，例如：

（1）用 5%的氯化镧稀释后可测定尿中的钙。

（2）测镁时，只需用水稀释。

（3）尿铜可用稀 H_2SO_4 稀释后直接用 FAAS 测定，也可用 H_3PO_4、NH_4NO_3 和 Triton X-100 稀释后用 GFAAS 测定。

（4）尿铁可用三氯乙酸脱蛋白后再用 APDC—MIBK 萃取。

2. 血清中重金属元素总量测定的样品预处理

（1）血清用 EDTA 稀释后可测定其中的钙和镁。

（2）用乙醇稀释后可测定其中的锌。

（3）用丙酮稀释后可测定其中的铁。

（4）用水稀释后可测定其中的铜（Cu）、金（Au）。

（5）用去离子水或柠檬酸铵稀释后可测定总铅。

（6）全血可用 HNO_3—$HClO_4$ 或 HNO_3—$HClO_4$—H_2SO_4 分解后测定其中的钙、

镁、锌、铜、硒、锰、铬、钴、钒、铋、镉、镍和砷。对于含量较低的元素，在样品分解后还需用 APDC—MIBK 分离富集。

(二) 动物组织中重金属元素总量测定的预处理

由于不含硅，动物样品如肌肉、组织器官和鱼肉等可采用简单加热，残渣用硝酸和过氧化氢溶解的干消解法处理，消解后可测定样品中的镉、钴、铬、铜、锰、镍、铅和锌。酸化消解同样适用于动物组织样品的预处理，特别适用于测定样品中的挥发性元素。对于含汞样品，其预处理方法与植物样品相同，对于含砷和硒的样品，应采用高压闷罐消解，样品中的有机质在强酸和高温、高压作用下更容易分解，而待测物不会发生挥发损失。由于有机物分解时产生大量气体，因此用高压闷罐消解样品时，混合酸的用量需严格掌握以防止发生爆炸。如当用硝酸分解样品时，样品量不应超过 0.1g，浓硝酸的用量应在 2.5~3.0mL。

(三) 样品重金属元素总量测定的样品预处理应用实例

1. 血、尿和人发样品中总砷元素测定的样品预处理

血、尿和人发样品经微波消解 (HNO_3—HCl) 后，用原子荧光光度法测定其砷含量，结果检出限为 0.50ng/mL，在 0~50mg/mL 内线性关系良好，相关系数 r 为 0.9993。与现行测砷的方法相比，测定结果差异无统计学意义 (t[❶] = 1.412，P[❷]>0.05)。微波消解的精密度相对较好，方法的 RSD 在 2%~4%，加标回收率在 91.0%~104.7%。

结论：原子荧光光谱法分析速度快，检出限低，精密度和准确度好，适合生物材料中总砷的测定。

2. 双贝壳贝类和鱼类可食用部分中重金属元素总 Pb、Cd、Cr、As、Hg 测定的样品预处理[1~3]

(1) 硝酸—双氧水—盐酸体系：用不锈钢刀作解剖，去沙洗净，取整个食用软体组织部分用匀浆机作匀浆，匀浆样品保存在−20℃ 冰柜中 24h 后，再冰冻干燥 72h，然后将干燥样品准确称重，计算干湿重比例。称量干燥样品 1.00g，每组设 3 个重复，将各组样品分别置于 100mL 烧杯中，加 15mL 浓 HNO_3 (AR)、4.0mL H_2O_2 (AR) 混匀，置于电热板上，控温约 90℃，再加入 12mL 盐酸和 1.0mL OP (乳化剂)，用硝酸—双氧水—盐酸消解至棕色气体消失，得到淡黄色透明溶液，再用 5% HNO_3 稀释，定容至 100mL，待测，采用 AAS/GFAAS 测定。Pb、Cd、Cr、Hg 和 As，回收率在 94.3%~107.2%，RSD<4.3%。

---

❶　t 值，指 T 检验，用于样本含量较少 (n<30) 时总体标准偏差未知的正态分布。

❷　当假设为真时，所得的样本观察结果或更极端结果出现的概率。

（2）微波消解鱼肉样品中总汞的样品预处理[6]。

鱼肉样品：新鲜捕捞的石斑鱼，取鲜肉绞成肉糜，经干燥脱脂粉碎后塑料瓶分装贮存，称取样品 0.2g，加 5mL 硝酸。

微波消解：步骤 1，升温 5min 120℃，恒温 5min；步骤 2，升温 5min 160℃，恒温 5min；步骤 3，升温 5min 180℃，恒温 10min；步骤 4，升温 5min 200℃，恒温 20min；后赶酸定容至 20mL，样品溶液以 HG—AFS 法测定。

二、植物样品中重金属元素总量测定的样品预处理

（一）植物样品中几种测定金属元素总量的样品预处理

1. 样品中含硅重金属元素总量测定的样品预处理

用干法消解时，需将样品加热到 450℃，为消除样品中的硅对待测微量元素的吸附，样品中的残留硅可用氢氟酸和硝酸混合液进行处理。经干灰化法后，用原子光谱法可测定样品中大量的钙、钾、镁、钠，少量的铁、锰，痕量的镉、钴、铬、铜、钼、镍、铅、锑、铊、钒和锌。当待测物为砷、硒时，对于陆生植物，可用高于 450℃ 的干灰化法分解样品中的砷、硒元素且不损失。

2. 水生植物中重金属元素总量测定的样品预处理

酸化消解是常用的样品分解方法。若只测定汞，则样品只用浓硫酸消解。酸化消解同样适用于测定其他金属元素时样品的预处理，H_2SO_4—H_2O_2 消解适用于铝、镉、铬、铜、铁、锰、铅、钒的测定。测定铍时，可用 HNO_3—HF—H_2SO_4 消解样品，HNO_3—$HClO_4$ 消解可用于测定镉、铬、铜、铁、锰时样品的预处理。

3. 粮食（谷物、大米和面粉）等样品中重金属总量测定的样品预处理

粮食（谷物、大米和面粉）等样品，预处理常采用微波消解法测定金属总量。

（二）农产品中重金属元素总量测定的样品预处理应用实例

1. 粮食中总汞元素测定的样品预处理（GB 5009.17）

（1）常压微波消解法：称取粮食经粉碎混匀过 40 目筛的干样 0.3g，HNO_3 5mL、H_2O_2 2mL 置于消解罐中，盖好安全阀后，将消解罐放入微波炉消解系统中。选用微波消解仪 MSP－6600 设定条件是：运行时间 30min，保持时间 15min，功率 50%，恒压 0.8MPa，消解完后，只需降压 30min，即可取出用（1+9）HNO_3 定量转移至 25mL 容量瓶，同时做试剂空白试验和标准物，待测。

（2）高压微波消解法：称取粮食经粉碎混匀过 40 目筛的干样 0.3g，置于聚四氟乙烯塑料内罐中，加 5mL 硝酸，混匀后放置过夜，盖上内盖，次日加入过氧化氢 2mL 放入不锈钢套中，旋紧密封，然后将消解器放入烘箱中加热，升温 100℃ 保持 1h 后，升至 120℃ 保持 2h，至消解完全，自然冷至室温。用（1+9）

HNO$_3$ 转移，并定容至 25mL，摇匀。同时做试剂空白试验和标准物，以 HG—AFS 法测定。

2. 海产品中总砷元素测定的样品预处理（硝酸—高氯酸—硫酸酸化体系处理[7]）

称取已粉碎过的扇贝粉 0.20g 左右，置于 100mL 三角烧瓶中，加入 10mL 硝酸、1.0mL 高氯酸，摇匀后放置过夜。次日置于 200～230℃ 的赶酸器上加热消解。加热至消解完全后（蒸发至高氯酸的白烟冒尽后），消解液约剩至 1.0mL，取下，冷却。再加入 1.0mL 硫酸，在电炉上大火消解至溶液不再变色（电炉温度为 340℃ 左右，消解 5min），呈无色、透明、澄清为止。冷却，将内容物转入 10mL 比色管中，用水分次涮洗三角瓶后转出合并，定容至 10mL，加入 0.4mL 浓盐酸，1.0mL 100g/L 硫脲—5g/L 抗坏血酸，放置 1h 后上机测定，同时做试剂空白。海产品中的砷大部分为有机砷，需要加硫酸才能全部转化为无机砷，采用 AFS 法测定海产品中的总砷。

3. 紫菜中无机砷和总砷元素测定的样品预处理[9]

（1）有机砷测定的样品预处理：称取已粉碎过 80μm 筛的试样 0.200g 于 100mL 三角烧瓶中，加硝酸 16mL，摇匀后放置过夜，然后在电热板上控制温度加热消解，残留的有机物加高氯酸 4mL 继续消解至溶液透明，且白烟冒尽，蒸至试液体积约 2mL 时，取下三角烧瓶，冷却后，加入 2mL 水赶酸，重复 3 次。取下冷却后，移入 50mL 容量瓶中，加 50g/L 硫脲—抗坏血酸混合溶液 5mL，用盐酸（5+95）溶液定容，混匀、放置 30min 后测定。同时做空白试验。

（2）无机砷测定的样品预处理：称取已粉碎过 80μm 筛的试样 0.5000g 于 50mL 容量瓶中，加 6mol/L 盐酸溶液 10mL，混匀。将容量瓶放入超声波机内，在超声功率 200W、温度 60℃ 时，超声提取 40min。提取液经脱脂棉过滤，洗涤容量瓶，合并滤液，向滤液中加入 50g/L 硫脲—抗坏血酸混合溶液 5mL，定容至 50mL，摇匀，放置 30min 后进行测定，同时做空白试验。

三、食品、饲料和肥料中重金属元素总量测定的样品预处理

食品、饲料和肥料的组成成分主要是水、矿物质、纤维素、各种营养成分、添加剂等，以有机物质为主，金属物质的测定需要将有机物全部破坏。食品和饲料在很多方面有相似的地方，饲料样品的处理方法可以采用与食品相同的方法。

（一）碱性干灰化法或酸性干灰化法

样品在马弗炉中（一般 550℃）被充分灰化。灰化前需先炭化样品，即把装有待测样品的坩埚先放在电炉上低温使样品炭化，在碳化过程中为了避免测定物质的散失，通常加入少量碱性或酸性物质（固定剂），称为碱性干灰化法或酸性

干灰化法。例如，某些金属的氯化物在灰化时容易散失，这时加入 H_2SO_4，使金属离子转变为稳定的硫酸盐。干灰化法消解时间长，常需过夜完成，无须工作者经常看管。由于试剂用量少，产生的空白值较少，对挥发性物质的损失比酸化消解大。

（二）食品、饲料和肥料中重金属元素总量测定的干灰化法预处理

1. 空气中灼烧灰化

将 1~1.5g 样品放入瓷坩埚及小烧杯中，然后加入少量 5mL 浓硝酸或者 0.5mL 硫酸，盖上表面皿，在通风柜中低温加热并蒸干炭化，然后转入马弗炉，逐步升温到 450~500℃保温 4h，帮助灰化，然后用 2mL 王水加温溶解残渣，溶解后溶液约为 1.0mL，定容待测。

2. 高温干灰化法

将 1~1.5g 样品放入瓷坩埚中，放入马弗炉中缓慢加温，在 450~500℃ 灰化4h，然后用少量王水加温溶解残渣，定容待测。此法对挥发性元素总量（As、Hg、Se、Cd、Pb、Zn）测定会有损失。

（三）食品、饲料和肥料中重金属元素总量测定的酸化消解

酸化消解一般用 HNO_3—$HClO_4$、$KMnO_4$—H_2SO_4 等进行消解。由于酸化消解是在溶液中进行，反应也较缓和，因此被分析的物质散失就大大减少。酸化常用于某些极易挥发散失的物质，除了汞以外，大部分金属元素总量的测定都能得到良好的结果。

（四）食品、饲料和肥料中重金属元素总量测定干灰化法预处理操作

1. 食品饮料、饲料和肥料中重金属元素总量测定的干灰化法预处理

通常取 1~2g 样品于 100mL PTFE 烧杯中，加入 10mL 硝酸，1.0mL 高氯酸消解至清亮，加热，使高氯酸烟冒完，取下冷却后加入 10mL 盐酸（1+1），转移到50mL 容量瓶，定容。如啤酒、饮料等样品中元素总量样品预处理，通常加入硝酸长时间低温消解有机物，然后进行测定；或者将样品蒸干，然后加入浓硝酸消解有机物。

2. 生物样品、食品和饲料样品中金属元素总量预处理注意事项

（1）试样瓶的选用：酸性溶液或中性溶液保存在玻璃瓶中，Ag、Hg 和 Sn 在玻璃瓶中更稳定。碱性溶液储存在聚乙烯或聚四氟乙烯瓶子中。

（2）通常情况下，生物样品、食品和饲料样品中金属元素总量预处理一般需将样品中的有机物消解氧化后，样品才能完全分解进行分析。如血清、尿和某些饮料可适当稀释后不经过消解直接进行 ICP—AES 分析，但可能会因样品黏度等影响雾化效果，堵塞中心管。

（五）食品、饲料和肥料中重金属元素总量测定的样品预处理应用实例

1. 食品中总铅元素测定的样品预处理[9]

采用酸化消解法进行食品样品预处理，称取均匀的样品 0.5~1.0g，放入消解管中。加入浓硝酸 8.0mL，放置过夜，次日加热消解，先在 100℃ 消解 1h，放冷，加入高氯酸 0.5mL 后，在 180℃ 消解。若样品变焦或样品颜色变棕黑色，则补加适量硝酸消解。消解至溶液澄清或微微带有绿色，并冒出白烟，放冷，加 2mL 蒸馏水，消解至冒大量白烟，放冷，用（1+1）氢氧化钠溶液调节至 pH=7，同时做试剂空白。用氢化物发生原子荧光光谱法检测食品中铅，结果铅的测定线性范围为 0~400ng/mL，方法的相对标准偏差为 2.32%，回收率为 94.0%~106.0%。该法准确，干扰物质少，对环境污染轻，用于食品中铅的检测结果满意。

2. 食品中总汞元素及有机汞测定的样品预处理（GB 5009.17）

采用五氧化二钒消解法。取水产品、蔬菜、水果可食部分，洗净、晾干、切碎、混匀。取 2.50g 水产品或 10.00g 蔬菜、水果，置于 50~100mL 锥形瓶中，加 50mg V_2O_5 粉末，再加 8mL 浓 HNO_3，振摇，放置 4h，加 5mL 浓 H_2SO_4，混匀，然后移至 140℃ 沙浴上加热，开始作用较猛烈，以后逐渐缓慢，待瓶口基本无棕色气体逸出时，用少量水冲洗瓶口，再加热 5min，放冷，加 5mL $KMnO_4$（50g/L），放置 4h（或过夜），滴加盐酸羟胺溶液（200g/L）使紫色褪去，振摇，放置数分钟，移入容量瓶中，并稀释至刻度。

蔬菜、水果为 25mL，水产品为 100mL。采用冷原子吸收光谱法检测。

3. 饲料和肥料中总磷和总钾元素测定的样品预处理

用浓 H_2SO_4—H_2O_2 氧化剂消解饲料、肥料样品时，其中的有机物经脱水炭化、氧化分解，变成 CO_2 和水，使有机氮和磷转化为铵盐和磷酸盐，可在同一份消解液中分别测定总磷和总钾。

4. 饲料和肥料中总铅和总砷元素测定的样品预处理[10]

称取 2.00g 待测试样置于 50mL 消解管中，加入 10mL 混合酸（5∶1 的硝酸—高氯酸），放置 4h 或过夜。180℃ 消解 2h 至消解管中，发现冒白烟时，将温度提高至 200℃ 赶酸。

当消解管内液体剩余大约 2mL 时取出，放至室温后，加蒸馏水 10mL，继续放入微波消解仪内加热，使溶液微沸，除去残余的硝酸至产生白烟为止。将冷却后的溶液转移至 50mL 容量瓶中，加水定容，摇匀备用，同时做空白实验。

第四节　涂料和纺织品重金属元素总量测定的预处理

涂料作为一种装饰及功能性材料，已广泛应用于现代工业和生活中。但涂料中的有害物质能够造成室内空气质量下降，并有可能直接或间接影响人体健康。其中铅、铬、镉、汞、硒、钴等重金属是常见的有毒物质，它们能损害神经、造血和生殖系统，损害肾或肺功能，引起接触性皮炎或湿疹等。此外，世界上许多污染事件都是由重金属污染引起的，如日本的水俣病和疼痛病等均由汞污染和镉污染所引起。因此，限制涂料中有害重金属含量对保证涂料安全显得尤为重要，为此，我国在 1986 就制定了 GB 6675 标准，规定了砷、锑、钡、镉、铬、铅、汞七种有害元素的限量及分析方法。欧共体标准化委员会制定的 EN71：PART3 也规定了玩具涂料中 8 种可溶性有害元素的限量。我国国家质量监督检验检疫总局颁布实施的《室内装饰装修材料　溶剂型木器涂料中有害物质限量》（GB 18581—2001）《室内装饰装修材料　内墙涂料中有害物质限量》（GB 18582—2008）两个国家强制性标准中明确规定了铅、镉、铬、汞四种可溶性有害元素的限量和测定方法。涂料中存在这些可溶性有害元素，而目前有关重金属总量的报道却较少，因此测定涂料中总的重金属含量对于涂料质量控制和环境安全将更具有意义，如美国玩具安全标准ASTM F 963—2008 就不仅规定了可溶性有害元素的转移限量，还对玩具涂料中总铅含量提出了限量要求。

一、涂料重金属元素总量测定的样品预处理应用实例

（一）涂料中重金属元素总量测定的微波消解[11]

涂料组成复杂，各成分的物理化学性质吸附、挥发性、溶解度及氧化还原性差异很大，含有大量有机化合物。根据基体的组成及不同酸对微波吸收率不同，采用 H_2O_2—HNO_3—H_2O_2—HBF_4 微波消解体系消解涂料中重金属样品。其溶液 pH<4，以 ICP—OES 法测定 Pb、Cr、Cu、Zn 和 Cd 总量。

称取涂料样品 0.20g 于消解罐中，先用 3mL 超纯水润湿样品，再加入 8mL HNO_3，放置 30min 后，加入 1.0mL H_2O_2 和 1.0mL HBF_4，拧紧罐盖，进行消解。设定控制压力为 5.52×10^3 kPa，功率为 1200W，按 120℃（10min）→180℃（15min），消解结束，待冷却后取出消解罐，转入 50mL 容量瓶中，加入适量（1:1）HNO_3，用超纯水定容，溶液的酸度尽可能与标准溶液的酸度一致，以消除酸度对分析结果的影响，同时配制空白溶液一份，待测。Pb、Cr、Cu、Zn、Cd 的回收率在 92.7%~98.6%，相对标准偏差 RSD<4.7%。

（二）涂料中总汞和总硒元素测定的样品预处理

1. HNO_3—H_2O_2 消解涂料样品

取 0.5000g 涂料或干燥涂膜样品于 50mL 烧杯中，加入 10mL 浓 HNO_3，2mL H_2O_2 加热至 140℃ 消解至完全，使消解液近干（切勿干涸），加入 20mL 超纯水，加热提取，然后冷却至室温，过滤，用 5% HNO_3 洗涤，将滤液转移至 50mL 容量瓶中，摇匀，定容。采用 HG—AAS 测定汞和硒元素总量。

2. 汞和硒元素可溶态测定的样品预处理

取 0.5000g 涂料或干燥涂膜样品于 50mL 锥形瓶中，在 37℃ 下，加入 25mL 0.07mol/L 的 HCl 置于振荡器上，振荡 2min，用 2.0mol/L HCl 调节 pH 至 1.0～1.5，再置于恒温振荡器上，调节温度为 37℃ 恒温，振荡频率 100r/min，避光 1h，再保温静置 1h，用 0.45μm 滤膜过滤，滤液可直接测定 Hg 和 Se 的可容量。

（三）玩具涂料中重金属元素总量测定的样品预处理

以 HNO_3+酒石酸+H_3PO_4 消解样品，全谱测定 As、Ba、Cd、Cr、Hg、Pb、Sb 和 Se 重金属总量。准确称取 0.3g 样品于 25mL 烧杯中，加入 5mL 浓 HNO_3、1.0mL 50%的酒石酸和 10 滴浓 H_3PO_4，置于电热板上低温加热 0.5h，待蒸至近干，取下稍冷，加超纯水微热溶解，冷却，移入 25mL 容量瓶中，以超纯水稀释到刻度，定容，摇匀，同时做空白。

二、纺织品中总铅和总镉含量

（一）概述

2016 年 6 月 1 日正式实施的国家标准 GB 31701—2015《婴幼儿及儿童纺织产品安全技术规范》，对于婴幼儿服装中重金属含量有了明确的强制性限定。其他相关产品标准也对纺织品中重金属含量的限量提出要求。如 FZ/T 81014—2008《婴幼儿服装》、GB/T 18885—2009《生态纺织品技术要求》以及 FZ/T 73025—2013《婴幼儿针织服饰》。GB 31701—2015 明确了对含有涂层和涂料印染的织物需要考核其总铅和总镉的含量，而其他产品标准中主要考核游离态重金属含量。

现有国家标准 GB/T 30157—2013《纺织品 总铅和总镉含量的测定》采用微波消解预处理技术，配合电感耦合等离子体光谱（ICP—OES）或原子吸收分光光度计的方法测定纺织品中总铅和总镉的含量。电感耦合等离子体光谱（ICP—OES）或原子吸收分光光度计分析方法相对来说检测精度不高，并且伴随有不同程度的光谱干扰，结果稳定性稍差，原子吸收分光光度计在检测速度上也较为劣势。

(二) 纺织品中总铅和总镉测定的样品预处理应用实例

孟彩凤等[12-14]采用 GB/T 30157—2013 中的预处理萃取方法获得待测溶液，优化 ICP—MS 各项仪器参数，在保证试验结果精确度和准确度的前提下，大大缩短试验分析时间。从而达到快速准确测定纺织品中总铅、总镉含量的目的。

样品预处理：将样品剪碎至 5mm×5mm，取 0.2g（精确至 0.0001g）样品，置于消解罐中，加入 6.0mol/L 浓硝酸，消解程序为 300W 保持 5min，600W 保持 25min。消解待冷却后取出，静置待酸雾散尽后转移至 50mL 容量瓶中，用超纯水分 3 次冲洗消解罐，并将冲洗液转入 50mL 容量瓶中，定容。用玻璃砂芯漏斗过滤，样液供分析测试用，同时做试剂空白试样，过滤后供分析测试用。

第五节　其他样品中元素总量的样品预处理

一、矿石和地质样品中重金属元素总量测定的预处理

矿石和地质样品的分解一般采用如下两种方法进行处理，这两种方法对主含量测定都基本一致，微量元素测定以酸化消解较理想。

1. 用 $Li_2B_4O_7$—H_3BO_3 碱熔法

准确称取小于 200 目的岩石标准样 40mg 置于铂坩埚中，加 0.1g $Li_2B_4O_7$ 和 0.1g H_3BO_3，在 1100℃高温下熔融 20min。用 7%硝酸浸取熔体，用 4%硝酸定容至 200mL。

2. HF—HNO_3—$HClO_4$ 混合酸分解样

称取 4.0g 岩石粉末样品，置于高压溶样器。加入 2mL 混合酸 HF—HNO_3—$HClO_4$（1.25∶0.5∶0.25）。在 200℃下溶解 48h。将样品溶液蒸发至 $HClO_4$ 冒烟时加入 2mL HNO_3（1+1），再 200℃恒温 4h。用 1%硝酸稀释定容样品。

二、冶金样品中重金属总量测定的预处理

钢中总铝的测定：钢中的铝，一般以金属铝、氧化铝及氮化铝等形式存在。一般称取样品 0.1~0.5g，加入 12mL 王水和 0.1mL HF 消解钢样，然后测定总铝。王水，硝酸等都无法消解氮化铝，加入一定量 HF 酸可以使其消解 90%以上，以 FAAS 测定。

第六节　欧洲 ROHS 指令样品测定方法

一、测试塑胶中总 Cd 含量

1. 塑胶中总 Cd 含量

范围在 10~3000mg/kg，但不适合于多氟化塑胶材料。

2. 硫酸—双氧水混合物的酸化消解方法

准备至少 2g 均匀同质的样品，将样品剪小成小片，每一片不大于 0.1g。称取大约 0.5g 测试样品，精确度为 mg，放入消解设备中，执行两份重复的分析。将烧杯放于加热平板，加入 10mL 硫酸，加热到一个较高的温度来消解和炭化有机物质。当产生白色烟雾的时候，再持续加热大约 15min。将烧杯取下，冷却大约 10min。然后慢慢地分 4 次加入 5mL 双氧水溶液。每次加入双氧水后，等反应平和后再次加入。

注意，由于有飞溅的可能，每次向反应的烧杯中再次加入双氧水的过程中都必须始终保持加盖。每次加热大约 10min，然后冷却大约 5min，再加 5mL 双氧水，重新加热，直到不再有有机物质时停止此步骤。冷却到室温后，小心用水稀释，冲洗烧杯，移入 100mL 容量瓶，用超纯水稀释到刻度，混合均匀。如果此时有不溶解的物质存在，其可能会妨碍分析，因此必须使用 Membrane 滤纸过滤去除。用同样的方式制备试剂空白溶液。

二、聚合性等材料重金属元素总量的预处理

欧洲部分标准规定了元素 Sb、As、Ba、Cd、Cr、Pb、Hg、Se 从玩具材料（接触不到的材料例外）以及玩具材料零件中析出的要求和测试方法。

（一）样品制备

取不小于 100mg 的聚合物或者类似材料的测试部分，避免加热材料，从材料最薄的交叉部分剪取，以确保测试部分的表面积尽可能大。每一测试部分不应被压缩，且几何尺寸不大于 6mm。如果试验样品在材质上不单一，测试部分必须从每种不同的材料上取得，每种材料质量要大于 10mg。当某一种材料质量介于 10~100mg，相关元素计算定量时以测试材料用到 100mg 计算。

（二）测试步骤

使用合适体积的容器，用其质量 50 倍的 0.07mol/L 盐酸溶液与测试样品混合，温度为（37±2）℃。如果测试材料为 10~100mg，则在（37±2）℃，用 5.0mL

0.07mol/L 盐酸混合。摇晃 1min，检查混合物的酸度，如果 pH>1.5，则逐滴加入 2mol/L 左右盐酸，同时摇晃，直到 pH 达到 1.0～1.5。混合物注意避光。在（37±2)℃，搅拌样品 1h，保温静置 1h，然后迅速分离固体，首先过滤，如有必要进行离心，分离必须尽快在静置完成后完成。离心不得超过 10min。如果所得溶液在分析之前要保存超过一个工作日，必须加入盐酸稳定保存，以便储存，溶液的浓度大约为 1mol/L。

三、沉积物、淤泥和土壤的酸化消解法

湿重样品取代表性的 1～2g，或者干重样品取 1g，以硝酸和双氧水消解，加入盐酸到消解产物中回流样品。作为增强某些金属溶解性的可选步骤，消解产物过滤，滤质和残留物被冲洗，首先用热盐酸，然后用热超纯水来冲洗。滤纸和残留物返回消解瓶容器内，用盐酸继续回流，再次过滤，最后稀释定容。

四、密闭容器在样品重金属元素总量预处理中的应用优点

（1）密闭容器内部产生的压力使试剂的沸点升高，因而消解温度较高，这样增高的温度和压力可显著缩短样品的分解时间，而且使一些难溶解物质易于溶解；

（2）挥发性元素化合物，如 As、B、Cr、Hg、Sb、Se、Sn 将保留在容器内，从而使这些元素保存在溶液中；

（3）试剂用量大为减少，节约成本，减少了有害气体的排放，污染的可能性减少；

（4）常用的密闭分解采用微波消解系统，一般微波消解系统还带有科学合理的分解方法，能科学有效地解决敞开环境分解无法解决的问题。现阶段国际上通用的微波消解系统有 CEM、MILESTONE 等。

参 考 文 献

[1]MENG ZHAORONG, LI LI, WU YAOQING. Evaluate of Heavy Metal Content of some Edible Fish and Bivalve in Markets of Dandong, China[J]. Applied Mechanics and Materials, 2014, 522: 92-95.

[2]MENG ZHAORONG, LI LI, CHI HONGXUN, et al. Assessment on Heavy Metals in Edible Bivalves in Dandong Market[J]. Advanced Materials Research, 2014, 959: 1184-1188.

[3]吴瑶庆, 宫胜臣, 宋林. 石墨炉原子吸收光谱法测定四角蛤蜊中镉、铅的研究[J]. 辽东学院学报: 自然科学版, 2005, 12(1): 22-23.

[4]李文廷, 欧利华, 洪雪花, 等. 湿法消解—原子荧光光谱法同时检测海产品中的总砷

与总汞[J]. 食品安全质量检测学报, 2017(10)：3800-3804.

[5]高艳, 耿玉辉. 粮食中总汞测定前处理方法探讨[J]. 粮油食品科技, 2012,（20）4：38-40.

[6]欧阳静茹, 王晶, 梁春穗. 海水鱼中总汞测定的前处理方法研究[J]. 中国卫生检验杂志, 2017(1)：31-35.

[7]姜诚, 张平. 海产品中总砷的消解方法研究[J]. 微量元素与健康研究, 2010, 27(2)：47-48.

[8]陈颢, 张继光, 付开林, 等. 火焰原子吸收光谱法中湿法消解和干灰化前处理法测定三七中总铅和铬含量的比较[J]. 现代仪器与医疗, 2011(5)：55-58.

[9]王长芹. 顺序注射—氢化物发生—原子荧光光谱法测定紫菜中的无机砷和总砷[J]. 理化检验：化学分册, 2012,（48）5：614-615.

[10]李贤, 黄好强, 郑绘丽, 等. 氢化物发生—原子荧光光谱法测定饲料中铅和总砷[J]. 现代牧业, 2017(4)：18-20.

[11]刘崇华, 钟志光, 李炳忠, 等. ICP—AES 法测定玩具涂料中重金属元素总量[J]. 光谱学与光谱分析, 2002, 22(5)：840-842.

[12]孟彩凤. ICP—MS 测试纺织品中总铅、总镉含量[J]. 中国纤检, 2017(2)：70-72.

[13]白子竹. 电感耦合等离子体质谱测定纺织品中部分重金属含量[J]. 纺织科技进展, 2011(6)：53-58.

[14]陈小轲, 魏婉妮, 王麟, 等. ICP—AES 对纺织品中总铅和总镉含量的测定[J]. 纺织检测与标准, 2016(2)：8-11.

第十二章 无机元素原子光谱分析样品 预处理方法进展

第一节 概　述

一、无机元素原子光谱分析样品预处理现状

无机元素原子光谱法分析中样品预处理是必不可缺的步骤，但样品预处理通常是分析过程中最繁琐、最关键的步骤。样品预处理方法的选择直接影响分析结果，样品预处理已经成为原子光谱分析的"瓶颈"，与传统化学分析技术相比，现代仪器分析与检测技术的效率有大幅度提高，但同时它们对样品预处理尤其是样品净化的要求也越来越高，使预处理与检测技术之间的差距越来越大，其瓶颈效应越发明显。主要原因是：

（1）样品预处理流程较繁杂，主要包括样品称量、消解、提取、净化等步骤，每个步骤还有很多环节，关联性不强，自动化有难度。

（2）技术种类多，各种提取、净化技术原理操作差异很大，都有各自特点与适用范围。

（3）不同的样品基体、检测对象与项目技术选择差异较大。

（4）检测仪器对样品预处理的要求越来越高。

就目前而言，在部分样品预处理技术上已经实现突破，如自动样品消解、悬浮进样、连续稀释校正等，为部分样品检测效率提高奠定了基础。样品预处理的基本要求是要使分析的目标元素能够完全从样品基体中提取出来、并将影响检测技术的干扰去除，同时不改变其在基体中原有的存在形态（价态），因此，样品预处理技术与过程的选择就要对样品、分析对象、检测技术进行综合考虑。同样的分析对象，不同种类的样品基质，如固体与液体、农产品与加工食品等，甚至同一种样品不同的配方来源，如中药、奶粉等，采用完全相同的预处理技术，其检测结果可能会有明显的差异；相同检测项目的预处理方法也不同，如重金属元素总量的预处理方法是采用各种全消解手段，而重金属元素形态的预处理方法是采用富集、分离、净化和浓缩等；而且根据基质不同及复杂程度不同，预处理方法也会有不同。无机

物、有机物、土壤、生物样品等分析对象，在目标物稳定性、挥发性、与基体结合的程度等方面有明显差异和倾向性，准确定量分析也有不同的要求。一般来说，检测技术灵敏度越高，对样品净化的要求也越高。因此，样品预处理方法的选择实际上是比检测技术更为复杂的一个系统工程。

样品预处理技术目前需要解决的主要有两个方面：

（1）预处理技术、材料、仪器、方法等方面的验证与质量控制：不同于检测技术能够较为直观地考察其性能指标，样品预处理方法相关条件的考察与优化、质量控制等方面目前取得了部分突破。

（2）仪器与方法的自动化：在具体技术、环节上实现自动化替代手工操作还是可能的，不过技术上一定要考虑检测实验室的实际，如近几年不少检测实验室配备了全自动样品预处理系统，但是日常检测中应用的很少，主要原因可能是从仪器设计与操作上应该适合比较固定方法的实验室常规检测，但是通量较低。

目前样品预处理急需突破的方面是找到一些能够同时分析多种检测项目的预处理方法，如重金属类的方法可以同时分析几种甚至几十种元素及元素形态。

二、无机元素原子光谱分析样品预处理展望

首先，近几年出现了很多基于新原理或传统技术改进基础上的样品预处理新技术及相关新仪器，如非完全消解、炭化—酸溶、微波辅助萃取、超临界流体萃取、固体悬浮进样等，已经得到广泛应用。高通量、微型化等方面取得显著进展，适合原子光谱的装置也具有广泛的应用前景。国内也已经出现了将样品提取、净化、检测联用的仪器，在可操作性、自动化程度、重现性、具体应用对象等方面细化之后也会有较好的前景。相比传统预处理技术时间长、消耗大、污染大等缺点，如今的新技术具有快速、经济、环保等特点。

其次，现代原子光谱分析中的样品预处理方法正朝着简单化、低成本化、高效化、高自动化和在线检测的方向发展，要求样品处理方法可以处理微量样品，减少污染，预处理方法逐渐从传统的酸化消解法、干灰化法向微波消解法、悬浮进样发展，以试样的形态可分为无机物的分解和有机物的分解，且在保持待测物形态不被破坏的情况下，实现分析物与基体的有效分离等过渡，此外，在一些特定的领域，在线富集、浊点萃取、悬浮液进样和紫外光解法等一些新型处理技术也在快速发展。总之，原子光谱分析中的预处理方法将向着省时、省力、省试剂、绿色环保等更安全，如自动化与智能化样品预处理技术的开发和应用、无样品预处理方法。

第二节 非完全消解法

一、非完全消解法的原理

非完全消解法是在继承传统的酸化消解方法的同时，又针对具体问题采用了新的处理手段。非完全消解法通常采用强氧化性的酸对样品进行处理，采用浓 HNO_3 和 $HCl—H_2O_2$ 在 90~120℃ 处理样品，至消解液呈透明淡黄色或棕黄色；浓硝酸—高氯酸（3:1~4:1）的混合酸进行处理，混合酸消解时对温度的要求不高（适当加热即可，且要求在低温下进行蒸发至冒白烟）。若消解过程中有油脂的存在而产生不溶的絮状物，加入乳化剂（TritonX-100 或 OP）获得稳定的悬浮液，并加热至近沸，进而溶解末消解的油脂。因为乳化剂是一种表面活性剂，它分散在分散质的表面时，形成薄膜或双电层，可使分散相带有电荷，这样就能阻止分散相的小液滴互相凝结，使形成的乳浊液比较稳定，还可加入琼脂作为稳定剂，保证乳浊液的稳定存在（此悬浊液可以稳定存在 12h 以上）。最终获得均匀、透明，稳定的消解液。

二、非完全消解法的特点

1. 非完全消解法的优点

非完全消解法只要求消解液均匀透明，不要求除去全部有机物，也不要求消解液无色，耗时（通常只需 15~25min）与微波消解技术相当，消解温度低（90~120℃）、用酸量少、污染小。用琼脂溶液调解待测液与空白液黏度使待测液与空白保持一致，对于低熔点的金属元素（Hg、Se、As、Pb 等）处理时损失小，原子光谱测定的回收率好。适用于生物样品、环境样品、植物样品、农产品、食品、化工原料、涂料、化妆品、润滑油及其添加剂等。

2. 非完全消解法的缺点

对于某些不易与酸反应的样品，如塑料类、纤维类等，不能用此法消解。

三、非完全消解法消解溶剂选择及干扰消除

（一）消解溶剂的选择

取一定量样品数份于小烧杯中，分别用 HNO_3、$HNO_3—H_2O_2$ 或 $HClO_4—HNO_3$ 混合酸（1+3）按样品处理方法处理。加少量超纯水，加热至沸，冷却，观测消解产物溶解情况。

1. 不含油脂或含油脂极少的样品

不含油脂或含油脂极少的蔬菜、水果和粮食样品，采用浓 HNO_3—H_2O_2 在低温下消解，其消解溶液呈透明黄绿色，无或极少量微细白色油脂漂浮在其中，消解溶液中油脂越少，消解效果越好。

2. 含油脂多的样品

含油脂多的样品，如毛发、小食品、鱼虾类、肉类、油漆及润滑油脂类，选择浓 HNO_3—H_2O_2 作消解溶剂。消解液中有大量白色絮状或块状油脂，可加入适量乳化剂，如 OP 或 TritonX-100 或 Tween-80 溶液，加热至沸，冷却，观测油脂溶解情况，如此反复，直至消解液透明，消耗乳化剂量少者，表明消解效果好，其消解溶剂就是要选择的消解溶剂。对大多数样品，OP 或 TritonX-100 是优良的乳化剂，对润滑油脂类样品，Tween-80 更为有效。

（二）干扰的消除

碱金属存在电离干扰，通常测定 K、Na 加入铯盐或者 Li^+、Ba^{2+}、Sr^{2+} 作消电离剂；P、Al、Si、Ti 等元素对 Ca、Mg、Ba 有化学干扰，加入释放剂 La^{3+} 或 Sr^{2+} 可以消除；Al、Si、Ti 等元素对 Mn 有化学干扰，加入释放剂 Ca^{2+} 或磺基水杨酸可以消除。

四、非完全消解的操作方法

将固体有机样品洗净，70~80℃在烘箱内烘干，准确称取 1.0~10.0g 样品于烧杯中，对液体样品可取 5~10mL 于干烧杯中。加入适量消解溶剂，通常为浓 HNO_3—H_2O_2 或 $HClO_4$—HNO_3 混合酸（1+3），置电热板上加热，起泡沫后，调低电压，在低温下消解至溶液透明。用浓 HNO_3 消解，蒸发至近干；用 $HClO_4$—HNO_3 混合酸（1+3）消解，蒸发至冒浓白烟 $HClO_4$ 蒸气。消解操作耗时 10~20min，耗时长短与样品种类及取样量有关。加水约 10mL 及乳化剂（OP）适量，搅拌，加热近沸以溶解未消解的油脂，冷却，转入 50mL 容量瓶中，定容。样品消解液为有色透明溶液。同时配制试剂空白溶液，调节溶液黏度使试液与空白溶液的黏度趋于一致。

五、浓 HNO_3—H_2O_2—OP 消解体系的应用实例

（一）毛发样品中 Cu、Fe、Ca、Zn、Mg、Pb、Cr 等元素的样品处理[1-2]

1. 去杂

拣去样品中杂物，用洗洁精浸泡 8h，洗净，于 75~85℃烘干 2h，剪碎，充分混匀。

2. 毛发样品

称取经处理的发样 0.30g 于 50mL 锥形瓶中，加入浓 HNO_3 2.5mL，用玻璃棒压紧发样，置控温消解炉上，在 80～130℃消解 5～6min 后，边摇动烧杯，边滴加 H_2O_2 2.0mL，消解至溶液呈透明黄棕色，取下锥形瓶，趁热加入乳化剂 OP 溶液 2.0mL，摇匀，移入 25mL 带塞的比色管中，以二次蒸馏水定容，得均匀透明的乳浊液，同时制备空白。

（二）瘦猪肉样品中 Ca、Mg、Cu、Zn、Fe、Mn 的样品预处理[3]

在 90～100℃的低温下，用浓 HNO_3 和 H_2O_2 消解，直至消解液呈透明棕黄色，加入乳化剂 OP 溶解消解过程中所产生的油脂，可获得均匀的样品乳浊液。取适量乳浊液制成试液，以氘灯扣除背景吸收。用火焰原子吸收光谱法快速测定方法。对样品处理条件和干扰的消除进行考察，测定结果与灰化法一致，对同批瘦猪肉中钙、镁、铜、锌、铁、锰的含量进行了 11 次平行测定，所测元素的相对标准偏差为 0.2%～2.6%，各元素的加标平均回收率为 97.7%～104.1%。

（三）牛皮中 Pb、Cd、Cr 的样品预处理[4]

在 90～100℃的温度下，用浓 HNO_3 和 H_2O_2 消解，直至消解液呈透明深棕色，再加入乳化剂 OP 乳化消解过程中所产生的油脂，可获得均匀的样品乳浊液。取适量乳浊液制成试液，以氘灯扣除背景吸收，用石墨炉原子光谱法快速测定。方法中对干、湿样品处理条件和干扰的消除进行考察，测定结果与灰化法一致，对同批牛皮中铅、镉、铬的含量进行了 11 次平行测定，所测元素的相对标准偏差为 1.9%～4.1%，各元素的加标平均回收率为 97.7%～101.2%。

（四）柞蚕蛹中 Pb、Cd 的样品预处理[5]

在 80～100℃的低温下，用浓 HNO_3 和 H_2O_2 消解，直至消解液呈透明黄色，再加入乳化剂 OP 溶解消解过程中所产生的油脂，可获得均匀的样品乳浊液。将乳浊液注入石墨炉中，以氘灯扣除背景吸收，石墨炉原子吸收光谱法快速测定铅和镉。研究了样品处理条件和干扰的消除，测定结果与灰化法一致，$RSD \leqslant 1.7\%$，回收率为 92.3%～103.5%。

（五）野生软枣、猕猴桃中 Ge 的样品预处理[6]

将样品置于冷冻干燥机 24h，匀浆，称取 1～5g 置于 50mL 锥形瓶内，加入 5mL HNO_3（1+99），置于控温电热板上，在通风厨中于 90℃～110℃加热 5～10min（或近干），滴加 H_2O_2 10.0mL 硝化至淡黄色透明溶液，再加入浓 HCl 5mL 蒸至近干（注意不能炭化否则会造成失败），加入 1mL 20g/L Ba（NO_3）$_2$溶液，取下摇匀，转入 50.0mL 容量瓶中，定容样品时加入 160mg/L 硝酸镍 100μL（基体改进剂），再用 10mL 5% HNO_3 溶液溶解提取，定容于 50mL 容量瓶中，以 5% HNO_3 稀释至刻度摇匀备用。利用 GFAAS 光谱法测定野生软枣、猕猴桃中微量锗，可得相关系数 $R^2=0.9997$，线性范围为 $0.23\sim200\mu g/L$，方法检出限为 $0.19\mu g/L$，回收率为 91.2%~104.8%，RSD<5.7%。

第三节 炭化—酸溶法及应用

炭化—酸溶法是近年来兴起的一种快速、安全、高效的有机试样预处理方法。该方法克服了常规消解方法效率低的不足，该法简单、快速、通用，适用于消解石油及其产品、动植物体、化妆品、橡胶、塑料等。

一、炭化—酸溶法原理

一是利用硝酸的氧化作用消解试样中较易消解的部分，使有机化合物的结构受到一定程度的破坏，或使试样溶胀；二是在约 300~400℃ 缓慢加热，裂解、炭化，破坏原来稳定的分子结构，进而破坏分子原来稳定的化学结构，裂解形成小分子化合物或炭残渣，对于炭残渣，选用适当的强氧化剂消解化合物中不同难易的部分，既可充分发挥高氯酸的强氧化作用，快速完全消解试样，又避免了高氯酸可能产生爆炸的危险。在消解过程中，如果未消解完全，可补加硝酸和高氯酸。炭化这一步骤是必不可少的，否则，可能产生燃烧或爆炸，实质上就是对有机高分子类的样品利用硝酸、高氯酸分步进行消解。

二、炭化—酸溶法特点

1. 炭化—酸溶法优点

安全、高效地克服了传统酸化消解中因使用高氯酸消解试样反应剧烈而产生爆炸的危险，将整个消解过程分步进行，消耗的试剂量少、污染小、干扰少；样品消解完全；适用于高熔点金属及其合金、有机高分子类的样品石油及其产品、生物样品、农产品、食品、化妆品、橡胶和塑料等，均可用炭化—酸溶法预处理样品。

2. 炭化—酸溶法的缺点

不适用易挥发的有机物和低熔点的金属元素（如 Hg、As、Ge、Ce 等），因在炭化过程中产生损失，从而会影响测定结果的准确性。

三、炭化—酸溶法消解溶剂选择

炭化—酸溶法消解蛋白含量低的样品，通常选用 HNO_3—HCl 或 HNO_3—H_2O_2 处理；对于高蛋白含量的样品，采用 $HClO_4$—HNO_3 混合酸（1+3）处理。

四、炭化—酸溶操作方法

炭化—酸溶法采取逐步消解的步骤。随着温度的升高，溶液中水和硝酸被蒸发，酸的浓度增大，整个消解过程为：稀 HNO_3→浓 HNO_3→炭化→稀 HNO_3→浓 HNO_3→稀 $HClO_4$→浓 $HClO_4$，即先用硝酸消解样品中易溶解的部分，蒸干，然后在约400℃炭化，使大分子裂解，形成小分子或炭残渣，再用硝酸、双氧水消解成透明溶液。顺序消解有机化合物样品中消解难易程度不同的组分，有机样品消解为透明溶液，采用 AAS、ICP—OES、ICP—MS 和 AFS 测定。

五、炭化—酸溶法消解应用实例

（一）炭化—酸溶消解法消解植物样品[7,8]

准确称取 0.1~0.5g 板栗果肉、果皮试样于100mL 烧杯中，加入5~10mL 超纯水，5~10mL 稀 HNO_3（视样品量而定），在电热板上加热，使试样溶胀或分解，蒸干；在 300~400℃的电热板上炭化，直至烟气基本冒尽，取下冷却；加 10mL 超纯水、再用 5~20mL 浓 HNO_3、1~5mL $HClO_4$，在电热板上继续加热至约200℃下消解；当试液变成透明的溶液时，取下，冷却，移至 50mL 容量瓶中，用超纯水定容。用石墨炉光谱法测定板栗中铅、镉的含量。铅、镉的平均回收率为 98.9%、103.5%；RSD<5.3%。该方法简便、快速、安全，消解完全且干扰小，测定结果可靠。

（二）炭化—酸溶消解法消解高蛋白样品[9]

如测定鹌鹑蛋清、鹌鹑蛋黄中的微量元素。先用硝酸消解鹌鹑蛋清、鹌鹑蛋黄中易溶解的部分，蒸干，然后约在350℃炭化，使大分子裂解形成小分子或炭残渣，再用硝酸，双氧水消解成透明溶液。用此法消解鹌鹑蛋清、鹌鹑蛋黄，用原子吸收分光光度法对鹌鹑蛋清、鹌鹑蛋黄中的 6 种微量元素进行测定。各元素的回收率在 96.2%~103.7%，RSD<5.4%。该方法简便、快速、安全，消解完全且干扰小，是高蛋白食品微量元素较为理想的测定方法。

第四节　富集及浊点萃取

一、在线富集

在线富集是现代预处理发展的重要方向，样品一边处理一边直接进样，减少了测量中的二次污染，是非常好的一种预处理手段。Edsons 利用流动注射在线富集技术以火焰法测定了三种不同湖水中痕量 Cu（Ⅱ）的含量，该方法的 RSD 为 1.4%，检出限为 0.2g/L，利用峰面积法其回收率在 98%~107%，分析结果非常良好。Shayessteh D 等利用微柱在线富集技术，以流动注射和火焰原子吸收光谱法联用测量水体中铜和铅的含量，RSD 分别为 4.5% 和 3.8%，检出限分别为 0.32μg/L 和 2.6μg/L。康维钧等[10]在火焰原子吸收光谱法测定环境水样中痕量镉的实验中，采用了阳离子交换树脂填充柱，单阀双柱并联，设计了双柱交替采样单路逆向洗脱在线分离富集系统，该方法操作简便，具有采样频率快、灵敏度高、在线快速分析等特点，成功地应用于标准物质和环境水样中镉的分析。杨小秋等[11]利用硅藻土吸附在线富集技术，富集因子达到 27.6，使用火焰原子吸收光谱法测定环境水样中痕量铜，方法检出限为 0.32μg/L，RSD（20μg/L）为 3.52%，加标回收率为 97.0%~105.0%。冷家峰等[12]对螯合树脂富集—火焰原子吸收光谱法测定天然水体中痕量铜和锌在线富集条件、干扰因素等进行研究，在线富集倍数达到两个数量级，在灵敏度与石墨炉原子吸收光谱法相当的情况下，提高了测定准确度，该方法目前在国内外备受推崇。

二、纳米材料富集

纳米材料是近年来受到广泛重视的一种新兴功能材料，由于表面积和表面结合能都很大，因而具有很大的化学活性，如粒子表面带上过剩电荷，能够与金属离子以静电作用相结合。研究表明，纳米材料对过渡金属离子具有很强的吸附能力，且在一定条件下，具有选择吸附某一特定元素的能力，是痕量元素分析较为理想的分离富集材料。

施踏青、梁沛等[13]提出了用纳米 TiO_2 分离富集，并用 GFAAS 测定水样中痕量铅的新方法。详细考察了纳米 TiO_2 对铅的吸附行为，结果表明：在 pH=4.0 时，Pb 可被纳米 TiO_2 定量富集，吸附于纳米 TiO_2 上的 Pb 可用 0.1mol/L 硝酸完全解脱。该法对 Pb 的检出限为 50μg/L，RSD 为 4.7%（$n=10$，$C=0.02$mg/L），该法已用于实际水样中铅的测定。丁健华等在利用火焰原子吸收光谱法测定天然水中铬（Ⅵ）的实验中，应用纳米氧化铝为吸附剂，对 Cr（Ⅵ）在纳米氧化铝上的吸附性能进行了系统研究，确定了最佳的吸附和解脱条件，并应用于实际水样中 Cr（Ⅵ）的测定，加标回收率为 94.4%~98.8%。

三、浊点萃取

（一）浊点萃取原理

表面活性剂在水溶液中，当温度升到一定值时，溶液出现浑浊，发生不完全溶解的现象，此时该温度称为浊点温度（CP），这是表面活性剂的一个重要特性。对于非离子表面活性剂，当温度升高时，乙氧链绕着 C—C 键和 C—O 旋转，导致乙氧链构型发生变化，亲水能力下降，破坏水分子的网络结构，疏水基和亲水基的平衡被打破，非表面活性剂（NS）从水相到油相发生分离。当温度低于 CP 时，乙氧基上的氧原子重新和水分子形成键，溶液又变为均匀透明，恢复原有的胶束状态。浊点萃取大多数基于溶液中非离子表面活性剂在超过浊点温度时，溶液由胶束变成浑浊，分成两相，并将溶液中的疏水物质与亲水物质分离，疏水物质与表面活性剂进一步共沉积得到小体积（100～200μL）的聚集体，达到痕量物质分离富集的目的。浊点萃取由于使用溶剂量小，不对环境造成污染，而且操作简便、低成本、富集倍数高，通过选择合适的螯合试剂可进一步提高选择性。浊点萃取的富集效果主要受所采用的表面活性剂和螯合试剂的性质所影响，对于金属离子的富集，显然 Triton 系列和 PONPE 系列非离子表面活性剂应用得最多，最近几年似乎没有新型表面活性剂的应用报道。

（二）浊点萃取的优点

浊点萃取技术给环境样品的预处理带来了很多便捷，被广泛应用于环境样品的预处理。Garrido M 等运用浊点萃取法测量了天然水中汞的含量，效果稳定。朱霞石等[14]提出了测定铬形态的新方法：浊点萃取，电热原子吸收光谱法（CPE—ETAAS）测定，该法基于利用非离子表面活性剂 TritonX-100 的浊点现象，当加热至其浊点时，溶液分为两相，Cr（Ⅲ）与 8-羟喹啉形成的疏水性螯合物进入富胶束相中，从而实现与 Cr（Ⅵ）的分离。方法中，8-羟荃喹啉既作为化学分离和富集剂，又作为 ETAAS 测定中的基体改进剂，在最优实验条件下，测定 Cr（Ⅲ）的检出限为 0.02μg/L，相对标准偏差为 1.1%（$C = 2.0μg/L$，$n = 6$），该方法具有简便、灵敏、富集倍数高和避免使用有机溶剂的优点。陈建荣、林建军[15]采用浊点萃取—火焰原子吸收光谱测定水样中痕量铜的研究表明，浊点萃取是一种简单、安全、快捷的分离富集痕量金属的方法。在最佳条件下，富集 50mL 样品溶液，用火焰原子吸收光谱法测定，铜的检测限为 0.35μg/L，铜的富集倍率为 71 倍。此方法用于自来水、河水及海水中痕量铜的测定。

1. 表面活性剂和螯合试剂处理样品的优点

（1）针对所分析的金属离子性质，除了经典的 8-羟基喹啉、二硫腙、PAN [1-(2-Pyridylazo) -2-naphthol]、PAR、DDTP（O, O-diethyldithio-phosphate）、TAN 以及 5-Br-PADAP、西夫碱螯合 Cr（Ⅲ）用于 Cr 的形态分析，一元羧酸以及它们与胺类的 N 合物用于 Cu 的络合[16]，以及新合成的试剂 Trizmachloranilate 螯合 Mg^{2+}[17]等。

（2）防止或降低有机物（如 PAHS）在玻璃容器上的吸附（与传统的加 20%甲醇的效果相当）。

（3）与样品中的有机干扰物（如腐殖酸）反应，避免影响样品的检测。

（4）增加了检测灵敏度，防止杀真菌剂在水中分解。

2. 在操作模式上优点

浊点萃取技术发展的一个重要突破是成功实现了在线化。浊点萃取技术首次于2001年由 Fang 等[18]与化学发光检测在线联用技术用于测定粪卟啉，随后 Ortega 等[19]建立了浊点萃取与 ICP—AES 的在线联用测定尿样中的重金属。该方法的主要特征为：选取的表面活性剂的浊点温度与室温接近，如浊点温度为 25℃的 PONPE 7.5 生成的富表面活性剂相，以棉花微柱截留，然后以 4mol/L 的硝酸洗脱；对于10mL 样品富集倍数达到 20 倍，10 次平行测定分析精密度为 1.9%，线性范围在0~50ng/L，标准曲线相关系数为 0.9997，显示很好的分析性能。

相比于溶剂萃取，浊点萃取由于有机表面活性剂相可控制在 100~200μL 范围内，因此在检测技术上有更广的选择范围，不必进行有机试剂消解，除了适用于以电热蒸发进样的检测技术如 GFAAS 技术外，还可以选择配备流动注射进样系统与对有机试剂耐受能力较弱的 ICP 分析技术联用，在分析应用上进行直接检测。浊点萃取技术在形态分离分析方面的能力有待于进一步加强，迄今为止，大部分应用集中于 Cr 的形态分离分析，鲜有用于其他元素，如 Sn、Sb 等的形态分离应用。其他元素的定量分析包括过渡元素 Cu、Co、Ni、Fe、Zn、Ag、Hg、Cd、Pb、V 以及贵金属和稀土元素等[20]。

第五节　悬浮液进样技术及应用

一、悬浮液进样技术

悬浮液进样技术是将液体进样技术和固体进样技术相结合的悬浮液进样技术，具有可以用微量和自动进样像液体那样进样、能够和液体样品一样进行稀释以及可以用基体改进剂等优点，尽管此法在火焰原子吸收光谱分析法中的可行性尚存争议，但因悬浮液进样技术简便、快速、准确，此法以边发展边应用的方式在很多分析领域得到有效应用，悬浮液直接进样技术可以代替传统的酸化消解预处理。

（一）悬浮液进样技术原理

在采用悬浮体制样时，必须保证在一定时间内固体颗粒在液体介质中分散均匀。以琼脂作稳定剂，在琼脂溶液中制成均匀的悬浮液，能使所制备的悬浮体在 1h内保持稳定，以盐酸作为铜、铁、铅和锌等金属元素的解释剂及用工作曲线法测定。

(二) 悬浮液进样技术特点

该方法保留了固体进样，不必预分解样品，具有简单、快速、干扰少等特点，常用的悬浮剂有甘油、琼脂、黄原胶和 Triton X-100 等，其中以琼脂的悬浮性能最佳，加热溶于水后形成胶体，具有良好的动力学稳定性。

二、悬浮液进样技术操作步骤

(一) 样品的初步处理

按四分法取适量均匀的样品，置于 105℃±2℃ 烘箱中烘 4h 后，粉碎过 200 目筛，准确称适量于 10mL 容量瓶中。

(二) 样品悬浮液制备

在制备样品悬浮液时加入 1% 浓硝酸，对样品起到初步消解作用，再加入配制好的 0.15% 琼脂溶液定容，振动 3~5min 样品使其悬浮。

三、悬浮液进样技术应用实例

(一) 悬浮液进样技术在原子光谱分析中的应用研究[21]

将悬浮液进样技术应用于火焰原子吸收光谱分析中，成功测定出了土壤中的铜，该方法测定结果与与传统酸化消解相一致，两种方法分析结果均落在质控样的保证值区间，t 检验表明，两种方法无显著性差异，说明悬浮液直接进样技术可以代替传统的酸化消解处理，且具有快速、简单的优点。

(二) 非完全消解—悬浮液进样—GFAAS 测定海产品中微量元素[22]

将海产品样品烘干、粉碎、过筛，在加热条件下用浓硝酸消解样品，使绝大部分样品组分（95% 以上）被分解或转入溶液中，再加入乳化剂 OP，最后将其悬浮在琼脂溶液中，制成非完全消解悬浮液，用 La_2O_3 作为释放剂以消除测钙时的化学干扰。用原子吸收光谱法成功测定了虾、螃蟹和鲳鱼中的钙、锌、铜微量元素，测定结果的 RSD≤3.0%。从而证明采用非完全消解—悬浮液进样—火焰原子吸收光谱法测定海产品中微量元素是可行的。

操作步骤：将样品按分析要求洗净，于 75~85℃ 烘干，磨碎。准确称取 0.3g 样品于 100mL 烧杯中，加入浓硝酸 2.5mL，置于电炉上，用调压变压器控制炉温在 120℃ 以下，消解 7~8min 后，滴加过氧化氢 1.5mL，消解至溶液呈透明浅黄色，约需 10min。再蒸发至近干，除去剩余的浓硝酸，耗时约 15min（有极少量不溶物，可制成非完全消解的悬浮液）。取下，趁热加入 OP 溶液（40%，V/V）2.0mL，摇匀，将消解液转入 25mL 容量瓶中（其中在测定钙含量的样品悬浮液中再加入

La_2O_3溶液 1.00mL），加入 5mL 琼脂（1.5g/L），以水定容，振荡 1min，即可获得稳定的非完全消解悬浮液（此悬浮液至少可稳定 12h），同时配制试剂空白溶液。将配置的溶液倒入干烧杯中，放入搅拌子，置于电磁搅拌器上，以空白溶液为参比，在不断搅拌下喷入火焰，在仪器最佳条件下记录积分时间为 2s 的吸光度。采用非完全消解悬浮液进样相结合的样品预处理技术，用火焰原子吸收光谱法测定海产品中钙、锌、铜，短时间内即可完成样品处理，从而缩短了测定时间，该方法简便、快速、准确。

第六节 浸提法和连续稀释校正技术

一、浸提法

（一）浸提法的原理

浸提法（又称浸泡法），利用浸提液能解离某些与待测元素结合的键，并对待测元素或含待测元素的组分有良好的溶解力，而从试样中将含有待测元素的部分浸提出来。由于浸提法受金属元素种类、样品基体、样品颗粒大小、浸提液种类、浓度、浸提时间及浸提温度等参数的变化而影响浸提的元素形态和量，因此，使用这类方法要结合样品测试目标并经过预试验。由于浸提法未经激烈反应，被浸提的仅限于以游离形式存在或结合键易被破坏的金属元素，或能溶于浸提液的含待测元素的分子。是一种比较简单、安全、并且在某种情况下具有特殊意义的样品预处理方法，浸提法所用的浸提液通常为 HNO_3、HCl 或 HNO_3—H_2O_2。

（二）浸提法适用范围

只适用于不含蜡质的样品、固体混合物或有机体中提取某种物质。采用的提取剂应既能大量溶解被提取的物质，又要不破坏被提取物质的性质。如土壤、植物、农产品及化妆品等一系列试样中某些金属元素的测定。

（三）浸提法应用实例

1. 化妆品样品中提取金属元素的样品处理（GB 7917）

粉类、霜、乳等化妆品中汞和铅，采用了浸提法，取得了与酸化消解完全一致的效果。金属化学形态分析中，也多采用浸提法来保持原来化学形态。

如称取约 1.00g 试样，置于 50mL 具塞试管中。随同试样做试剂空白。样品如含有乙醇等有机溶剂，先在水浴或电热板上低温挥发（不得干涸）。加入 5.0mL 硝酸、2mL H_2O_2，混匀。若样品产生大量泡沫，滴加数滴辛醇。于沸水浴中加热 2h，取出，加入 120g/L 盐酸羟胺 1.0mL，放置 15～20min，加入 H_2SO_4，定容至 25mL。以 GFAAS 测定铅、镉和铬，以 HG—AAS 测定汞和砷。

2. 牙膏样品中提取金属元素的样品处理[23]

先挤出 10cm 长的一段牙膏，弃去，再继续挤取牙膏样品约 1.0g 于 50mL 比色管中，加入 5mL HNO_3、2mL H_2O_2，放置过夜，次日置于未加热的水浴锅中，先缓慢加热，以防止气泡产生而溢出，待剧烈反应停止后，在水浴中煮沸 1h，取出冷却后，定容至 25mL，混均后，过滤，滤液用于 AAS 测定。用该方法还可以从食品或粪便中提取 Zn、Mn 等，还可以处理化妆品、保健品等。用 ICP—OES 测定钙、镁、铅、镉、铬等金属元素。

3. 测定奶粉中金属元素含量[24]

以盐酸为提取剂，沸水浴中浸提，将奶粉中的微量金属元素，K、Ca、Zn、Cu、Pb 提取出来。称取经 70~80℃下烘 4h 的奶粉 0.6g 左右（精确至 0.1mg），于 50mL 玻璃具塞试管中，加入 2.0mL 水溶解试样，然后加入 100mL 2.0mol/L HCl 溶液，充分摇匀，置于沸水浴中浸提 30min，取出后冷却至室温，用慢速滤纸过滤于 50.0mL 容量瓶中，用 1% HCl 溶液洗涤残渣，定容，待测。用 ICP—OES 测定，同时做空白试液。

4. 有机配体浸提对污染土壤样品中溶出重金属元素的提取及形态[25]

分别称取 3.0g 土壤样品放入 50mL 离心管中，向各离心管加 30mL 含有 0.01mol/L 硝酸钾的浸提剂 EDTA 二钠盐、DTPA、NTA（DTPA 和 NTA 以原形通过加氢氧化钠配置溶液 pH=5）。螯合剂按照与各土样中重金属 Cu、Pb、Zn 总摩尔数 1:1 使用。在室温振荡提取 24h，然后置于离心机中以 4000r/min 离心分离 15min，将上清液移入洁净的离心管酸化，待测。分析残留土壤样品中重金属元素 Cu、Pb、Zn 的酸溶/可交换态、可还原态、可氧化态，并以王水浸提残余态，同时分析 Fe、Al 的酸溶/可交换态含量，采用 ICP—MS 测定各元素的含量。

二、连续稀释校正技术[26]

连续稀释校正技术是样品光谱分析标准系列中的一种新技术，是近年来发展的一门新兴仪器分析预处理技术，该技术减轻了分析工作的繁杂样品预处理工作，可消除容量瓶误差，提高分析速度，改善实验的精密度和准确度。它能与各种光谱检测器联用进行微量、痕量分析。

（一）连续稀释校正的基本原理

连续稀释校正技术是标准曲线的预处理工作，在大量的物料分析中可得到更为快捷、可靠、稳定、精准的分析结果，它的 $A—t$ 曲线可在对应时间上查出对应浓度，可进一步提高分析结果的精度，易于实现自动化。

在采样阀与雾化器间串入几个混合室，其中前几个还可以作为反应盘管，最后一个带有搅拌器，进而获得较大的分散度：

$$D = C_m/C_t$$

式中：C_t——任意时间点的浓度；

　　　C_m——原始浓度。

混合室流出液的浓度与时间 t 等参数的关系为：

$$C_t = C_m[1 - \exp(U_t/V_m)]$$

由此吸光度：

$$A_t = A_m[1 - \exp(U_t/V_m)]$$

式中：A_t——吸光度；

　　　A_m——溶液原始浓度；

　　　U_t——载流流速；

　　　V——混合室体积。

由此公式可在实验中作出实验中 A—t 校正曲线。

（二）连续稀释校正技术应用

连续稀释校正技术主要是对样品光谱分析中标准系列配制的一种新技术，利用这一技术可以直接做出原子光谱分析的工作曲线，主要是样品预处理结束后的标准曲线制备，与计算机联用可实现检测自动化，适用于低浓度金属元素的原子光谱检测。

第七节　超声波提取法和激光烧蚀技术

一、超声波提取法

超声波提取是一种固—液萃取体系，利用超声波（20kHz～50MHz）辐射产生的强烈空化效应、扰动效应、高加速度、击碎和搅拌作用等多级效应，增大物质分子运动频率和速度，增加溶剂穿透力，从而加速目标成分进入溶剂，促进提取的进行。

（一）超声波提取样品预处理特点

1. 超声波提取法的优点

（1）超声波独具的极端物理特性，使提取效率高、提取时间短，通常提取时间为 20～40min，样品预处理量大（30g）。

（2）提取温度低，最佳温度为 40～60℃。

（3）安全性好、污染少、试剂消耗少、残渣少，环保，更重要的是对遇热不稳定、易水解或氧化的样品中的待测组分具有保护作用，易于分离、纯化目标元素。

（4）提取适应性广，适用于绝大多数种类样品和各种无机元素的提取。考虑分析物、样品量、大小、基质，选择不同萃取液和不同强度的超声波，一般用强酸溶液或混合酸（如 HCl、HNO_3、H_2SO_4、$HClO_4$）萃取重金属，对于不同基质的样品，使用不同浓度的酸提取，要求样品粒度尽量小的可溶性金属离子，其提取液可进行形态分析。

2. 超声波提取法的缺点

受超声波衰减因素的制约，超声有效作用区域为一环形，如果提取罐的直径太大，在罐的周壁就会形成超声空白区，而使样品消解不完全，致使提取不完全。

（二）超声波提取样品中金属元素应用实例

1. 农产品、生物和食品中 Cd、Cr、Cu、Pb 和 Zn 超声波提取预处理[27-28]

称取 0.1g 样品于离心管中，加 5mL HNO_3—$HClO_4$（2：1，V/V）预超声 10min，立即放入超声浴中（最大功率 40kHz），70℃超声 12min，以 3000r/min 离心 10min，取上层清液；残渣用 2mL 超纯水清洗，再超声 2min，以 3000r/min 离心 10min，同样取上层清液且与酸浸出液合并，最后用超纯水定容至 10mL，摇匀，同时作空白试验，以 FAAS/GFAAS 测定。

2. 毛发样品中金属元素的超声波辅助浸取

Shar G Q 等[29]开发了一种超声波辅助浸取法，用于测定由欧洲共同体委员会的共同体参考局（BCR）提供的经认证的人发标准物质（CRMBCR397）中的重金属元素（砷、铜、镉、铅和锌）。采用浓硝酸—30%过氧化氢（2+1）浸取法。研究了不同因素对元素酸浸的影响，如预处理时间（无超声搅拌）、超声波或超声波暴露时间、超声波浴温度等。选择这些参数的最佳值，以最大限度地从正常健康男性的 CRMBCR397 和人发样本中提取重金属。为了验证该方法的有效性，采用酸化消解法测定 CRMBCR397 和人发样品中的金属元素总量。采用常规火焰原子吸收光谱法测定渗滤液和消解液中的铜、锌，电热原子吸收光谱法测定砷、镉、钯。在优化条件下得到的锌、镉、钯、砷、铜的回收率分别为 98%、98.5%、97.5%、98.2%和 95%。

3. 空气中 K、Ca、Na、Pb、Mg 提取方法[30]

（1）采用直径 90mm 的 Teflon 虑膜和石英纤维膜采集，采样前，将 Teflon 膜在烘箱 60℃烘烤 1.5~2h，以消除挥发成分的影响；石英纤维膜置于马弗炉 450℃灼烧 4h 除去有机物。

（2）将滤膜样品剪碎后放入 50mL 石英烧杯中，加 10mL 超纯水超声提取

20min，0.22μm 微孔滤膜超声提取过滤。

（3）加超纯水 10mL，超声 20min，0.22μm 微孔滤膜过滤。

（4）少量超纯水冲洗烧杯壁上的残留，两次样品混匀，定容至 50mL 容量瓶中，摇匀，测定 K、Ca、Na、Pb、Mg 等元素。以 GFAAS、ICP—OES 测定。

二、激光烧蚀技术

（一）激光烧蚀技术原理

将固体试样打磨光滑或将粉末样品压制成型后，置于密闭的雾室内，用激光照射，处于焦点上的样品随即蒸发并由载气引入 ICP 中。

（二）激光烧蚀技术特点

激光烧蚀是一种进样方式，激光烧蚀技术提高了样品的传输效率，具有灵敏、快速的特点。分析范围广：可直接分析固体、粉末和液体。激光烧蚀技术较好地避免了基体效应，检出限降低。适用于微量分析和"无损分析"，广泛应用于环境、地质、石油化工等领域。

第八节　碱消解法、湿式回流法和催化消解法

一、碱消解法

碱作为消解试剂在生物样品预处理中广泛应用。杨红霞等[31]建立了碱消解—高效液相色谱—电感耦合等离子体质谱联用系统测定生物样品中甲基汞（MeHg）与乙基汞（EtHg）的分析方法。为提高灵敏度，选用微流量的 PFA 雾化器，在优化的检测条件下，MeHg 及 EtHg 检出限可达 0.036μg/L 和 0.03μg/L，线性范围达到 4 个数量级，两条工作曲线线性相关系数为 1。对 1.78μg/L MeHg、1.65μg/L EtHg 的混合标准溶液重复测定 7 次，色谱峰面积的 RSD 分别为 1.79% 和 1.44%。对标准物质 BCR 464（金枪鱼）的分析结果表明，测定值与标准值基本吻合，但略低于标准值；甲基汞和乙基汞的加标回收率分别为 85.9% 和 84.5%。高效液相色谱与质谱联用技术的高灵敏度和低检出限能够满足生物样品中汞形态定量分析的要求。

1. 样品消解

将样品从冰箱中取出，放置至室温后，称取 0.2g 生物样品于 50mL 塑料离心管中，然后加入 3mL 250g/L KOH—甲醇溶液，在振荡器上以 170r/min 振荡过夜，取出，逐滴加入 1.5mL 浓 HCl 以中和过量的碱，再加入 6mL 二氯甲烷，振荡 1h。

3000r/min 离心分离 20min 后，定量取出 4mL 二氯甲烷相于 10mL 塑料离心管中。加入 1mL $Na_2S_2O_3$ 溶液，振荡 1h，4000r/min 离心分离 30min。取 0.5mL 上层清液于 10mL 玻璃刻度管中，用流动相定容至 5.0mL，0.45μm 膜过滤后当天测定。

2. 用冷原子吸收法测定发汞

可取约 10mg 剪至 1cm 的发样置于直形小瓶中，加 2mL 450g/L 的氢氧化钠溶液和 1mL 10g/L 的半胱氨酸溶液，混匀后加热至近沸，将溶液冷至室温，用 10g/L NaCl 溶液稀释至 100mL，然后取此样品液进行分析，用这种方式消解头发，简便实用。

二、湿式回流消解法

样品用硝酸—硫酸、硝酸—盐酸等混合酸，置于圆底烧瓶或锥形瓶中，在水浴或电热板（电热套）上加热挥发，加入适量硝酸、硫酸（盐酸）及数粒玻璃珠防止爆沸，接上球形冷凝管，通冷凝水循环。加热回流消解，消解液一般呈淡黄色或黄色。若样品中含油脂、蜡质，可低温冷冻去除。

如汪继印等[32] 称取约 1.00g 试样，置于 250mL 圆底烧瓶中。随同试样做试剂空白。样品如含有乙醇等有机溶剂，先在水浴或电热板上低温挥发（不得干涸）。加入 30mL 硝酸、5mL 超纯水、5mL 硫酸及数粒玻璃珠。置于电炉上，接上球形冷凝管，通冷凝水循环。加热回流消解 2h。消解液一般呈淡黄色或黄色。从冷凝管上口注入 10mL 超纯水，继续加热 10min，放置冷却。用预先被水湿润的滤纸过滤消解液，除去固态物。对于含油脂蜡质多的试样，可预先将消解液冷冻，使油脂蜡质凝固，用超纯水洗滤纸数次，合并洗涤液于滤液中，加入 120g/L 盐酸羟胺 1.0mL，定容至 50mL 备用。

三、催化消解法

取适量煤于锥形瓶中的硝酸—硫酸、硝酸—盐酸等混合酸中，先在沙浴（油浴）或电热板上低温挥发（不得干涸）。加入适量催化剂，硝酸或混酸，置于电热板（电热套）上，在 135~140℃ 加热回流消解，消解至溶液呈透明蓝绿色或橘红色。

曾平等[33] 对煤中痕量汞的分析，称取约 1.00g 试样，置于 100mL 锥形瓶中。随同试样做试剂空白。样品如含有乙醇等有机溶剂，先在水浴或电热板上低温挥发（不得干涸），加入 50mg V_2O_5 7mL 硝酸，置于沙浴或电热板上用微火加热至微沸。取下放冷，加 5.0mL 硫酸，于锥形瓶口放一小玻璃漏斗，在 135~140℃ 下继续消解，必要时补加少量硝酸，消解至溶液呈透明蓝绿色或橘红色。冷却后，加少量水继续加热煮沸约 2min 以驱赶二氧化氮。加入 120g/L 盐酸羟胺 1.0mL，定容至 50mL，以 AAS 法测定。

第九节　紫外光解法和酶水解法

一、紫外光解法（UV）

紫外光解法是一种新型的测定样品中各元素的预处理方法，它是利用紫外光和强氧化性进行样品消解。样品加入氧化剂（一般是双氧水和硝酸），用紫外线光解，降解样品中的有机物，使其中的无机离子释放出来。适用于无污染或轻度污染的水、液体，如牛奶、生物样品或固体悬浮物的分解。具有条件温和（一般温度为 65~94℃），分解时间短，不污染样品的优点。UV 消解可对简单基质样品进行分解，并可进行形态分析。

（一）紫外光（UV）消解装置

紫外线（UV）消解装置较简单，选择适当的紫外光光照强度、光照时间、氧化剂配比及用量，可以使样品消解完全。

（二）紫外光（UV）解法的适用范围

紫外光解法适用范围有限，仅对于非常简单的基质可以完全消解，可用于形态分析中的样品处理。例如，在一种在线分析人血清中砷的形态的方法中，采用阴离子交换液相色谱分离、紫外光氧化样品消解和 HPLC 洗脱液中的砷，用氩气作载气，可很好地分离砷的四种形态：甲基砷（MMA）、二甲基砷（DMA）、砷甜菜碱（AsB）和砷胆碱（AsC），最后用氢化物—原子吸收光谱测定。

（三）紫外光解法与酸化消解法对比

李万霞等[34]利用紫外光解法处理纯牛奶和酸奶样品，得出此法与酸化消解处理样品所得结果不存在显著性差异。另外，郭璇华等[35]用紫外光解法处理奶粉样品测定其中金属元素的含量，结果表明该方法处理步骤简单、快速、经济、准确度及精密度高，是一种令人满意的奶粉样品预处理方法。紫外光解法具有试剂用量少、污染小、省时、准确度高等优点，但由于是新出现的技术，不同样品的消解方法与条件还需要进行大量研究。

（四）紫外光消解法处理样品

称取试样 0.5~0.6g（准确至 0.1mg）于小烧杯中，加入 2mL 水溶解试样，然后加入氧化剂（2mL HNO_3+4mL H_2O_2），在紫外光光照强度为 $25.6×1000\mu W/m^2$ 下，光照 90min，此时剩下大约 2~3mL 淡黄色澄清溶液，将此溶液移入 50mL 容量瓶中，用水定容，于4℃下贮存，待测，同时做空白试液，采用ICP—OES测定消解液。

二、酶水解法

酶水解法又称酶消解法。生物样品（如毛发、组织、食品等）在酶的作用下可以水解成简单的组分。样品中的蛋白质、碳水化合物被酶分解，部分与蛋白质结合的金属离子被离解出来，金属元素留在溶液中供测定。例如，在婴儿食品中砷的形态分析中，可以使用胰岛素和胰液素进行提取、分离 DMAA、MMAA 和 AsB 后，用 HPLC—ICP—MS 测定，用微波消解样品后测定总 As，HG—AAS 检测了食品中可还原的 As。又如，从冻干的苹果样品中萃取有机砷，可先用 α-淀粉酶处理 12h，然后用 40%乙腈超声处理 6h。

酶水解法可用于生物样品，分解蛋白质、碳水化合物，不同样品需选择不同的酶，可进行形态分析；样品预处理温度低，pH 适中，非强酸强碱介质，可防止挥发性物质的损失，污染少，选择性好，待测元素化学形态不发生变化，在形态分析中有广阔应用前景。

参 考 文 献

[1]吴瑶庆.丹东地区健康小学生发样中 Zn、Fe、Cu、Ca 和 Mg 等微量元素的测定[J].光谱实验室,2006,23(2):387-389.

[2]吴瑶庆,宫胜臣,洪哲.丹东地区新生儿发铁值的测定及意义[J].丹东纺专学报,2002(4):6-6.

[3]吴瑶庆,孟昭荣.非完全消化—火焰原子光谱法对瘦猪肉中微量元素的测定[J].甘肃农业,2007(2):79-80.

[4]吴瑶庆,迟洪训,黄胜君.非完全消解—石墨炉原子光谱法测定牛皮中铅、镉、铬[J].皮革与化工,2008(3):34-37.

[5]吴瑶庆,孟昭荣.非完全消解—石墨炉原子吸收光谱法测定柞蚕蛹中铅、镉[J].光谱实验室,2007(2):94-96.

[6]吴瑶庆,孟昭荣,李莉,等.非完全硝化—石墨炉原子吸收光谱法测定野生软枣猕猴桃中微量锗的研究[J].江苏农业科学,2009(4):307-310.

[7]吴瑶庆,孟昭荣.炭化—酸溶消解石墨炉光谱法测定板栗中铅、镉的研究[J].中国卫生检验杂志,2007,17(4):650-651.

[8]吴瑶庆.科研成果转化为原子吸收光谱创新实验教学—炭化酸溶—石墨炉原子吸收光谱法测定鳙鱼体内微量铅、镉的含量[J].实验室科学,2009(2):13-15.

[9]吴瑶庆，洪哲.炭化—酸溶消解原子吸收光谱法测定鹌鹑蛋中的微量元素的研究[J].中国卫生检验杂志，2006，16(3)：293-293.

[10]康维钧，梁淑轩，贾丽辉，等.双微柱在线富集—火焰原子吸收光谱法测定环境水样中痕量镉[J].光谱学与光谱分析，2005(5)：154-157.

[11]杨小秋，邱海鸥，台俊，等.硅藻土吸附在线柱富集—火焰原子吸收光谱法测定环境水样中痕量铜[J].理化检验(化学分册)，2005(6)：415-416.

[12]冷家峰，高焰，张怀成，等.在线螯合树脂富集火焰原子吸收光谱法测定天然水体中铜和锌[J].理化检验(化学分册)，2005(8)：556-557.

[13]施踏青，梁沛，李静，等.纳米二氧化钛分离富集石墨炉原子吸收光谱法测定水样中痕量铅[J].分析化学，2004(11)：79-81.

[14]朱霞石，江祖成，胡斌，等.浊点萃取—电热原子吸收光谱法分析铬的形态[J].分析化学，2003(11)：36-40.

[15]陈建荣，林建军.浊点萃取—火焰原子吸收光谱法测定水样中痕量铜的研究[J].分析试验室，2002，21(5)：86-89.

[16]KULICHENKO S A, DOROSCHUK V O, LELYUSHOK S O. The cloud point extraction of copper(Ⅱ) with monocarboxylic acids into non-ionic surfactant phase[J]. Talanta, 2003, 59: 767-773.

[17]GIOKAS D L, PALEOLOGOS E K, VELTSISTAS P G, et al. Micelle-mediated extraction of magnesium from water samples with trizmachloranilate and determination by flame atomic-absorption spectrometry[J]. Talanta, 2002, 5: 415-424.

[18]FANG Q, DU M, HUIE C W. Online incorporation of cloud point extraction to flow-injection analysis[J]. Analytical Chemistry, 2001, 7: 3502-3505.

[19]ORTEGA C, GOMEZ M R, OLSINA R A, et al. Online cloud point preconcentration and determination of gadolinium in urine using flow-injectioni nductively coupled plasma optical-emission spectrometry[J]. Journal of Analytical Atomic Spectrometry, 2002, 17: 530-533.

[20]康维钧，孙汉文，哈婧，等.流动注射在线富集—火焰原子吸收光谱法测定环境水样中 Cr(Ⅲ)和 Cr(Ⅵ)[J].冶金分析，2002，22(4)：19-21.

[21]马玲娥.悬浮液进样技术在原子光谱分析中的应用研究[J].辽宁科技学院学报，2011(4)：15-17.

[22]林建原，倪明峰.非完全消化—悬浮液进样—火焰原子吸收光谱法测定海产品中微量元素[J].食品科学，2009(10)：206-208.

[23]刘建荣，董兵，郑星泉，等.牙膏中铅、镉、铜、锌、锶同时测定的原子吸收法[J].环境与健康杂志，2004，21(5)：339-341.

[24]李万霞, 郭璇华. HCl 浸提—ICP—AES 测定奶粉中的金属元素含量[J]. 化工时刊, 2008(4): 43-46.

[25]丁竹红, 胡忻. 有机配体浸提对汤山矿区污染土壤元素的溶出效应[J]. 农业环境科学学报, 2009, 28(10): 2075-2079.

[26]吴瑶庆, 吕家胜. 儿童发样中微量铜锌的研究—FIA—FAAS 单标准连续稀释校正技术应用[J]. 丹东纺专学报, 2004, 8(2): 7-11.

[27]顾佳丽, 赵刚, 费明月, 等. 超声波提取—原子吸收光谱法测定水果中金属元素含量[J]. 科学技术与工程, 2012, 12(11): 2764-2767.

[28]刘丽燕, 张玉雪, 马静, 等. 生物和食品样品中微量金属元素的超声波提取研究[J]. 卫生研究, 2009(01): 99-101.

[29]SHAR G Q, SARFRAZ R A, JALBANI N, et al. Effect of Ultrasound Agitation on the Release of Heavy Elements in Certified Reference Material of Human Hair (CRMBCR397) [J]. Journal of Aoac International, 2006, 89(5): 1410-1416.

[30]孙鹏, 范丽慧, 张保生, 等. PM2.5 中金属元素提取方法的对比研究[J]. 分析试验室, 2015(6): 683-687.

[31]杨红霞, 刘崴, 李冰. 碱消解—高效液相色谱—电感耦合等离子体质谱法测定生物样品中的甲基汞和乙基汞[J]. 岩矿测试, 2008, 27(6): 405-408.

[32]汪继印, 王梅珂, 周莹, 等. 不同预处理方法对检验化妆品中汞含量的影响[J]. 生物技术世界, 2016(1): 227-228.

[33]曾平, 姚廷伸. 湿法快速消解测定煤中痕量汞[J]. 环境化学, 1991(4): 67-73.

[34]李万霞, 郭璇华, 龙蜀南. 紫外光消解—离子选择性电极测定牛奶、酸奶中钾钙[J]. 食品研究与开发, 2006, 27(6): 127-129.

[35]郭璇华, 李万霞, 龙蜀南. 紫外光解—ICP—AES 法测定奶粉中金属元素含量[J]. 现代预防医学, 2007, 34(21): 4151-4152.

第十三章　样品预处理的其他问题

第一节　不同预处理方法的比较

各种类型的样品预处理方法的对比研究是目前无机元素原子光谱分析的研究热点内容之一。通过对样品不同预处理方法的比较，可以明确各种无机元素光谱分析预处理方法的适用范围，其目的只有一个，使无机元素样品分析预处理方法向着绿色、简单、高效的方向发展；使测定结果更加准确，可靠。

一、干灰化法与酸化消解的比较

一般认为硝酸—高氯酸体系消解样品的精密度在整体上优于干灰化法[1]，但硝酸—高氯酸混合酸不能完全溶出易被硅（Si）吸附的元素，如 Al、Ba、Cu、Fe、Na 和 Ti 等，使这些元素测定值偏低；对不被含 Si 物质所吸附的元素，如 Ca、Mg、Mn、P、Sr、Zn 等能准确测定。酸溶体系加入氢氟酸后，易被 Si 吸附元素的测定结果得到改善，但 B 能以 BF_3 的形式挥发，测定结果大为偏低。

对于含木质部分较高的根、茎等样品，干灰化法则可以通过适当延长灰化时间的方法加以改善，Zn 等元素的测定结果明显优于酸化消解。

二、微波消解与干灰化法、酸化消解的比较

研究显示微波消解具有较高的技术优势。对枝叶类样品中主次量元素测定，选用干灰化法处理试样时，Al、Ca、Fe、S 的分析结果较标准值明显偏低，而采用微波消解法时，这些元素测定结果准确[2]。对于蒲公英中 Cu、Zn、Fe、Mn 的测定，微波消解的测定值优于酸化消解和干灰化法[3-4]。

Motrenko 等[5]对植物样品中测定 Co 的消解方法进行对比研究，发现采用硝酸—高氯酸—氢氟酸的酸化消解时，某些样品中 Co 的测定值降低（最大达 15%），减少氢氟酸用量，测定值会降低更多，而采用硝酸—过氧化氢—氢氟酸的微波消解法则可以消解完全，所得测定结果准确、可靠。

三、炭化灰化、微波消解、活性炭炭化灰化及燃烧炭化灰化比较

郭岚等[6]考察了这5种样品预处理方法对植物油中 Fe、Cu 等11种金属元素测定结果的影响,并进行了评述,发现微波消解的准确度和精密度最好。但是由于取样量较小 (0.5g),Pb 等元素的检出限较高,而硫酸炭化灰化法取样量大 (10g),检出限能满足要求。用燃烧炭化灰化法消解样品,回收率低,可能是燃烧时产生的黑烟会使元素损失;活性炭炭化灰化法镉的回收率偏低,而对于铝、铁、镁和锰元素,由于活性炭试剂空白偏高,所以回收率与相对标准偏差都偏大;硝酸炭化灰化法铅回收率偏低,而且在炭化过程中油易溅出;微波消解法的回收率高与相对标准偏差低,但有一个问题,就是考虑铅的同时测定,铅的仪器检出限为 3.6μg/L,微波消解法的方法检出限为 0.072mg/kg,而食用植物油卫生标准中对铅的限量要求小于 0.1mg/kg,所以用微波对样品进行处理,不能很好地测定铅;相对而言,硫酸炭化灰化法的回收率与相对标准偏差虽然没有微波消解法好,但基本能满足测定的要求,而且因为它取样量大,测定铅的方法检出限为 0.0036mg/kg。其他元素的方法检出限也同样是微波消解法的1/20。

四、几种消解方法的特点

(一) 干灰化法

1. 干灰化法优点

干灰化法的优点是应用广泛,操作简单,适于用酸分解难分解的有机质样品,试剂用量少、空白值低、后续处理简单,很适合微量元素分析,且可以一次处理大批量样品。

2. 干灰化法缺点

对于一些组织致密的植物样品,不易灰化完全,或由于高温造成元素挥发损失,或生成硅酸盐难以再溶解而使结果偏低。

(1) 由于灰化温度比较高,一般在 500~550℃,可能会有部分元素因为蒸发而损失掉,部分由于坩埚或器皿的吸附,还有些样品可以与坩埚和器皿反应生成难以用酸溶解的物质,如玻璃或耐熔物质等,从而导致元素的部分损失。同时,干灰化法的回收率比较低,建议处理样品的同时,应做加标回收试验,验证测定数据的准确性。

(2) 灰化前必须先将样品用小火在可调式电炉上炭化至无烟(这一过程根据样品的特性不同,所需时间也不同,至少需要 1h,甚至有用 5~6h 才完成的样品),然后再放入马弗炉灰化 6~8h。如果灰化不彻底,还需加入助灰化剂在可调式电炉

上反复多次消解，直至消解完全。因此，干灰化法检测周期比较长、耗能较大，不适合测定含有易挥发的砷、汞、硒、锡等元素的样品分析。

（3）样品在放入高温炉灼烧前要预先进行炭化处理。

①防止在灼烧时，因温度高样品中的水分急剧蒸发使试样飞扬。

②防止糖、蛋白质、淀粉等易发泡膨胀的物质在高温下发泡膨胀而溢出坩埚。

③不经炭化而直接灰化，目标元素易被炭粒包住，灰化不完全。

（二）酸化消解

1. 酸化消解的优点

酸化消解法应用广泛，操作简便，适用于食品和植物样品中大部分重金属含量的测定，如铅、镉、锡、镍、铬；消解所用酸都可以选用高纯度的，同时基体成分都比较简单（偶尔也会产生部分硫酸盐）；只要正确掌握消解温度，大部分元素一般很少或几乎没有损失，即便像汞等极易挥发的元素，也不会有损失，也不易与所用容器发生反应。

2. 酸化消解的缺点

（1）由于酸化消解利用的是氧化反应原理，样品氧化时间较长，需要约 1h 的时间（随样品的成分而定），有的样品需要加混合酸浸泡过夜，所以该法较为耗时。

（2）样品消解时常使用的试剂为硝酸、高氯酸、过氧化氢、硫酸，都具有腐蚀性且比较危险。

（3）若要将样品完全消解，需要消耗大量的酸，有时待测物与消解混合液中产生的沉淀会发生共沉淀现象，其中最常见的是当用含硫酸的混合酸消解高钙样品时，样品中待测的铅会与分解过程中形成的硫酸钙反应而产生共沉淀，从而影响铅的测定。

（4）在电热板上加热过程中，挥发性成分有可能跑掉，空气中的灰尘等落入烧杯，或几个烧杯距离近，容易造成溅出物相互污染。由于挥发损失增大，试剂用量增多，人为的干扰因素也随之增多，受污染的情况也增多。

（三）微波消解

1. 微波消解技术的优点

（1）具有高效、快速（10~30min）的特点，加热快、升温高、消解能力强，大幅缩短了样品消解时间。快速消解的原因为微波对样品溶液的直接加热和罐内迅速形成的高温高压。

（2）试剂用量少，空白值低。消解一个样品通常只需 5~8mL 酸。因为密闭消解时，酸不会挥发损失，不必为保持酸的体积而继续加酸，节省了试剂，也降低了空白值，同时减少了试剂带入的杂质元素的干扰。

(3) 环境污染小。采用密闭的消解罐，避免了样品在消解过程中形成的挥发性组分的损失，保证了测定结果的准确性，提高了分析的准确度和精密度，回收率在各种消解方法中最高。同时避免了样品之间的相互污染和外部环境的污染，适于痕量及超纯分析和易挥发元素（如 As、Hg）的检测。挥发损失少，试剂带入的干扰元素少，受污染的情况也减少，回收率更高。微波消解系统能实时显示反应过程中密闭罐内的压力、温度和时间三个参数，并能准确控制，反应的重现性好，准确度和精密度都提高了。

(4) 降低了劳动强度，改善了工作环境。在电热板上消解样品，即使有通风橱，但仍然是周围酸雾缭绕。不仅实验人员深受其害，也腐蚀了实验室内其他设备。在密闭的罐中消解，挥发的酸大大减少，有效改善了实验人员的工作环境。由于消解样品的速度加快，分析时间缩短，同时分析的准确度与精密度提高，显著降低了劳动强度，提高了工作效率。

2. 微波消解技术的缺点

样品取样量很小，一般干样品 0.3～0.5g、鲜（湿）样品 1～2g、液体样品 1～2mL，同时样品消解前必须进行预处理（放置过夜或低温处理等），处理完的消解液必须赶尽消解液中的剩余酸和氮氧化物等，这和酸化消解法的缺陷一样。

（四）三种方法消解样品的注意事项

1. 干灰化法的注意事项

(1) 特殊样品的灰化。含油脂成分较高的食品，如植物油，炭化时非常容易爆沸，同时易燃，因此不建议采用干灰化法；酒类样品，应先在恒温电热板上低温蒸干部分液体，再移到可调式电炉上炭化，以防液体飞溅；含糖、蛋白质、淀粉较多的样品炭化时会迅速发泡溢出，可加几滴辛醇再进行炭化，以防止被炭粒包裹，灰化不完全；含磷较多的谷物及制品，在灰化过程中磷酸盐会包裹沉淀，可加几滴硝酸或双氧水，加速炭粒氧化，蒸干后再继续灰化。

(2) 灰化过程防止元素损失。为了防止或降低干灰化法过程中的元素挥发，可在试样中加入助灰化剂。常用的助灰化剂有硝酸、硫酸、磷酸二氢钠、氧化镁、硝酸镁、氯化钠等。如加入 $MgO+Mg(NO_3)_2$ 可以防止 As 的灰化损失，加入 ZnO 可以防止 Hg 的挥发，加入少量 HNO_3 可以适当降低 Pb 的挥发。

2. 酸化消解的注意事项

(1) 在用硝酸和高氯酸时产生的酸雾和烟，对通风橱的腐蚀性很大。特别需要注意的是，用高氯酸消解样品时，应严格遵守操作规程，烧杯中液体不能烧干，并且要保证温度达到 200℃时，只有少量有机成分存在，否则高氯酸的氧化电位在此温度下会迅速升高，导致剧烈的爆炸。因此，在使用高氯酸时，最好先用硝酸氧化部分有机物，或者先加入硝酸与高氯酸的混合液浸泡一夜，同时实验要在通风橱内进行。

（2）消解液不能蒸干，以防部分元素，如硒、铅损失。由于氧化反应过程中加入了浓酸，这些酸可能会对仪器产生损害，进而影响试验结果。因此，消解结束后需要排酸。例如，用原子荧光测定总砷，测定时硝酸的存在会妨碍砷化氢的产生，对测定有干扰，消解完全后，应尽可能加热驱除硝酸。国标实验中采用硝酸—硫酸消解样品，由于硫酸的沸点比硝酸高，所以最后消解液里基本没有硝酸。

（3）采用硝酸—硫酸消解样品时，应避免发生炭化，消解过程发生炭化时会使砷严重损失。所以在消解过程中，注意若消解液色泽变深时，应适当补加硝酸，同时要注意标准曲线的酸浓度应与样品消解液中的酸浓度相同。

3. 微波消解注意事项

（1）由于使用的是微波加热，实验过程中要防止微波的泄露。特别值得注意的是，要掌握消解样品的种类和称样量之间的关系，严格控制反应条件，防止消解罐因为压力过大而变形，造成安全隐患。

（2）植物样品和食品中汞元素的测定通常使用微波消解法。使用预加酸放置过夜，有利于下一步消解。酒类样品需要先排干乙醇再进行消解。含有机化合物多的粉末状样品，如果检测时间允许，可加硝酸、过氧化氢浸泡过夜，再进行微波消解；也可先加硝酸进行预加热，至样品大部分溶解后，再加过氧化氢进行微波消解，这样可以避免因同时加入硝酸、过氧化氢后预加热产生大量泡沫，溢出消解罐，造成消解失败。

综上所述，几种消解方法所用容器均需在 HNO_3 （1+4）溶液中浸泡 24h 以上，用去离子水冲洗晾干后才能使用。总的来说，酸化消解为经典的消解方法。干灰化法耗时较长，且易引起待测元素的污染和损失。微波消解法具有待测元素不易损失的优点，但是取样量小，同时应注意操作安全。几种方法各有优势，在测定样品中的重金属含量时，应根据样品种类和实验室条件综合考虑采用何种消解方法，有条件的可以利用不同的方法消解同一样品进行测定比较，找到既准确又适合的消解方法。

第二节　样品处理的损失与干扰

一、样品处理的损失

在微量、痕量分析中，消解样品损失主要由挥发、器皿或沉淀的吸附以及其他变化引起。消解样品时，待测组分的损失需要注意，因为消解样品这一步操作时间长、处理温度高，容易造成损失。尽管在容量分析和主成分测定中，损失也是不允许的，但在痕量分析和低浓度成分测定中，由于待测成分多在 10^{-6} 甚至 10^{-12} 级，有的待测成分甚至达到 10^{-16} 级，少量损失也会引起显著的负误差，应当高度重视。

（一）挥发损失

1. 消解样品的挥发损失因素

大多数有机物容易在加热时损失，故在有机成分测定中应尽可能避免加热，样品液的容器也应避免敞口长时间放置。无机非金属成分也容易挥发，如单质卤素、易挥发的酸和酸酐，有卤化氢、H_2S、HCN、HCNS、SO_2、CO_2 及氮氧化合物等；砷、锑、硒的氢化物，二氧化硫、二氧化碳，在水溶液中溶解度较低，一旦生成，就会挥发损失。易形成挥发性化合物的元素有 As、Sb、Sn、Se、Hg、Ge、B、Os、Ru（后两种以四氧化物形式挥发），易形成氢化物的元素有 C、P、Si 等。消解样品时，金属成分的挥发易被忽视，其实各种金属的不同成分都可以在不同的溶样条件下挥发。因此，影响挥发的主要因素有消解方式、温度、介质及待测成分和基体的化学形态。

2. 防止措施

（1）采用回流装置，如测 Hg。

（2）将释出的气体通过吸收容器和适当的吸收溶液吸收。

（3）采用密闭容器，如微波消解。

（二）吸附损失

1. 消解样品的吸附损失因素

吸附损失比挥发损失更普遍也更严重。由于痕量分析中，待测成分浓度低，标准溶液也相应很稀，同时样品在贮存中也可能发生变化，这些与吸附损失关系均较密切。引起吸附损失的主要因素有介质条件和容器材料。所谓介质条件，主要指介质的成分、溶液中的 pH 以及溶液中存在的阴离子或配体。样品处理时，待测成分常存在于稀溶液中，无机离子在低浓度下的稳定性与 pH 的关系见表 13-1。

表 13-1　无机离子稳定性与溶液的 pH 关系

稳定 pH	浓度为 2~10mg/L	浓度为 0.1~1.0mg/L
1.5~11	Li	Li
≤1.5	Cr（Ⅲ）, Cu, Fe（Ⅱ）, Mo, Pb, Ti, V, Bi, Ru, Sn, Pd	
≤2.0		Bi, Sb
≤3.0		In, Pd, Rh, Ru

稳定 pH	浓度为 2~10mg/L	浓度为 0.1~1.0mg/L
≤3.5	In, Al	
≤4.0	Tl	
≤5.0	Ca, Mg, Be, Sr, Zn, Mg, Be, Sr, Zn, Mn, Co, Ni	
≤6.5		Cd, Ti
≤8.0		Ca, Mg, Sr

大多数金属在溶液中被吸附组分浓度越稀越易被吸附；容器材质如玻璃、石英、金属、塑料等都有一定的吸附损失；对容器进行预处理也可以降低吸附损失，彻底清洗容器能显著减弱吸附作用，如除去玻璃表面油脂，用酸碱处理、高温灼烧等。

2. 防止措施

（1）将溶液酸化可防止无机阳离子吸附在玻璃或石英器皿上。

（2）阴离子吸附的程度一般较小，作为预防措施，如有必要，可使溶液呈碱性。

（3）加入络合配位体，如 1∶10 氨水可防止玻璃容器中 1.0mg/L 的 Ag 被吸附。

（三）与容器反应引起的损失

1. 样品消解中待测元素或消解试剂与容器反应

在干灰化法和熔融分解中，常常存在一些组分与坩埚表面反应，会造成一定的危险性。若反应产物难溶，会使分析结果偏低。如硅酸盐、磷酸盐和氧化物易与瓷坩埚的釉化合，因此应选用石英或铂坩埚，金属坩埚会与试样中的金属易生成合金。

2. 解决的办法

选用合适的容器。

（四）其他形式引起的损失

（1）以飞沫或粉尘的形式损失。当溶解伴有气体释出或者溶解是在沸点以上的温度下进行时，总有少量溶液损失，如气泡在液面破裂时以飞沫的形式带出，取决于溶解的条件和容器的大小与形状，这样的损失通常为液体总体积的 0.01%~0.2%。

解决的办法通常是加盖。

（2）溶液沸腾或蒸发时产生暴沸导致样品损失。

解决的办法：搅拌溶液；加防暴沸物质，如玻璃珠；插入一末端凹陷留有气泡的玻璃棒；在水浴上或红外灯下蒸发。

（3）熔融分解或溶液蒸发时盐类沿坩埚壁蠕升也会造成损失。

解决的办法：均匀加热，在油浴或沙浴上加热，采用不同材料的坩埚。

二、样品处理的干扰及消除

（一）样品处理与干扰消除原则

一是最大限度消除样品中固有的干扰；二是防止引进新的干扰，如损失、沾污、空白值；三是始终贯彻干扰最小原则。从而获得可靠的分析结果，如图 13-1 所示。

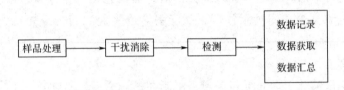

图 13-1　样品处理与干扰消除的关系

（二）物理和化学干扰因素与消除

包括溶液的黏度、相对密度及表面张力等影响雾化效率的因素。

1. 酸的种类和浓度

同样酸度的酸，其黏度依下列次序递增：$HCl \leqslant HNO_3 \leqslant HClO_4 \leqslant H_3PO_4 \leqslant H_2SO_4$，因此尽可能使用 HCl 和 HNO_3，避免使用 H_3PO_4 和 H_2SO_4。

2. 保证基体匹配

待测样品和标准样品一致的溶液环境，还可以采用内标校正法补偿、标准加入法有效消除物理干扰。

3. 离解强度

ICP 具有很高的离解能力，比火焰 AAS 和 OES 小得多，可忽略不计。

（三）光谱、电离及基体效应干扰与消除

1. 光谱干扰与消除

光谱干扰包括谱线重叠和背景干扰两类，谱线重叠主要采用干扰因子校正法（IEC）予以校正。背景干扰采用仪器本身具有的功能校正。

2. 电离及基体效应干扰与消除

一般采用双向观测，避免采用电离干扰严重的水平观测，同时采用基体匹配、分离技术或标准加入法消除或者抑制基体效应。

三、空白值

（一）影响空白值的因素

（1）试剂和溶剂带来的空白值，是因为所用的酸、碱或水不纯。

（2）由容器、材料引起的试样污染带来的空白值，通常主要来源是未清洗干净的器皿；清洗中带入的污染。

（3）环境污染带来的空白值，如灰尘、粉尘。

（二）解决办法

（1）尽量使用高纯或超纯试剂，必要时可对试剂进行提纯。

（2）选择适宜的容器、材料，可以避免。

（3）器皿必须清洗干净，并防止被污染。

（4）保持环境卫生，超痕量分析应在超净实验室进行。

（5）进行空白试验。

第三节　样品处理的玷污

一、工作环境的玷污

所谓工作环境，指除和样品直接接触的容器以外的实验器物，包括空气和各种实验室设施，如实验桌、自来水管、天花板及墙壁等，它们对样品处理以及整个分析测试过程引起的玷污是不可忽视的。

（一）空气玷污

除了在真空和惰性气氛下处理样品外，所有的试样都与空气长时间接触。空气玷污包括空气中灰尘及各种杂质，也包括由于大气中氧气氧化而引起成分的变化，样品处理所涉及的空气通常应从一般大气和特定实验室空气两方面考察其玷污行为。

1. 一般大气

一般大气玷污是指在实验室所处的地理位置和气候条件下，周围空气中各种杂质对样品的影响，也包括样品源、样品运送途中空气的玷污，所以大气玷污涉及从样品源到实验室的整个地域，是非常广泛而多变的。

大气玷污程度与城市的特点及气候有密切关系，同时受到样品采样点如仓库、车间、矿井作业面、医院就诊室、太平间以及运送途中空气中杂质的玷污。管理杂乱的仓库中常有各种货物的微粒飘散，不清洁的车间空气中有各种灰尘飞扬；矿山、医院的采点，室内空气也带有各自的行业特征；列车车厢及汽车后座的采样点，大气玷污的可变因素较多，目前尚未见到大气成分变化对样品组分含量影响的详细报告，但其影响的存在是无疑的。

2. 实验室空气

实验室空气对样品的玷污比室外一般大气的影响更直接，实验室空气的玷污主要有两个方面：

（1）空气中的各种酸雾（如盐酸、氢氟酸、硝酸的雾滴）、硫化氢、二氧化硫、氮的氧化物、各种有机溶剂（如乙醇、丙酮）以及其他多种挥发性的无机和有机化合物（如汞、苯胺、硝基苯等）。如长期存放氨溶液的瓶外覆盖一层氯化铵或其他铵盐的白霜，有的实验室通风橱玻璃由于氢氟酸及其他酸雾长期腐蚀而变毛，长期使用的实验室工作台上可检测出几十种元素。

（2）实验室的腐蚀性气体使各种设施锈蚀，飘散的固体微粒成为新的固体污染源。如实验室的墙壁、自来水管、天花板等固定设施，以及各种金属器件如烘箱、电热板、蒸馏夹、铁丝石棉网，都会在长期加热和各种酸气作用下，表层脱落，产生尘埃、锈粉等，随着空气对流而弥散于整个空间。如测定自来水或天然水样中的痕量铁时，不宜在铁丝石棉网上加热蒸发样品溶液，因为电热板及铁丝石棉网上的杂质会玷污样品，从而使结果失真数十倍。

（二）容器玷污

容器玷污包括与试样及有关溶液直接接触的各种器皿及其附属，如有关用具和用物（坩埚钳、搅拌器等），通常由玻璃、塑料、石英及各种金属材料制成。它们对样品的玷污一般是由于自身被处理样品的试剂腐蚀，有关的组分进入样品溶液所致，所以玷污过程也是容器本身受腐蚀的过程。

样品的处理过程，特别是痕量成分分析的样品处理要求，玻璃引起玷污甚为严重。要测定常见元素，如硅、硼、铝、钙、镁、钠、钾和锌，应尽可能避免溶液与玻璃器皿长时间接触；而这些元素特别是硅、硼的痕量测定，则应禁用玻璃器皿。在样品的处理中，与试样直接接触的金属制品主要有各类金属坩埚，造成的玷污来自金属腐蚀与溶出，所以在使用这类坩埚时，要按规定要求合理选择不同种类的坩埚。

塑料除吸附杂质能力强外，而且不宜洗净。塑料能被各种溶液渗透（即玷污有渗透性），目前聚四氟乙烯性能最为优异，被称为塑料之王，在消解样品特别是高压密封消解法中有重要应用。这种材料本身的杂质低，对各种试剂耐腐蚀性强，对有机溶剂也是惰性的。由于聚四氟乙烯和其他混合酸在100℃左右分解试样十分方便，玷污量在 $\mu g/L$ 级（氟的玷污除外），但四氟乙烯价格较贵，暂时难以普及。

二、试剂的玷污

除工作环境和容器玷污外，样品处理中试剂玷污是重要的误差源，是必须考虑的首要因素之一。通常各个厂家按试剂的纯度分工业纯、化学纯、分析纯和优级纯四级，尽管样品处理中用的试剂等级要和分析测试结果精度的要求和其他目的协调，但在讨论玷污问题时，仍然不妨从优级纯入手。样品处理中常见的优级纯试剂中所含的杂质量见表 13-2。

表 13-2 几种优级纯试剂中所含的杂质量　　　　　　单位：μg/L

杂质	盐酸	硝酸	硫酸	氢氟酸	氢氧化钠	碳酸钠
Ag	0.1	<0.05	3	0.1	5	20
Al	10	2	3	10	50	30
As	1	<1	<1	1	10	30
Ca	1	2	10	10	1000	170
Cd	<1	<1	<1	8	50	50
Cu	0.2	0.1	1	1	1	10
Fe	2	0.5	10	10	50	100
Mg	1	0.3	3	1	50	20
Ni	0.2	0.2	0.5	0.5	10	10
Pb	0.5	0.5	0.5	2	10	20
Zn	<1	<1	2	2	50	20

第四节 几种易损失元素样品预处理实例

由于样品中砷（As）、汞（Hg）、铅（Pb）、硒（Se）、锡（Sn）及贵金属等元素在样品预处理过程中容易发生损失玷污，因此，在样品预处理时，根据试样特性、待测元素的性质、不同的定量方法选择预处理方法，控制好空白值，避免人为造成样品被污染或损失，确保样品预处理完全，同时要注意安全。

一、砷和汞元素

预处理含砷（As）和汞（Hg）样品时，通常采用如下方法：

（1）选用硝酸和高氯酸或采用硝酸和硫酸；采用回流消解装置；选 HG—AFS、

FAAS 和 ICP—MS 进行分析。

（2）选用硝酸和过氧化氢，采用敞开或密闭消解（微波消解）的方法。

（3）对于油脂类样品，采用回流消解装置，先加硝酸，待剧烈反应后再慢慢滴加硫酸。

（4）干灰化法：加硝酸镁和氧化镁，不适合用 ICP—MS 和 GFAAS 分析，GFAAS 测定时加钯或镍作为基体改进剂。注意，汞的测定不适合用干灰化法。

（5）对于测定汞的样品预处理，采用硝酸、硫酸和五氧化二钒处理，方法为：放入锥型瓶，消解至溶液变蓝绿色，适合于 HG—AAS 法测定。采用 ICP—AES、ICP—MS 测定时有记忆效应。

（一）保健食品中 As 和 Hg 元素的样品预处理[7-9]

称取 1.0~2.0g 保健食品于高型烧杯中，加 20mL（4+1）硝酸—高氯酸及 2~3 粒玻璃珠，盖上表面皿，冷消解过夜。于电热板上消解，若消解不完全可补加硝酸，一直消解至无色并冒出白烟，体积约 2mL，取下，冷却，用纯水少量多次将消解液转入 25mL 比色管中，体积约 20mL，向比色管中加入 1.0mL 浓硫酸摇匀，再加入 2.5mL 10%硫脲，加水至刻度，混匀备测，同时做样品空白。以 AFS 同时测定保健食品中砷和汞，其检出限分别为 1.25μg/kg、0.20μg/kg。砷和汞线性范围分别为 0~60ng/mL、0~5.0ng/mL。

（二）蔬菜样品中砷和汞元素的微波消解法处理[10-12]

称取脱水菜（芹菜）样品 0.5000g、标物 0.5000g 于微波消解管中分别加入 5mL HNO₃ 浸泡过夜。次日加入 2mL H₂O₂ 按照设定好的条件进行消解。仪器运行结束，冷却泄压后，测定 Hg 的样品并直接转入 25.0mL 比色管中，加入 1：1 HCl 2.5mL，用去离子水定容。HNO₃ 对 As 测定有干扰，需将消解液转入 30mL 小烧杯中，加水于电热板上加热蒸发至近干，冷却后，转入 25.0mL 比色管，然后加入 1：1 的 HCl 溶液 2.5mL 和 5%抗坏血酸+5%硫脲混合溶液 2.0mL，用去离子水定容，以 AFS 法测定，同时做试剂空白。脱水蔬菜中 Hg、As 平均回收率的相对标准偏差分别为 4.2%和 3.6%。

（三）油脂样品中砷元素的回流消解法预处理[13]

称取油脂样品 5.0g 于消解瓶内，加适量硝酸和 2~3 粒玻璃珠，连接回流冷凝管通入冷凝水，关闭排液活塞，小火加热，待剧烈反应消失，瓶内温度降低后，从加液漏斗加入硫酸，缓慢加热，反应平稳后逐渐升高温度。若样品有颜色加深现象，立即放入少量硝酸，待消解液澄清可赶硝酸，即开启排液活塞，排尽硝酸至硫酸分解冒白烟就停火冷却，待瓶内温度较低时，从回流冷凝管上部加蒸馏水入瓶内，开启排液活塞加热至冒白烟，可重复 1~3 次，消解瓶冷却后，取下消解瓶，用适量水从冷凝管上部适当淋洗，同时用少量去离子水多次将消解液转入 50mL 容量瓶内，加入 5mL 5%硫脲+5%抗坏血酸混合液，用去离子水定容，摇匀放置 20min，同时测定标准物质及空白值。

（四）水果和蔬菜中 As 和 Hg 元素的样品预处理（GB 5009.11—2014）

1. 酸化消解

称取果、蔬等鲜样 5.0000g，鲜肉样 2.5000g，于 50mL 烧杯中加入 10mL HNO$_3$、1.0mL HClO$_4$，盖上表面皿，放置过夜。于电热板上从 120℃开始缓慢升温，至消解平稳，升温至 150℃，消解至消解液透明，当 HClO$_4$ 开始冒白烟时将烧杯取下冷却，加入 2.5mL HNO$_3$（1+1），定容至 25mL，同时做空白实验。溶液分别用 GFAAS 法测定样品中 Pb、Cd、Cr，用等离子体发射光谱法同时测定 Fe、Zn 和 Cu，另取待测溶液 5.00mL，加入 1.0mL 5%的硫脲和 5%抗坏血酸混合溶液；同法制备茶叶标样（GBW07605）和杨树叶标样（GBW07604）。采用 HG—AFS 法测定样品中 As 和 Hg。

2. 微波消解法

称取果、蔬等鲜样 0.5000g 样品于消解罐中，加入 3mL HNO$_3$，5mL H$_2$O$_2$，装罐后放入微波炉密闭消解，消解完毕后卸罐，定容至 25mL，同时做试剂空白，其余步骤同酸化消解，采用 HG—AFS 法测定 As 和 Hg。

二、铅、镉和铬元素

在预处理含铅、镉和铬样品时，通常采用如下方法：

（1）硝酸和过氧化氢：敞开和密闭消解（微波消解）。

（2）硝酸和高氯酸（4+1）：用 GFAAS 测定时需加基体改进剂。

（3）干灰化温度小于 550℃。

（4）与 APDC—DDTC 络合后用 MIBK 萃取，用 AAS/GFAAS 分析有机相。

（5）土壤采用硝酸、高氯酸和氢氟酸全消解。

注意，测定铅的样品处理时不能用硫酸；测定镉的样品处理，在用硫酸和过氧化氢时，碳化后可反复滴加过氧化氢；在测定铬时，加入磷酸二氢铵作为基体改进剂，注意控制铁和锌的空白值；硝酸的空白值较高，采用干灰化法消解可降低空白。

（一）土壤中砷、汞、铅、镉和铬元素的微波消解样品预处理[14-16]

准确称取经风干、粉碎后过筛（100 目）的土壤样品 0.20g 于微波消解罐中，用少量水润湿，加入消解试剂，混匀，旋紧消解罐盖后置于微波消解仪中，程序升温。消解完成后放入加热仪中 140℃赶酸，以除去氮氧化物和氢氟酸。当样品溶液蒸至近干时，停止赶酸。待样品冷却，用水溶解，转移至100mL容量瓶中，加入3mL盐酸、5mL 5%硫脲—抗坏血酸溶液，用水稀释至刻度，摇匀放置20min，测定As含量；待样品冷却，用浓度为2%硝酸溶解，转移至25mL容量瓶中，用浓度2%硝酸稀释至刻度，摇匀放置，测定Hg、Pb、Cd含量；待样品冷却，用浓度2%硝酸溶解，转移至25mL容量瓶中，同时加入5mL氯化铵溶液，用浓度2%硝酸稀释至刻度，摇匀放置，测定Cr含量。不加试样，采用与样品测定相同的试剂、操作步骤做空白试验。分别以AFS、AAS和ICP—MS测定。

（二）水产品中Pb、Cd和Cr元素的样品炭化—酸溶消解法预处理[17-21]

将样品洗净用不锈钢刀作解剖。鱼类取肌肉食用部分和鳞片、肝脏、内脏、鳃等其他部分；匀浆样品保存在−20℃冰柜24h，然后置于冰冻干燥机，冰冻干燥72h，再将干燥样品准确称重，计算干湿重比例。称量干燥样品约1.0g，置于100mL烧杯中，加15mL浓HNO_3（AR）、0.5mL H_2O_2（AR）混匀。置于电热板上，控温约400℃使样品炭化，破坏有机物结构，使之形成小分子或炭残渣，通过硝酸—双氧水—硝酸消解至棕色气体消失，得到透明溶液，加入0.5g磷酸二氢铵作为基体改进剂，再用去离子水稀释定容至100mL，采用GFAAS法测定。

三、硒元素及硒元素形态

测定硒样品，预处理消解是测定无机硒的必要预处理步骤，消解的关键在于保证试样中的硒转化为适于测定的形态，并严格注意防止硒的遗失。常用的方法有低温灰化法、封闭体系燃烧法、酸化消解法等。其中，酸化消解法是被广泛采用的方法，对于植物样品、组织样品和食品，可以采用$HClO_4$—HNO_3、HNO_3—H_2O_2消解体系，为了防止在消解过程中硒化物的损失，需要控制升温速度及时间，使硒转变为适于测定的无机价态硒[22]。但某些有机硒耐酸解，通常的酸化消解并不能使硒完全转化为无机硒。这些硒化物有硒蛋氨酸、硒半胱氨酸、三甲基硒等。在pH≥2的溶液中用过硫酸盐消解最为有效。生物样品中硒分别用微波技术（HNO_3—H_2O_2）和酸化消解（$HClO_4$—HNO_3）处理血浆等样品，两者效果基本相同。通常情况下，一是采用硝酸和过氧化氢，敞开或密闭消解（微波消解）；二是采用硝酸和高氯酸（4+1）及硫酸，用原子光谱法分析。

注意，硝酸和高氯酸（4+1）不适合用ICP—MS分析；样品预处理不宜采用干灰化消解样品；采用GFAAS测定时，要加钯或镍作为基体改进剂。

（一）蓝莓中有机硒元素形态样品的预处理[23,24]

1. HNO_3+H_2O_2+HCl消解体系

将蓝莓样品洗净，在50~60℃烘干、研磨，过40目筛；取蓝莓粉1.0g，置于

50mL 锥形瓶内，加入 15mL 硝酸 5∶95 在通风橱中于 90~110℃ 加热近干，滴加 H_2O_2 10.0mL 硝化至溶液淡黄透明，再加 HCl （10∶90） 15mL 蒸至近干，加入 5mL 5% 稀硝酸溶液，转入 50.0mL 容量瓶中，并加入 2.0mg/mL 硝酸钾 100g/L （基体改进剂），用含 Tween-80 （5.0g/L） 的 5% 稀硝酸溶液定容，并用 GFAAS 测定。

2. 疏基棉分离与硒的脱附

将消解后的样品稀释至约 50mL （pH 为 2.0±0.2），用浓度为 1.5mol/L 的 HCl 以流速 1.0mL/min 通过冲洗过的疏基棉柱富集硒，然后用饱和的 KCl 溶液与 5.0mol/L HCl 混合液 （1∶1） 10.0mL 洗涤。取出疏基棉，放入盛有 5.0mL 2.0mol/L HNO_3 的烧杯中，置于沸水浴中加热 3~10min （在 5min 时，硒的解脱效果最好） 取出疏基棉，加 0.2g 尿素，冷却后用滤纸过滤，用 KOH 溶液中和至 pH 为 1.8~2.3，定容至 10mL，并用 GFAAS 法测定

（二） 非完全硝化—交联壳聚糖 （CCTS） 法对蓝莓中硒元素形态的样品处理[25]

将蓝莓洗净，烘干至恒重，磨成粉，过 100 目筛；准确称取 1.0g 蓝莓粉，置于 50mL 锥形瓶内，加入 5.0mL 硝酸置于电热板上，在通风橱中于 90~110℃ 加热 5~10min （近干），滴加 H_2O_2 10.0mL 硝化至淡黄色透明溶液，再加入 HCl 5.0mL 蒸至近干 （不能炭化，否则会失败），取下摇匀，转入 50.0mL 容量瓶中。硒在高温下易挥发，故在定容样品时加入 2.0mL 2.0mg/L 的基体改进剂硝酸钾，最后用含 5.0g/L 的 Tween 80 的 5% 稀硝酸溶液定容。在 pH=3 时，恒温摇床上振荡一定时间，用 CCTS 对蓝莓中不同形态 Se （Ⅵ）、Se （Ⅳ） 吸附，用 0.45μm 滤膜抽滤，并洗脱，将滤液转入 50mL 容量瓶中，用蒸馏水稀释至刻度，用 GFAAS 法分别测量 Se （Ⅵ）、Se （Ⅳ） 的含量。

四、锡元素及锡元素形态

在预处理含锡样品时通常采用如下方法：

（1） 硝酸和过氧化氢：敞开和密闭消解 （微波消解）。

（2） 硝酸和高氯酸及硫酸消解，AFS 或 ICP—OES/MS （4+1）。

（3） 过氧化钠 700℃ 熔融：主要针对地质样品，采用 HG—AFS 法。

注意，采用 FAAS 测定灵敏度不高，工作曲线最低 50mg/L，采用 GFAAS 测定时加钯作为基体改进剂。

（一） 海产品中锡元素的样品预处理[26]

称取试样 10.0g 于锥形瓶中，加入 20.0mL 硝酸—高氯酸 （V/V=4∶1） 混合溶液，加 1.0mL 硫酸，2~3 粒玻璃珠，放置过夜。次日于微波消解仪上加热消解 40min，取下置电热板上加热，继续消解至冒白烟，待液体体积近 1.0mL 时取下冷

却。用水将消解样品转入 50mL 容量瓶中，加水定容至刻度，摇匀备用。同时做空白试验。取定容后的试样 10.0mL 于 50mL 比色管中，分别加入 10.0mL 硫酸溶液（$V/V=1:9$）和 5.0mL 硫脲溶液（$V/V=1:9$），再用水定容至 50mL，摇匀，采用 HG—AFS 法测定。

（二）环境水样中锡元素的样品预处理[27]

将 20mL 待测环境水样移入 25mL 具塞比色管中，加入 2.0mL 10% HNO_3，加入硫脲—抗坏血酸混合液 3mL，摇匀，放置 30min 后，以 FAAS 测定或采用 GFAAS 测定，采用 GFAAS 测定时加入基体改进剂以提高灰化温度。

五、锑元素及锑元素形态

在对样品中锑元素预处理时，通常采用如下方法：加硝酸和过氧化氢，敞开或密闭消解（微波消解）；硝酸和高氯酸；工水，地质样品，HG—AFS。

注意，FAAS 测定灵敏度不高，工作曲线最低为 50mg/L；采用 GFAAS 测定时加钯作为基体改进剂。

（一）农产品中锑元素形态测定的样品预处理

重金属锑（Sb）是国际社会广泛关注的污染物之一，已被美国环境保护协会（USEPA）和欧洲共同体（EU）认定为优先检出的有毒元素之一。相关研究表明，锑的毒性与其价态相关，其毒性大小为 Sb（0）>Sb（Ⅲ）>Sb（Ⅴ）>有机锑，无机锑比有机锑毒性大。正由于不同形态锑的毒性不同，研究其形态的分析方法具有重要意义。

谭湘武[28]采用氢化物发生—原子荧光光谱法测定食品样品（蔬菜、大米、龙虾、草鱼）中 Sb（Ⅲ）和 Sb（Ⅴ）。选取 3.5mol/L HCl 为提取剂，超声提取，以 10g/L 氟化钠作为 Sb（Ⅴ）的掩蔽剂，在 1.0mol/L HCl 介质中选择性地测定 Sb（Ⅲ）含量，用差减法求得 Sb（Ⅴ）含量。Sb（Ⅲ）和 Sb（Ⅲ+Ⅴ）的检出限分别为 0.15μg/L 和 0.07μg/L，相对标准偏差（RSD）分别为 3.5% 和 7.4%（$n=11$）。应用此法对食品样品中的 Sb（Ⅲ）和 Sb（Ⅴ）进行分析，并与微波消解法测定值相比较，该法总锑的提取率为 80% 以上，Sb（Ⅲ）和 Sb（Ⅲ+Ⅴ）的加标回收率分别为 81.4%~91.4% 和 89.6%~101.8%。具体样品预处理步骤是：取大米试样粉碎，经 100 目过筛，龙虾、草鱼、蔬菜等农产品样品取可食部分切碎，经匀浆机匀浆成泥状。称取 2.00g（精确至 0.01g）样品于 50mL 离心管内，加入 3.5mol/L 的 HCl 溶液 40mL，超声温度为 50℃，时间为 60min，离心后取上清液备用，同时做试剂空白试验。分别取 1.00g 大米、蔬菜、龙虾、草鱼样品于消解罐中，加入 4mL 硝酸和 2mL 过氧化氢，按微波消解程序（第一步：功率为 1000W，温度为 120℃，时间为 12min；第二步：功率为 1000W，温度为 180℃，时间为 15min）消解，冷却后，加 1.0mL 50g/L 硫脲—50g/L 抗坏血酸混合溶液，以超纯水定容至 10mL，摇匀，放置 30min 后上机测定。此结果与 Sb（Ⅲ/Ⅴ）相比即为锑的提取率。采用 HG—AFS 测定。

（二）土壤中水溶态和可交换态锑（Ⅲ）和锑（Ⅴ）测定的样品预处理

于兆水等[29]在 0.10mol/L 酒石酸介质中，采用氢化物发生—原子荧光光谱法测定土壤中水溶态和可交换态的 Sb（Ⅲ）和 Sb（Ⅴ）。氢气发生器为氩—氢火焰提供氢气，明显降低了硼氢化钾浓度，改善了测定检出限。考察了酒石酸掩蔽 Sb（Ⅴ）的量及共存干扰元素的允许量。该方法检出限 Sb（Ⅲ）为 0.026ng/L，总 Sb 为 0.019ng/L。具体土壤样品预处理步骤为：

（1）称取 2.0000g 土壤样品于 25mL 带盖离心管中，加入 20mL 去离子水，加盖，在振荡器上室温振荡 2h，然后在离心机上离心分离 5min，倾出上层清液，用于测定水溶态 Sb（Ⅲ）和 Sb（Ⅴ）。再向残渣中加入 20mL $MgCl_2$ 溶液，加盖摇匀，在振荡器上振荡 2h，然后离心分离 5min，倾出上层清液，用于测定可交换态 Sb（Ⅲ）和 Sb（Ⅴ）。

（2）水溶态 Sb（Ⅲ）和 Sb（Ⅴ）的测定量：取已制备的 5mL 水溶态提取液于 25mL 比色管中，加入 2.0mL 酒石酸溶液和 3mL L-半胱氨酸溶液，摇匀后于沸水浴中加热 15min，取下冷却后用去离子水稀释至刻度，摇匀待测。另取 5mL 水溶态提取液于 25mL 比色管中，加入 2.0mL 酒石酸溶液，用去离子水稀释至刻度，摇匀，做空白实验。采用 HG—AFS 测定。

六、锗元素及锗元素形态

样品中锗的样品预处理通常采用如下方法：
（1）硝酸和过氧化氢，密闭消解（微波消解）；
（2）硝酸和过氧化氢及硫酸（GB/T 5009.151—2003）；
（3）高纯锗的溶解，过氧化氢和氨水；
（4）二氧化锗的溶解，草酸或氢氧化钠溶液。

注意，在消解过程中避免引入氯，以免对锗的测定造成干扰，采用 GFAAS 测定时应加钯、镍作为基体改进剂。

（一）软枣猕猴桃中锗形态测定的样品预处理[30]

浓硝酸—双氧水—浓盐酸（HNO_3—H_2O_2—HCl）消解体系：将样品置于冷冻干燥机上处理 24h，匀浆，称取 1~5g 置于 50mL 锥形瓶内，加入 5mL 硝酸（1+99）置于控温电热板上，在通风厨中于 90~110℃加热 5~10min（或近干），滴加 H_2O_2

10.0mL 硝化至溶液淡黄透明，再加入浓 HCl 5mL 蒸至近干（注意不能炭化，否则会造成失败）加入 1.0mL 20g/L Ba（NO_3）$_2$溶液取下摇匀，转入 50.0mL 容量瓶中，在定容样品时加入 160mg/L 硝酸镍 100μL（基体改进剂），再用 10mL 5% HNO_3溶液溶解提取，定容于 50mL 容量瓶中，以 5% HNO_3稀释至刻度摇匀备用。以硝酸镁和硝酸镍作为复合基体改进剂，用硝酸银、硝酸钡为辅助基体改进剂，显著提高了锗的测定灵敏度、检出限和热稳定性，较好地抑制了基体干扰。采用 GFAAS 测定。

（二）ICP—OES 测定金花茶中有机锗的样品预处理

甘志勇[31]先在 6mol/L 盐酸介质中通过加热去除金花茶花朵中的无机锗，再采用微波消解样品和电感耦合等离子体原子发射光谱法测定有机锗。结果表明，该方法能基本除净无机锗，无机锗回收率达 6.2%，样品中的有机锗含量（0.15±0.02）mg/kg 与总锗含量（0.16±0.02）mg/kg 基本一致，经 t 检验法检验无显著性差异，证明样品中含有的锗均为有机锗，而且加热不能除去有机锗。具体消解过程如下：

1. 金花茶花朵样品的初级预处理（物理预处理）

金花茶花朵样品均采自广西亚热带作物研究所，采摘准备谢落的花朵，用打浆机打成浆泥，备用。

2. 有机锗测定的样品消解方法

称取 2.50g 样品于变性特氟隆消解罐内。加入 10mL 6mol/L HCl，置于控温电热板上 200℃加热 40min。取下冷却，加 5mL HNO_3 和 3mL H_2O_2，密闭。程序升温：10min 升温至 120℃并保持 5min，后 5min 升温至 180℃并保持 5min。待消解罐温度降低至接近室温后，转移溶液至 25mL 容量瓶中，用去离子水定容，消解溶液至澄清、透明，备用，同时进行空白试验。

3. 总锗测定的样品消解方法

称取 2.50g 样品于变性特氟隆消解罐内，加 5mL HNO_3 和 3mL H_2O_2，密闭。程序升温：10min 升温至 120℃并保持 5min，之后 5min 升温至 180℃并保持 5min。待消解罐温度降低近室温后，转移溶液至 25mL 容量瓶中，用水定容，消解溶液至澄清、透明，备用，同时进行空白试验。

七、钾、钠和钙元素测定的样品预处理

样品中钾、钠和钙元素的样品预处理通常采用如下方法：
（1）硝酸和过氧化氢，敞开或密闭消解（微波消解）；
（2）硝酸和高氯酸（4+1）；
（3）干灰化温度 500~550℃。

注意，控制空白值。在 FAAS 分析中常加入铯作为消电离剂，工作曲线容易向上弯曲，用发射光谱法测定效果较好。在 ICP—MS 中易受 O、Ar 的干扰，用 FAAS 法测定时加镧或锶盐作为释放剂。

（一）农产品中 K、Na 和 Ca 元素测定的样品预处理（GB/T 5009.268—2016）

称取烘干、研磨成粉末状的蘑菇。置于石英烧杯中，加入 10~15mL HNO_3，盖上表面皿，静置过夜（12h）。在电热板上加热消解、蒸干，稍冷加 1.0mL 10% HNO_3，移至 10mL 容量瓶中，加入 1.0mL 氯化铯作为消电离剂，并定容，摇匀。在测定钾时，取试液 1.0mL 于 10mL 容量瓶中并定容，摇匀，测钠，取试液 1.0mL 于 10mL 容量瓶中并定容，摇匀，以 AAS 法测定。

（二）果汁及饮料 K、Na 和 Ca 元素测定的样品预处理（GB/T 5009.268—2016）

选用鲜榨果汁（饮料），并浓缩，取浓缩果汁（饮料）5.00mL 于石英烧杯中，加入浓 HNO_3 10mL，加盖表面皿，放置过夜（12h），在低温电炉上加热回流蒸发至近干；再加入 10mL 浓硝酸加热蒸发至近干，移入 50mL 容量瓶中，用水稀释至刻度，摇匀，采用 ICP—OES 法测定 K、Na、Ca 的含量。

（三）卷烟中 K、Na、Ca、Mg、P、Fe、Zn、Cu 和 Pb 元素测定的样品预处理

抽取卷烟样品，把过滤嘴、外层烟纸和烟丝分别拆开，粉碎后充分混匀，准确称取样品 0.5g 于 50mL 聚四氟乙烯微波消解瓶中，加入 5mL 浓硝酸和 5mL 10% 的 H_2O_2，于微波消解炉中在 1000W 功率下消解 8min；消解后过滤，于电热板上蒸发到近干，用 15mL 5% HNO_3 加热溶解残渣，过滤，加入 1.0mL 10% 的 H_2O_2 并用 5% 的 HNO_3 定容至 25mL，同时做相应的空白实验，采用 AAS 法测定 K、Na 和 Ca 时要加入氯化铯作为消电离剂[32]。

八、贵金属元素

贵金属 Au、Pd、Pt、Rh 等的样品预处理时，通常采用如下方法：

（1）样品一般可用王水处理。

（2）对于钯铂催化剂，则用 10mL 氢氟酸、10mL（1+1）盐酸、10mL（1+1）磷酸、5mL 过氧化氢溶解。

（3）铑粉中铑的测定：加入 30 倍样品量的硫酸氢钾，在 600℃ 马弗炉中熔融，用硫酸溶解残渣，采用 ICP—OES 法或 FAAS 法测定。

①HCl—HNO_3 高温溶解合金中贵金属元素 Pd、Pt、In、Rh、Au 和 Ru 的预处理方法采用 ICP—OES 测定[33]。

称取合金试样 0.1000g 置于 100mL 烧杯中，加入 20mL 盐酸、5mL 硝酸，低温加热至溶解完全，含有高钨的试样再加入 5mL 柠檬酸溶液，继续低温加热直至溶液澄清，冷却后转移至100mL容量瓶中，用超纯水稀释至刻度处，摇匀。标准曲线溶液配制时进行基体和酸度匹配。试样中含钨较高时（≥5%），溶液中的钨易水解生成沉淀，使测定结果偏低，必须加入柠檬酸络合钨。

②测定钛合金中贵金属元素样品预处理采用ICP—OES测定[34]。

称取合金试样0.1000g置于100mL四氟乙烯烧杯中，加入10mL盐酸、0.5mL氢氟酸，低温加热溶解，再加入2.0mL硝酸使样品溶解完全，冷却后转移至100mL塑料容量瓶中，用超纯水稀释至刻度，摇匀。标准曲线溶液配制采用纯钛进行基体和酸度匹配。

参 考 文 献

[1]刘智斌.3种不同方法测定食品中铝残留量比较[J].食品安全导刊，2017(21)：71-71.

[2]陈晖，戴红霞，蔡洋，等.3种消解方法测定西北9种道地药材中微量元素含量比较[J].甘肃中医药大学学报，2009，26(6)：42-45.

[3]常学东.ICP—MS法测定大米中的铅-三种消解方法的比较[J].新疆有色金属，2017，40(5)：68-69.

[4]王宝森，刘贵阳，刘卫，等.不同消解方法对原子吸收光谱法测定三七中铅含量的影响[J].江苏农业科学，2012，40(5)：273-275.

[5]POLKOWSKA MOTRENKO H, DANKO B, DYBCZYN′SKI R, et al. Effect of acid digestion method on cobalt determination in plant materials[J]. Analytica Chimica Acta, 2000, 408(1-2)：89-95.

[6]郭岚，谢明勇，鄢爱平，等.电感耦合等离子发射光谱法用于植物油多元素同步测定研究[J].光谱学与光谱分析，2007，27(11)：2345-2348.

[7]王宇敏.原子荧光光谱测定保健食品中As和Hg的分析方法[J].中国卫生检验杂志，2003，13(5)：606-606.

[8]FU YONG, XU XIAOXU, WU YAOQING, et al. Preparation of new diatomite-chitosan composite materials and their adsorption properties and mechanism of Hg(Ⅱ)[J]. Royal Society open Science, 2017, 4(12)：170829.

[9]WU YAOQING, ZHANG FENGLEI, CHEN QIFAN, et al. Research on Electrochemical Polymerization of Conductive Heteroaromatic Polymers[J]. Advanced Materials Research, 2014, 900：352-356.

[10]XU XIAOXU, WU YAOQING, et al. Main-chain biodegradable liquid crystal basedon diosgenyl end-capped poly(trimethylene carbonate)[J]. Molecular Crystals and Liquid

Crystals, 2017, 652(1): 126-132.

[11] 马芸, 王彩艳, 赵营, 等. 原子荧光光谱法测定脱水菜中 Hg、As 含量评价[J]. 农业机械, 2013(20): 74-76.

[12] 曹旭, 赵瑞霞, 姜兆兴, 等. 微波消解—原子荧光光谱法测定苜蓿草颗粒中的砷、汞含量[J]. 黑龙江畜牧兽医, 2013(23): 82-83.

[13] 唐春莲. "自动回流消化仪"消化—AFS 法测定油中的砷[J]. 光谱实验室, 1998(3): 85-87.

[14] 王立瑞, 向静, 李丽琼. 原子荧光光谱法测定土壤中铅[J]. 微量元素与健康研究, 2013(5): 57-58.

[15] 孟昭荣, 吴瑶庆. 东港地区草莓生长土壤中微量元素的研究[J]. 甘肃农业, 2007(1): 72-73.

[16] 陈孟鹏, 韦靖, 蒋建宏, 等. 两种消解方法对测定尾砂坝土壤中重金属铅、镉元素含量影响的对比[J]. 化学试剂, 2015, 37(12): 1102-1104.

[17] WU YAOQING, LI LI, WANG YAN, et al. Assessment on Heavy Metals in Edible Univalves in Dandong Market[J]. Advanced Materials Research, 2014, 959:1189-1193.

[18] MENG ZHAORONG, LI LI, WU YAOQING. Evaluate of Heavy Metal Content of some Edible Fish and Bivalve in Markets of Dandong, China[J]. Applied Mechanics and Materials, 2014, 522: 92-95.

[19] MENG ZHAORONG, LI LI, CHI HONGXUN, et al. Assessment on Heavy Metals in Edible Bivalves in Dandong Market[J]. Advanced Materials Research, 2014, 959: 1184-1188.

[20] 吴瑶庆, 宫胜臣, 宋林. 石墨炉原子吸收光谱法测定四角蛤蜊中镉、铅的研究[J]. 辽东学院学报(自然科学版), 2005, 12(1): 22-23.

[21] 吴瑶庆. 科研成果转化为原子吸收光谱创新实验教学—碳化酸溶—石墨炉原子吸收光谱法测定鲭鱼体内微量铅、镉的含量[J]. 实验室科学, 2009(2): 13-15.

[22] 吴瑶庆, 杜春霖, 高友. 超声波形态硒分离器:中国, 104324520[P]. 2016.

[23] 杜春霖, 吴瑶庆, 孟昭荣, 等. 丹东地区决明子中微量硒的富集分离与测定[J]. 湖北农业科学, 2009, 48(2): 450-452.

[24] 吴瑶庆, 孟昭荣, 李莉, 等. 蓝莓中蛋白硒形态的富集分离及测定方法[J]. 营养学报, 2011(05): 37-40.

[25] 孟昭荣, 吴瑶庆, 洪哲, 等. 丹东地区蓝莓中硒的形态分析[J]. 江苏农业科学, 2011, 39(6): 535-538.

[26] 姜新, 吉钟山, 吉文亮, 等. 湿法消解—氢化物发生—原子荧光法测定海产品中的总锡[J]. 中国卫生检验杂志, 2016(2): 178-180.

[27]林芳，丁长春，陆梅.原子荧光光谱法测定环境水样中的锡[J].环境科学与管理，2011，36(11)：32-33.

[28]谭湘武，马金辉，萧福元，等.氢化物发生—原子荧光光谱法测定食品样品中的锑(Ⅲ)和锑(Ⅴ)[J].中国卫生检验杂志，2015(23)：4021-4023.

[29]于兆水，张勤.氢化物发生—原子荧光光谱法测定土壤中水溶态和可交换态锑(Ⅲ)和锑(Ⅴ)[J].岩矿测试，2010，29(1).

[30]吴瑶庆，孟昭荣，李莉，等.非完全硝化—石墨炉原子吸收光谱法测定野生软枣猕猴桃中微量锗的研究[J].江苏农业科学，2009(4)：307-310.

[31]甘志勇.电感耦合等离子体原子发射光谱法测定金花茶中的有机锗[J].南方农业学报，2009，40(7)：897-899.

[32]吴瑶庆，张福辰，黄胜君.一个创新型实验项目的设计与实现—原子吸收光谱法测定聚乙烯中钠的含量[J].实验技术与管理，2008，25(12)：30-33.

[33]庞晓辉，高颂，高帅，等.电感耦合等离子体原子发射光谱法测定高温合金中贵金属元素[J].分析仪器，2012(5)：51-54.

[34]庞晓辉，高颂.电感耦合等离子体原子发射光谱法测定钛合金中贵金属元素[C].//中国金属学会.第十五届冶金及材料分析测试学术报告会(CCATM2010)论文集，2010：601-604.